ゲンゴロウ類の生態学：口絵

口絵①本書に出てくるゲンゴロウ類の成虫　a: キボシケシ；b: チュウガタマルケシ；c: シマ；d: ナミ；e: ニセコウベツブ；f: ハイイロ；g: ヒメ；h: クロ；i: スジ；j: マダラシマ；k: コシマ；l: コガタノ；m: マルコガタノ；n: シャープゲンゴロウモドキ；o: オウサマゲンゴロウモドキ　〈撮影：a 上手雄貴，be 渡部晃平，cdghkl 鈴木智也，f 大庭伸也，ij 渡辺黎也，m 福岡太一，n 西原昇吾，o 平澤桂〉

※口絵では繰り返しの煩雑さを回避するため種名末尾の「ゲンゴロウ」を省略した。また、種ゲンゴロウ（＝ナミゲンゴロウ）は「ナミ」と略記した。

I

ゲンゴロウ類の生態学：口絵

口絵②ゲンゴロウ科の産卵　a: ヘラオモダカに産卵するナミ；b: コナギに産卵するマルガタ；c: イバラモ属に産卵するサザナミツブ；d: マツモに産卵するケシ；e: アヌビアスナナの根に産卵するナカジマツブ〈撮影：a 渡部晃平，b〜e 内山龍人〉〔本書Ⅶ－19を参照〕

口絵③ゲンゴロウ科の卵　a: アトホシヒラタマメ；b: オオイチモンジシマ（表面）；c: 同（基質内）；d: ナミの産卵痕；e: マルガタ；f: タイワンケシ；g: スジ（ホテイアオイの浮袋内）；h: オキナワスジ（ホテイアオイの浮袋内）〈撮影：aef: 内山龍人，bch: 山﨑駿，dg: 渡部晃平〉〔本書Ⅶ－19を参照〕

ゲンゴロウ類の生態学：口絵

口絵④ 野外環境のゲンゴロウ類成虫　a: 水田環境に生息するゲンゴロウ類（種名から「ゲンゴロウ」を省略）；b: 甲羅干しをするナミ；c: ドジョウの死骸を食べるクロ；d: 冬季に動けなくなったコガタノ（矢印）　〈撮影：a 渡辺黎也，b～d 福岡太一〉

〔本書Ⅱ－②，Ⅳ－⑤を参照〕

Ⅲ

ゲンゴロウ類の生態学：口絵

口絵⑤ **野外環境のゲンゴロウ類幼虫**（すべて3齢幼虫） a: ヒシの上で休むマルコガタノ；b: イトトンボ類ヤゴを捕食するコガタノ；c: ユスリカ幼虫を捕食するハイイロ；d: トノサマガエルのオタマジャクシを捕食するナミ；e: ユスリカ幼虫を捕食するヒメ；f: アマガエルのオタマジャクシを捕食するシマ；g: 陸生昆虫を捕食するコシマ；h: マツモムシを捕食するクロ〈撮影：a 福岡太一，bdh 大庭伸也，c 田邑龍，efg 渡辺黎也〉［本書Ⅳ－⑤を参照］

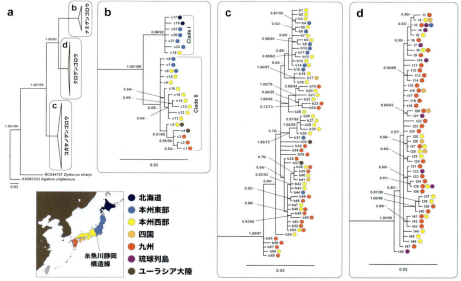

口絵⑥ 種内の系統関係 a: ゲンゴロウ属 3 種におけるミトコンドリア DNA COI (724 bp) および COII (600 bp) 領域に基づくベイズ樹; b: ナミ; c: クロ; d: コガタノ。各ノードの数値はベイズ事後確率および最尤法での系統推定におけるブートストラップ値を示す。〔本書Ⅵ-18を参照〕

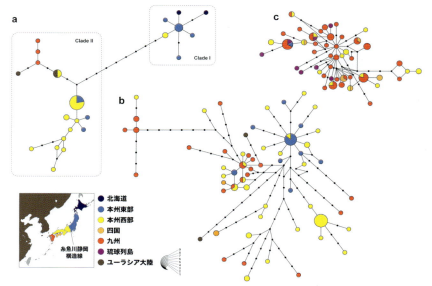

口絵⑦ ハプロタイプネットワーク ミトコンドリア DNA COI (724 bp) および COII (600 bp) 領域に基づく。a: ナミ; b: クロ; c: コガタノ〔本書Ⅵ-18を参照〕

ゲンゴロウ類の生態学：口絵

口絵⑧ **生息域内保全の活動や普及活動の取り組み** a: 重機を使っての湿地造成；b: 造成した湿地に仕掛けたアメリカザリガニ用のモニタリングトラップ；c: 生息地Cでは土嚢で堰をつくり，止水域を創出した（2021年4月）；d: 奥に前述の土嚢の堤がある（2021年4月）；e: 大学生と農家と消費者との田植え後の集合写真；f: 大学生と地域の小学生と農家との水田の生物調査〈撮影：ab 大庭伸也，cd 西原昇吾，ef 谷垣岳人〉

［本書Ⅴ－⑧・⑨，コラム6を参照］

口絵⑨生息域外保全の活動や展示　a: アクアマリンいなわしろカワセミ水族館のゲンゴロウ類の多様性を紹介しているおもしろ箱水族館・生物多様性の世界コーナー；b: オウサマゲンゴロウモドキの交尾；c: オウサマゲンゴロウモドキの蛹化間近の幼虫；d: フチトリの交尾；e: コンテナを用いたフチトリ成虫の域外保全の様子；f: 学生によるフチトリ成虫の世話の様子；g: シャープゲンゴロウモドキ新成虫の域外保全の様子〈撮影: abcd 平澤桂, efg 北野忠〉〔本書Ⅴ-⑬・⑭を参照〕

ゲンゴロウ類の生態学：口絵

口絵⑩ゲンゴロウ類成虫の飼育　a〜c: 成虫の飼育レイアウトの例（中・大型容器）; d: 小・中型容器; e: 便利な道具（上から先端が尖らないピンセット、先端が尖ったピンセット、網じゃくし、スポイト）; f〜h: 成虫の捕食（f: キベリクロヒメ; g: ヒメフチトリ; h: オニギリマルケシ）; i: 成虫の甲羅干し（左: クロ; 中・右: ナミ）〈撮影：abcdfgh 山﨑駿，ei 渡部晃平〉〔本書Ⅶ-19を参照〕

環境Eco選書 18

ゲンゴロウ類の生態学

編集：大庭伸也

（長崎大学教育学部）

北隆館

Ecology of Dytiscoidea

Edited by

Dr. SHIN-YA OHBA
Faculty of Education, Nagasaki University

Published by

The HOKURYUKAN CO.,LTD. Tokyo, Japan : 2025

はじめに

　本書はゲンゴロウ類についての分類や生態，行動，生活史，保全を紹介した，おそらくゲンゴロウ類に特化した初めての日本語の本である．ここではこの本が出版されるまでの経緯と，編集者の想いをつづりたい．
　2009年に私はナミゲンゴロウとクロゲンゴロウの食性に関する論文を発表した．この研究は大学院博士課程が修了した直後の，いわゆる無給ポスドク1年目（2007年），2年目（2008年）に島根県の生息地で行った研究である．1年目は当時住んでいた岡山県から2時間半かけて週1回通って調査していたが，野外データがなかなか集まらなかったので，2年目は調査地近郊のアパートに住み込み，野外調査と飼育実験を行って得た成果だった．生活も楽ではない当時，自身の進路もどうなるのかと毎日考えていた時だったので，人としても研究者としても岐路に立たされていたかもしれない．その状況下で執筆した論文だったので，公表されたことで満足度が高かったのであるが，これらの論文がきっかけで，いろいろなヒトやコトとつながることになる．2009年の冬，米国・南ミシシッピ大学のDonald A. Yee博士より，米国昆虫学会の年次大会でゲンゴロウ類に特化した国際シンポジウムを2010年12月にカリフォルニア・サンディエゴで開催したいので，ぜひ来てほしい，というメールを受け取った．Yee博士が2009年に私が公表した論文を読んだことがきっかけで，お声掛けいただいたようだ．そのシンポジウムは「An Inordinate Neglect of Dytiscids: Behavior, Ecology, Evolution, and Systematics of Predaceous Diving Beetles（大きく無視されてきたゲンゴロウ科：ゲンゴロウ類の行動，生態，進化，系統学）」とのテーマで，アメリカ，カナダ，スウェーデン，スペイン，ドイツ，アイルランド，日本（私）の国々から参加した合計11名の演者がそれぞれのゲンゴロウ類に関するトピックを紹介した．そのシンポジウム前日には，メキシコ料理の店で決起集会が催された．ほとんどが初対面の演者ばかりだったが，楽しい交流の場となった．英語ネイティブの国での口頭発表でとても緊張したが，今となっては心から参加してよかったと思える思い出の学会である．そのシンポジウムの後で，主催者の

Yee 博士の提案でシンポジストを著者にして，ゲンゴロウ類の本を書くことが提案され，2014 年に Yee 博士編集の「Ecology, Systematics, and the Natural History of Predaceous Diving Beetles (Coleoptera: Dytiscidae)」がシュプリンガーより出版された。この本は好評だったとみえ，2023 年には改訂版も出版された。最近のゲンゴロウ類の論文には，必ずこれらの書籍が引用されるといっても過言ではない，ゲンゴロウ類の生態に関するバイブル的存在となっている。

　この本の執筆にかかわった日本人は私しかいなかった。それから月日は流れ，日本国内のゲンゴロウ類を扱う研究者たちが執筆する英語論文の数は年々増えていき，私自身もゲンゴロウ類に関するいくつかの研究を自身の所属する大学やそれ以外の大学の学生，大学院生たちと進めてきた。そして，今やゲンゴロウ類に限らず湿地や水田，池に住む止水性水生昆虫の多くがレッドリストに掲載されており，その生態や多様性の解明に加え，保全も急務の課題である。国内の研究成果や保全活動について一般の人が読める形で共有し，これから研究や保全に取り組む若手が手軽に手に取れる本を，との思いが湧きあがったのである。前作「水生半翅類の生物学（2018 年，北隆館）」をまとめたよしみから，北隆館にこの企画を提案したところ，了承いただき，今回の出版の運びとなった。

　各執筆者から提出される一つ一つの原稿に目を通しながら，ゲンゴロウ類についてはまだまだ取り組むべき課題，テーマが眠っていると感じた。これからも日本人研究者が国際誌をにぎわす成果を発表すると青写真を描いている。ぜひ，本書を手に取った人の中からゲンゴロウ類（に限らず）の研究に取り組む人が出てくることを願っている。末筆ながら，御多忙の中，本書の企画にご賛同いただき，玉稿をお寄せ下さった執筆者各位と，煩雑な編集業務を賜った北隆館編集部の田近裕之さんと角谷裕通さんにお礼申し上げる。

2025 年 3 月

大庭伸也

目 次

口絵 ·· I 〜 VIII

はじめに〈大庭伸也 Shin-ya Ohba〉 ·· 3
目　次 ··· 5 〜 8
執筆者 ·· 8

I. ゲンゴロウの仲間 About Japanese Dytiscoidea ·············· 9 〜 26
1 日本産ゲンゴロウ上科の分類について
Taxonomy of Japanese Dytiscoidea
〈上手雄貴 Yuuki Kamite・渡部晃平 Kohei Watanabe〉 ·············· 10 〜 23

コラム1 地下水のゲンゴロウ
〈渡部晃平 Kohei Watanabe〉 ··································· 24 〜 26

II. ゲンゴロウ類の生活史 Life cycle of Japanese Dytiscoidea ·········· 27 〜 56
2 季節消長と移動
Seasonal prevalence and migration
〈渡辺黎也 Reiya Watanabe・大庭伸也 Shin-ya Ohba〉 ············· 28 〜 54

コラム2 フライトミルによるゲンゴロウ類の飛翔距離の推定
〈松島良介 Ryosuke Matsushima〉 ······························ 55 〜 56

III. ゲンゴロウ類の行動 Behavior of Dytiscoidea ·············· 57 〜 73
3 遊泳・採餌行動
Swimming and foraging behavior
〈大庭伸也 Shin-ya Ohba〉 ······································ 58 〜 63

4 交尾行動を巡る性的対立がもたらす性的二型の進化
Evolution of sexual dimorphism driven by sexual conflict over mating behavior
〈清川　僚 Ryo Kiyokawa・池田紘士 Hiroshi Ikeda〉 ·············· 64 〜 73

IV. ゲンゴロウ類の食性 Feeding habits of Dytiscoidea ············ 75 〜 108
5 ゲンゴロウ類の食性
Feeding habits of Dytsicoidea
〈渡辺黎也 Reiya Watanabe・福岡太一 Taichi Fukuoka・大庭伸也 Shin-ya Ohba〉
··· 76 〜 108

目 次

V. ゲンゴロウ類の減少
Decline of Dytiscoidea ··109 〜 191

6 減少要因
Factors in the decline
〈中島　淳 Jun Nakajima〉·· 110 〜 116

コラム3 マルコガタノゲンゴロウの保全
〈永幡嘉之 Yoshiyuki Nagahata〉·· 117 〜 120

コラム4 スジゲンゴロウ・マダラシマゲンゴロウの減少要因
〈渡辺黎也 Reiya Watanabe〉·· 121 〜 124

コラム5 ゲンゴロウもむかしはたくさんいた
〈市川憲平 Noritaka Ichikawa〉·· 125 〜 128

7 域内保全とは
In-situ conservation
〈大庭伸也 Shin-ya Ohba〉··· 129

8 域内保全の事例① 千葉（シャープゲンゴロウモドキ）
In-situ conservation 1: Chiba Prefecture（*Dytiscus sharpi*）
〈西原昇吾 Shougo Nishihara〉·· 130 〜 139

9 域内保全の事例② 兵庫県におけるナミゲンゴロウの保全事例
In-situ conservation 2: Conservation examples of *Cybister chinensis* in Hyogo Prefecture
〈大庭伸也 Shin-ya Ohba・渡辺黎也 Reiya Watanabe・久保　星 Sho Kubo・福岡太一 Taichi Fukuoka・市川憲平 Noritaka Ichikawa〉·················· 140 〜 146

10 域内保全の事例③ 南西諸島
In-situ conservation 3: Nansei islands
〈苅部治紀 Haruki Karube〉·· 147 〜 155

コラム6 ゲンゴロウ類を保全する米作り
〈谷垣岳人 Taketo Tanigaki〉··· 156 〜 158

11 域外保全とは
Ex-situ conservation
〈北野　忠 Tadashi Kitano〉·· 159 〜 160

12 域外保全の事例① 石川県ふれあい昆虫館の取り組み
Ex-situ conservation 1: Case study of ex-situ conservation at the Ishikawa Insect Museum
〈渡部晃平 Kohei Watanabe〉·· 161 〜 164

13 域外保全の事例② アクアマリンいなわしろカワセミ水族館におけるゲンゴロウ類の域外保全事例
  Ex-situ conservation 2: Case study of ex-situ conservation of diving beetles at Aquamarine Inawashiro Kingfishers Aquarium
  〈平澤　桂 Kei Hirasawa〉 ·· 165 〜 177

14 域外保全の事例③ 東海大学教養学部人間環境学科北野研究室の取り組み
  Ex-situ conservation 3: Case study at the Kitano Laboratory, Department of Human Development, School of Humanities and Culture, Tokai University
  〈北野　忠 Tadashi Kitano〉 ·· 178 〜 184

15 ゲンゴロウ類の保全遺伝学
  Conservation genetics of diving beetle
  〈中濵直之 Naoyuki Nakahama・加藤雅也 Masaya Kato〉 ············ 185 〜 191

VI. 地球温暖化により増えるゲンゴロウ類
Increasing Dytiscoidea due to global warming ·································193 〜 229

16 コガタノゲンゴロウの再発見・分布拡大
  Rediscovery and distributional expansion in *Cybister tripunctatus lateralis*
  〈大庭伸也 Shin-ya Ohba〉 ·· 194 〜 206

17 ゲンゴロウ属の棲み分け：コガタノゲンゴロウはいつどこで繁殖するのか？
  Habitat segregation of the genus *Cybister*: when and where does *C. tripunctatus lateralis* reproduce?
  〈福岡太一 Taichi Fukuoka・渡部晃平 Kohei Watanabe〉 ············ 207 〜 216

18 ゲンゴロウ属 *Cybister* の分子系統地理
  Phylogeography of the genus *Cybister*
  〈鈴木智也 Tomoya Suzuki・大庭伸也 Shin-ya Ohba〉 ············ 217 〜 226

  コラム7 アンピンチビゲンゴロウの分布拡大!?
  〈中島　淳 Jun Nakajima〉 ·· 227 〜 229

VII. ゲンゴロウ科の飼育法
Rearing methods for Dytiscoidea (Coleoptera) ·································231 〜 279

19 ゲンゴロウ科の飼育法
  Rearing methods for Dytiscoidea (Coleoptera)
  〈渡部晃平 Kohei Watanabe・山﨑　駿 Shun Yamasaki・
  内山龍人 Ryuto Uchiyama〉 ·· 232 〜 271

目次／執筆者

コラム8 冷凍コオロギを使用したゲンゴロウ幼虫の飼育
〈福岡太一 Taichi Fukuoka〉 272 〜 276

コラム9 生活史の記載の重要性
〈渡部晃平 Kohei Watanabe〉 277 〜 279

VIII. ゲンゴロウ類の野外調査法
Field census methods of Dytiscoidea 281 〜 309

20 ゲンゴロウ類の野外調査法
Field census methods of Dytiscoidea
〈渡辺黎也 Reiya Watanabe・大庭伸也 Shin-ya Ohba〉 282 〜 309

索 引 310 〜 315
和名索引 310 〜 314
学名索引 315 〜 318

▼執筆者 （五十音順）
池田紘士（東京大学大学院農学生命科学研究科）
市川憲平（元姫路市立水族館長）
内山龍人（日本甲虫学会）
大庭伸也（長崎大学教育学部）
加藤雅也（大阪公立大学大学院農学研究科）
上手雄貴（名古屋市衛生研究所）
苅部治紀（神奈川県立生命の星・地球博物館）
北野 忠（東海大学教養学部）
清川 僚（地方独立行政法人　青森県産業技術センター　野菜研究所）
久保 星（株式会社ウエスコ）
鈴木智也（広島修道大学人間環境学部）
谷垣岳人（龍谷大学政策学部）
中島 淳（福岡県保健環境研究所）
永幡嘉之（自然写真家）
中濱直之（兵庫県立大学自然・環境科学研究所／兵庫県立人と自然の博物館）
西原昇吾（中央大学理工学部）
平澤 桂（アクアマリンいなわしろカワセミ水族館）
福岡太一（長崎大学大学院総合生産科学研究科）
松島良介（株式会社ニデック）
山﨑 駿（東京大学大学院農学生命科学研究科）
渡部晃平（石川県ふれあい昆虫館）
渡辺黎也（倉敷芸術科学大学生命科学部／兵庫県立大学大学院地域資源マネジメント研究科）

Ⅰ．ゲンゴロウの仲間

I. ゲンゴロウの仲間

1 日本産ゲンゴロウ上科の分類について

日本人によるゲンゴロウ分類の研究史

　ひょうきんな顔と愛くるしい動きで人気者のゲンゴロウ類。人気者であるがゆえに，水生昆虫の中では，比較的盛んに分類学的研究が行われてきた。日本産ゲンゴロウ類といえば，かつてはムカシゲンゴロウ科，コツブゲンゴロウ科およびゲンゴロウ科のことを指していたが，現在ではムカシゲンゴロウ科はコツブゲンゴロウ科に含まれると考える研究者もおり，2022年に出版された日本昆虫目録　第6巻　鞘翅目（第1部）では，ムカシゲンゴロウ科はコツブゲンゴロウ科の一亜科として扱われている（吉富, 2022）。日本からは，これまでにコツブゲンゴロウ科が5属16種（吉富, 2022），ゲンゴロウ科が33属138種（渡部・吉富, 2022; Watanabe & Biström, 2022; Karube et al., 2023）記録されている。

　日本のゲンゴロウ類について扱った最初の論文は，David Sharp によって1873年に出版された The water beetles of Japan である（Sharp, 1873）。ツブゲンゴロウ *Laccophilus difficilis* Sharp, 1873, マメゲンゴロウ *Agabus japonicus* Sharp, 1873, マルコガタノゲンゴロウ *Cybister lewisianus* Sharp, 1873（口絵①m）など小型種から大型種まで多くの種を新種記載している。Sharp はその後1884年にも論文を出版し（Sharp, 1884），これらの論文は日本産ゲンゴロウ類の分類の礎となっている。

　ゲンゴロウ類の分類学的な研究に日本人が登場するのは，Sharp（1873）からおよそ60年経過した1930年代である。ここからは日本人による日本のゲンゴロウ類の研究史を新種・新亜種記載（シノニム処理され

図1-1　神谷一男が記載したキボシケシゲンゴロウ（撮影：上手雄貴）

たものを除く）に関するものと図鑑類に限って見ていきたい。日本人研究者の先駆者といえば，神谷一男（この章において以下，敬称略）である。チャイロマメゲンゴロウ *Agabus browni* Kamiya, 1934，キボシケシゲンゴロウ *Allopachria flavomaculata*（Kamiya, 1938）（図 1-1，口絵①a）など 7 種を記載している（表 1-1）。また，日本産ゲンゴロウ科を美しい全形図とともに図鑑形式でまとめた神谷(1938)は，当時はまだまとまった資料がなかったため，日本のゲンゴロウ科を研究する上で大変有用であったことは間違いない。同世代では瀧澤求の研究も見逃せない。ヒメシマチビゲンゴロウ *Nebrioporus nipponicus*（Takizawa, 1933）およびカラフトナガケシゲンゴロウ *Hydroporus saghaliensis* Takizawa, 1933 を記載している。

1900 年代中盤から活躍されたのは，佐藤正孝，中根猛彦，上野俊一らで

表 1-1　神谷一男が記載したゲンゴロウ類

チャイロマメゲンゴロウ *Agabus browni* Kamiya, 1934
サワダマメゲンゴロウ *Platambus sawadai* (Kamiya, 1932)
オガサワラセスジゲンゴロウ *Copelatus ogasawarensis* Kamiya, 1932
テラニシセスジゲンゴロウ *C. teranishii* Kamiya, 1938
カノシマチビゲンゴロウ *Oreodytes kanoi* (Kamiya, 1938)
キボシケシゲンゴロウ *Allopachria flavomaculata* (Kamiya, 1938)
キボシツブゲンゴロウ *Japanolaccophilus niponensis* (Kamiya, 1939)

表 1-2　佐藤正孝が記載したゲンゴロウ類

マツモトマメゲンゴロウ *Agabus matsumotoi* M. Satô & Nilsson, 1990
アトホシヒラタマメゲンゴロウ *Platynectes chujoi* M. Satô, 1982
ヒコサンセスジゲンゴロウ *Copelatus takakurai* M. Satô, 1985
ナチセスジゲンゴロウ *C. tomokunii* M. Satô, 1985
アマミチビゲンゴロウ *Hydroglyphus amamiensis* (M. Satô, 1961)
トウホクナガケシゲンゴロウ *Hydroporus tokui* M. Satô, 1985
フタキボシケシゲンゴロウ *Allopachria bimaculata* (M. Satô, 1972)
ウエノチビケシゲンゴロウ *Microdytes uenoi* M. Satô, 1972
ワタラセツブゲンゴロウ *Laccophilus dikinohaseus* Kamite, Hikida & M. Satô, 2005
ナカジマツブゲンゴロウ *L. nakajimai* Kamite, Hikida & M. Satô, 2005

I. ゲンゴロウの仲間

ある。佐藤はアトホシヒラタマメゲンゴロウ *Platynectes chujoi* M. Satô, 1982, ウエノチビケシゲンゴロウ *Microdytes uenoi* M. Satô, 1972 など 10 種を記載している（表 1-2）。また 1985 年に発行された原色日本甲虫図鑑（Ⅱ）において, コツブゲンゴロウ科およびゲンゴロウ科を執筆している（佐藤, 1985）。中根（1963）の原色昆虫大図鑑第 2 巻（甲虫篇）では, ムカシゲンゴロウ科, コツブゲンゴロウ科およびゲンゴロウ科の掲載, 解説種が 67 種であったが, この図鑑では 94 種を掲載, 解説しており（ムカシゲンゴロウ科は上野俊一執筆）, 飛躍的に情報量が増えている。

中根はヤシャゲンゴロウ *Acilius kishii* Nakane, 1963（記載時はメススジゲンゴロウ *Acilius japonicus* Brinck, 1939 の亜種）, アラメケシゲンゴロウ

表 1-3 中根猛彦が記載したゲンゴロウ類

ヤシャゲンゴロウ *Acilius kishii* Nakane, 1963
キオビチビゲンゴロウ *Hydroglyphus kifunei* (Nakane, 1987)
ナガマルチビゲンゴロウ *Leiodytes kyushuensis* (Nakane, 1990)
ホソマルチビゲンゴロウ *L. miyamotoi* (Nakane, 1990)
ウスイロナガケシゲンゴロウ *Hydroporus ijimai* Nilsson & Nakane, 1993
ナガケシゲンゴロウ *H. uenoi* Nakane, 1963
アラメケシゲンゴロウ *Hyphydrus laeviventris tsugaru* Nakane, 1993

表 1-4 上野俊一が記載したゲンゴロウ類

サイトムカシゲンゴロウ *Phreatodytes archaeicus* S. Uéno, 1996
ギフムカシゲンゴロウ *P. elongatus* S. Uéno, 1996
カガミムカシゲンゴロウ *P. latiusculus* S. Uéno, 1996
ウワジマムカシゲンゴロウ *P. mohrii* S. Uéno, 1996
ムカシゲンゴロウ *P. relictus* S. Uéno, 1957
トサムカシゲンゴロウ *P. sublimbatus* S. Uéno, 1996
メクラケシゲンゴロウ *Dimitshydrus typhlops* S. Uéno, 1996
オオメクラゲンゴロウ *Morimotoa gigantea* S. Uéno, 1996
ミウラメクラゲンゴロウ *M. miurai* S. Uéno, 1957
トサメクラゲンゴロウ *M. morimotoi* S. Uéno, 1996
メクラゲンゴロウ *M. phreatica* S. Uéno, 1957

1 日本産ゲンゴロウ上科の分類について

Hyphydrus laeviventris tsugaru Nakane, 1993 など 6 種 1 亜種を記載している（表 1-3）。また 1963 年に発行された原色昆虫大図鑑第 2 巻（甲虫篇）において，ムカシゲンゴロウ科，コツブゲンゴロウ科およびゲンゴロウ科を執筆した（中根，1963）。今でこそゲンゴロウ類に関する良い図鑑がたくさん出ているが，当時は日本産ゲンゴロウ類を調べる上で画期的な図鑑であったことだろう。

上野はミウラメクラゲンゴロウ *Morimotoa miurai* S. Uéno, 1957（記載時はメクラゲンゴロウの亜種），メクラゲンゴロウ *M. phreatica* S. Uéno, 1957 など 11 種を記載している（表 1-4）。記載した種は地下水性の種のみではあるものの，日本人の中で最も多くの日本産ゲンゴロウ類を記載した人物となる（表 1-5）。また 1985 年に発行された原色日本甲虫図鑑（Ⅱ）において，ムカシゲンゴロウ科を執筆した（上野，1985）。上記 3 人の他では，1955 年に丹信實と塚本珪一がカンムリセスジゲンゴロウ *Copelatus kammuriensis* Tamu & Tsukamoto, 1955 を記載している。

1900 年代後半から活躍されたのは，森正人，北山昭，松井英司らである。3 人によってヤギマルケシゲンゴロウ *Hydrovatus yagii* Kitayama, Mori & Matsui, 1993 が記載されている。また，森・北山（1993, 2002）の「図説日本のゲンゴロウ」および「改訂版図説日本のゲンゴロウ」（図 1-2）は，筆者を含めて多くのゲンゴロウ類の研究者が多大なる影響を受けた素晴らしい図鑑である。さらに森は，中根が執筆した原色昆虫大図鑑第 2 巻（甲虫篇）の改稿も行っている（森，2007）。また，松井英司は分類学的な研究のみならず，九州や南西諸島のゲンゴロウ相の解明にも力を注いでおり，松井の論文から地域ファウナに関する刺激を受けた研究者も多いのではないだろうか。

表 1-5　日本人による日本産ゲンゴロウ類の記載数（亜種も含む）

記載者名	種数	記載者名	種数
上野俊一	11	森正人	1
佐藤正孝	10	北山昭	1
神谷一男	7	松井英司	1
中根猛彦	7	加藤眞	1
上手雄貴	4	野村周平	1
渡部晃平	4	秋田勝己	1
瀧澤求	2	岡田亮平	1
疋田直之	2	苅部治紀	1
柳丈陽	2	北野忠	1
丹信實	1	荒谷邦雄	1
塚本珪一	1		

I．ゲンゴロウの仲間

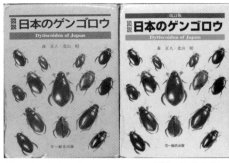

図 1-2 図説日本のゲンゴロウ（左）と改訂版図説日本のゲンゴロウ（右）（森・北山，1993・2002）
研究のために度々見ているため，ブックカバーがボロボロになっている（所有・撮影：上手雄貴）．

2000 年以降では，上手と正田直之および佐藤正孝によってコウベツブゲンゴロウ種群が検討され，ナカジマツブゲンゴロウ *Laccophilus nakajimai* Kamite, Hikida & M. Satô, 2005 およびワタラセツブゲンゴロウ *L. dikinohaseus* Kamite, Hikida & M. Satô, 2005 の 2 種を記載している．同種群は，渡部と上手によりさらに検討され，ニセコウベツブゲンゴロウ *L. yoshitomii* Watanabe & Kamite, 2018（口絵①e）およびヒラサワツブゲンゴロウ *L. hebusuensis* Watanabe & Kamite, 2020 の 2 種を記載している．渡部はさらにマルケシゲンゴロウ属 *Hydrovatus* の研究も精力的に行い，チュウガタマルケシゲンゴロウ *Hydrovatus remotus* Biström & Watanabe, 2017（口絵①b）およびオニギリマルケシゲンゴロウ *H. onigiri* Watanabe & Biström, 2022 の 2 種を記載している．地下水性ゲンゴロウについては，2000 年代に入るまでは上野のみが記載していたが，2010 年に加藤眞がハイバラムカシゲンゴロウ *Phreatodytes haibaraensis* M. Kato, 2010 を記載し，2021 年には柳丈陽と野村周平がアワメクラゲンゴロウ *Morimotoa uenoi* Yanagi & Nomura, 2021 を記載している．柳はさらに秋田勝己とともにイガツブゲンゴロウ *Laccophilus shinobi* Yanagi & Akita, 2021 を記載している．また，2000 年代に入っても比較的大型な種が新種記載されており，岡田亮平はニセモンキマメゲンゴロウ *Platambus convexus* Okada, 2011，苅部治紀，北野忠，荒谷邦雄はヤンバルオオイチモンジシマゲンゴロウ *Hydaticus yambaruensis* Karube, Kitano & Araya, 2023 を記載している．図鑑類では，最近になり三田村ら（2017）の「水生昆虫 1．ゲンゴロウ・ガムシ・ミズスマシハンドブック」，佐藤・吉富（2018）の「日本産水生昆虫 科・属・種への検索［第二版］」の中でのコウチュウ目や中島ら（2020）の「ネイチャーガイド日本の水生昆虫」などが出版され，ゲンゴロウ界はさらなる盛り上がりを見せている．

1 日本産ゲンゴロウ上科の分類について

　ここまでざっとではあるが，日本人による日本産ゲンゴロウ類の研究史について述べてみた。日本のゲンゴロウ類は，海外との共通種も多く，新種ではなくとも日本初記録として海外の既知種の学名をあてた研究や，新種として記載したもののすでに同じ種が記載されていたため，新しく記載された学名を無効名としたうえで有効な学名をあてるといった研究なども多い。今回は新種記載のみを取り上げたが，そういった研究も重要であることは言うまでもない。

　2000年代に入り，多くの研究者によって日本産ゲンゴロウ類の分類学的研究はかなり進んでいるが，2023年になっても大型美麗種ヤンバルオオイチモンジシマゲンゴロウが記載されているような状況でもある。ムモンチビコブゲンゴロウやタカネマメゲンゴロウのように学名が未決定のまま残されている種もあり，今後のさらなる研究の進展が望まれる。

日本産コウベツブゲンゴロウ種群から4種もの新種を発見！

　日本産コウベツブゲンゴロウ種群（この章において以下，コウベツブゲンゴロウ種群およびコウベツブゲンゴロウはツブゲンゴロウ，ツブゲンゴロウ属 *Laccophilus* およびその他のツブゲンゴロウ属の種はゲンゴロウを省略）は従来，ツブ *Laccophilus difficilis* Sharp, 1873 およびコウベ *L. kobensis* Sharp, 1873 の2種が記載されていた。確か2000年くらいだっただろうか。上手は当時，与那国島にコウベに似ているものの，やや大型で上翅の斑紋も違う流水性のゲンゴロウが生息しているという情報を得ていた。これはぜひ採集してみたいと思い，2002年に実際に与那国島を訪れ，その怪しいコウベ似の種を採集した。確かに情報の通り，コウベよりもやや大型で上翅の基部が広く明るい色をしており，小さな河川において採集することができた。ただし，雄交尾器はコウベによく似ており，新種だと言い切って良いのか若干の不安もあった。そこで，与那国島以外の地域で見られるコウベにどれくらいの個体変異があるのかを調べてみることにした。ゲンゴロウ研究者の方々にお願いして日本全国のコウベを集めてみたところ，与那国島のコウベに似た斑紋を持つ個体は見られず，大きさも与那国島の個体の方が明らかに大きい。与那国島以外において流水域でコウベが得られたという情報もないので，これ

I. ゲンゴロウの仲間

はコウベとは異なる新種で良いだろうという結論に至った。種名に関しては，研究の際に追加標本を採集していただいた中島淳博士にちなみナカジマツブとした。

与那国島の個体は新種であることがわかり安心していると，記野直人氏と長谷川洋氏からお送りいただいていた渡良瀬遊水地の標本もやや大型であることに気が付いた。しかも上翅の斑紋が与那国島の個体とも一般的なコウベとも違う。これらも新種なのではないかと思い雄交尾器を見てみた。するとコウベ種群のどの種とも全く違う形のものが出てきた。そこで，アジアのツブ属をまとめた Brancucci (1983) などを確認して，同じような雄交尾器を持った個体がいないか調べてみたところ，似たような雄交尾器の種はいない。こちらも新種だったのである。次に気になったのが，この新種は渡良瀬遊水地にしかいないのかということである。東海地方にもひょっとしたらいるのではないかと考えた。そこで，ご専門はアリなのだが，岐阜県を中心にゲンゴロウ類を研究されておられた木野村恭一氏のご自宅にお邪魔して，所蔵標本を拝見させていただいた。上手「う～ん，コウベですね，これもコウベですね。あっ！　渡良瀬遊水地の個体と同じ種だ!!」木野村氏所蔵の岐阜県産標本の中に渡良瀬遊水地と同じ新種が含まれていたのである。学名はなるべく3氏の名前を取り入れたものにしたいとの思いから di(2)+kino（記野氏および木野村氏）+hase（長谷川氏）+us で *dikinohaseus* とした。学名を献名にしているのはよく見かけるが1種の種名に3人の名前が献名されて

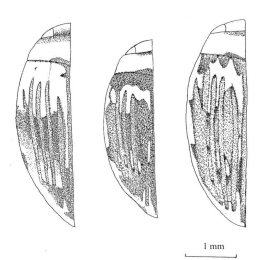

図1-3　ナカジマツブゲンゴロウ（左），キタノツブゲンゴロウ（中），ワタラセツブゲンゴロウ（右）の全形図（Kamite *et al.*（2005）より引用）

1 日本産ゲンゴロウ上科の分類について

いるのは珍しいのではないだろうか。和名については，初めて本種を確認し，タイプロカリティーにもなっている渡良瀬遊水地にちなみ，ワタラセツブとした。

　日本産のコウベ種群を検討していて，もう一つ気になっていることがあった。それは，静岡県浜松市松島町に生息しているコウベである。北野ら（2000）によると，キボシチビコツブゲンゴロウ *Neohydrocoptus bivittis* (Motschulsky, 1859) やホソマルチビゲンゴロウ *Leiodytes miyamotoi* (Nakane, 1990) といったいわゆる貴重な種のみではなく，ニセコケシゲンゴロウ *Hyphydrus orientalis* Clark, 1863 のような南西諸島でしか採れていない種が記録されており，一風変わった場所なのである。上手は論文の筆頭著者である北野忠博士から場所を教えていただき，コウベと報告されていた種と思われる個体を得ていた。ニセコケシゲンゴロウがいるくらいなので，ここのコウベも実は別の種だったりして！　という考えから，念のため雄交尾器を確認してみることにした。すると，日本産種のどの種とも異なる形の雄交尾器であった。こちらについては Brancucci (1983) を確認してみたところ，*Laccophilus vagelineatus* Zimmermann, 1922 であることが判明した。新種ではなかったものの日本初記録であることが判明したため，松島町に関してさまざまな情報をいただいていた北野博士にちなんで和名をキタノツブとした。これらの研究結果は Kamite *et al*. (2005) の中で 2 新

図1-4　ニセコウベツブゲンゴロウ（撮影：渡部晃平）

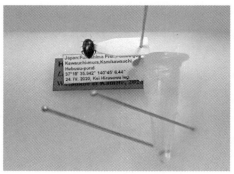

図1-5　ヒラサワツブゲンゴロウのホロタイプ（註1）（撮影：渡部晃平）

I. ゲンゴロウの仲間

種および1日本初記録種という形で発表された(図1-3)。

それから約12年後,渡部が自宅で標本整理をしていた際に,産地毎に大きさの異なるコウベを見出した。交尾器の大きさも異なっていたことから別種の可能性を疑い,上手とともに研究を開始した。また,福島県の平澤桂氏からも正体不明のコウベの同定依頼があった。その後の研究により,これらはKamite *et al.*(2005)の中でコウベの雄交尾器 Type2 および 3 として図示されていた種と考えられ,詳細な比較検討の結果,ニセコウベツブ(図1-4)とヒラサワツブ(図1-5)としてそれぞれ新種記載された(Watanabe & Kamite, 2018, 2020)。発見から記載に至るまでの経緯は渡部(2022)で詳しく述べているのでそちらを参考にしていただきたい。

■ 日本産マルケシゲンゴロウ属の分類学的な研究

2016年,日本初記録のサメハダマルケシゲンゴロウ *Hydrovatus stridulus* Biström, 1997(この章において以下,マルケシゲンゴロウ属,マルケシゲンゴロウおよびコマルケシゲンゴロウはゲンゴロウ,その他の種はマルケシゲンゴロウを省略)が発見され,大きな話題となった(稲畑, 2016)。同年10月には,渡部が西表島でマルケシ属の不明種を採集した。この種は,Olof Biström博士との共同研究を経て新種チュウガタ *H. remotus*(図1-6)として記載された(Biström & Watanabe, 2017)。これらの研究により,日本でマルケシ *H. subtilis* Sharp, 1882 とされていた種の中にサメハダとチュウガタが混同されていたことが発覚したため,南西諸島のマルケシ属を再検討し,正確な分布状況が整理された(Watanabe *et al.*, 2020)。驚くべきことに,南西諸島から真のマルケシは確認されず,マルケシとして記録されていた標本には,先に挙げた2種に加えてコマルケシ *H. acuminatus* Motschulsky, 1860,

図1-6 チュウガタマルケシゲンゴロウ
(撮影:渡部晃平)

アマミ H. seminarius Motschulsky, 1860 も含まれていた。マルケシという名の下に複数種が混同されているという実態が明らかになった。

その後，九州以北のマルケシ属を再検討した。愛好家や博物館の標本を借用して再同定した結果，これらの中にもマルケシは含まれていなかった。つまり，日本にはマルケシが分布していない可能性が考えられた。日本のマルケシは"Musashi"で採集された1オスに基づき，Hydrovatus adachii として記載された（Kamiya, 1932）。その後，第二次世界大戦により模式標本は消失してしまい，H. adachii は模式標本との比較が叶わないまま H. subtilis の新参異名として処置された（註：H. subtilis の模式標本と日本産標本との比較がなされた（佐藤, 1984））。渡部は愛媛大学ミュージアムに保管されている佐藤コレクションを検視したものの日本産の H. subtilis を見いだせなかったことから，比較に用いられた日本産の種は別の種であった可能性が高い。1997年に記載されたサメハダは H. subtilis に非常によく似ており（Biström, 1997），この時に比較されたのはサメハダであった可能性があると考えている。

H. subtilis は H. confertus 種群に属する。九州以北に分布する同種群は，サメハダとオニギリ H. onigiri（図1-7）の2種が知られている（当時一部の文献ではオニギリはマルケシと考えられていた）。H. subtilis の模式標本を検視した結果，両種とも H. subtilis とは異なる種であることが確認された。つまり，サメハダかオニギリのどちらかが H. adachii の可能性が高いと考えられる。数年間の標本調査の末，H. adachii の再記載に使えそうなネオタイプ（註2）となりうる東京都のマルケシ属の標本は入手がほぼ不可能と判断した。そこで，分布の傾向から H. adachii を推測できるかもしれないと考え，分布図を描いてみた（図1-8）。オニギリの分布は西日本が中心で愛知県以東では確認されておらず（図1-8b），関東地方周辺にはサメハダのみが確認されている（図1-8a）。H. adachii の模式標本を

図1-7 オニギリマルケシゲンゴロウのホロタイプ（撮影：渡部晃平）

I. ゲンゴロウの仲間

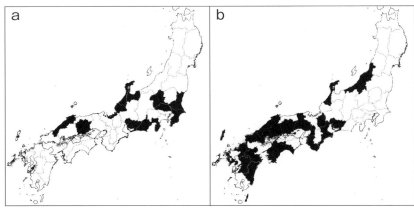

図 1-8 a：サメハダマルケシゲンゴロウの分布図，b：オニギリマルケシゲンゴロウの分布図
地理院地図（電子国土 Web）（国土地理院）（https://maps.gsi.go.jp/#6/37.475187/139.544256/&base=blank&ls=blank&disp=1&vs=c1g1j0h0k0l0u0t0z0r0s0m0f1&d=m）をもとに渡部作成．

確認できない以上断定することは叶わないが，分布状況からサメハダが *H. adachii* であった可能性の方が高く，オニギリは *H. adachii* ではないと考え新種として記載した．ではサメハダを *H. adachii* の新参シノニムとして処置すれば良いかというとそう簡単にはいかない．本州のサメハダと南西諸島のサメハダには若干の形態差が認められており，この問題の解決にはサメハダの模式標本の検視が不可欠である．また，サメハダの問題が解決したからといって，*H. adachii* の正体を特定できるものではない．やはり *H. adachii* の模式標本の検視無くしてこの問題を解決することは難しく，標本を未来に残すことの重要さを痛感している．また，東京都産の *H. confertus* 種群の標本の入手も相当に困難であろう．この標本はネオタイプの指定に不可欠である．ここからの研究は，サメハダとオニギリの詳細な分布を明らかにした上で，慎重に判断する必要がある．両種を採集した方には，ぜひとも分布新記録の積極的な公表をお願いしたい．以上の詳細は渡部(2023)でも紹介しているので，併せてご覧いただければ幸いである．

　以上のような分類学的問題，*H. subtilis* が日本に分布している可能性を完全に否定できないこと，マルケシという名のもとに複数種の同属種が誤同定

されていた事実などを鑑み，現在は日本産 *H. confertus* 種群 4 種の和名と学名は以下の通り整理されている．

オニギリマルケシゲンゴロウ *Hydrovatus onigiri* Watanabe & Biström, 2022
チュウガタマルケシゲンゴロウ *Hydrovatus remotus* Biström & Watanabe, 2017
サメハダマルケシゲンゴロウ *Hydrovatus stridulus* Biström, 1997
マルケシゲンゴロウ *Hydrovatus subtilis* Sharp, 1882

謝辞
　日頃から第一著者の調査にご協力いただいている妻の奈美に厚くお礼申し上げる．

〔註〕
（註1）ホロタイプ：種や亜種を記載する際に指定される 1 個の基準となる標本．完模式標本や正模式標本とも呼ばれている（斎藤ら，1996 および平嶋，2002 を参考に作成）．
（註2）ネオタイプ：タイプ標本が現存しないことが信じられる場合に，新たに指定される 1 個の基準となる標本．新模式標本とも呼ばれている（斎藤ら，1996 および平嶋，2002 を参考に作成）．

〔引用文献〕
Biström O (1997) Taxonomic revision of the genus *Hydrovatus* Motschulsky (Coleoptera, Dytiscidae). *Entomologica Basiliensia*, 19: 57–584.
Biström O, Watanabe K (2017) A new species of the genus *Hydrovatus* (Coleoptera, Dytiscidae) from Iriomote Island, southwestern Japan, with a key to the Japanese species. *Elytra, Tokyo, New Series*, 7 (1): 5–13.
Brancucci M (1983) Révision des espèces est-paléarctiques, orientales et australiennes du genre *Laccophilus* (Col. Dytiscidae). *Entomologische Arbeiten aus dem Museum G. Frey*, 31/32: 241–426.
平嶋義宏 (2002) 生物学名概論．249 pp., 東京大学出版会, 東京．
稲畑憲昭 (2016) サメハダマルケシゲンゴロウの日本からの初記録．さやばねニューシリーズ, (21): 46–47.
Kamite Y, Hikida N, Satô M (2005) Notes on the *Laccophilus kobensis* species-group (Coleoptetra, Dytiscidae) in Japan. *Elytra, Tokyo*, 33 (2): 617–628.
Kamiya K (1932) Five new species of Dytiscidae from Japan and the Bonin Islands.

I．ゲンゴロウの仲間

Mushi, 5: 4–7.

神谷一男 (1938) 龍蝨科（昆蟲綱―鞘翅群）日本動物分類，10 (8–11): 1–137，三省堂，東京．

Karube H, Araya K, Odagiri K-I, Moritsuka E, Kitano T (2023) A new species of the genus *Hydaticus* (Coleoptera: Dytiscidae) from Yambaru area, northern Okinawa Island, Ryukyu Archipelago. *Japanese Journal of Systematic Entomology*, 29 (1): 138–143.

北野　忠・記野直人・長谷川洋・北山　昭 (2000) 静岡県浜松市松島町におけるゲンゴロウ類の採集記録―本州初記録のニセコケシゲンゴロウを中心として―．甲虫ニュース，(129): 7–9．

三田村敏正・平澤　桂・吉井重幸 (2017) 水生昆虫 1．ゲンゴロウ・ガムシ・ミズスマシハンドブック，176 pp.，文一総合出版，東京．

森　正人 (2007) ムカシゲンゴロウ科・コツブゲンゴロウ科・ゲンゴロウ科．新訂原色昆虫大図鑑第Ⅱ巻（甲虫篇）（森本桂新訂監修）: 62–77+PLATE28–34，北隆館，東京．

森　正人・北山　昭 (1993) 図説日本のゲンゴロウ，217 pp.，文一総合出版，東京．

森　正人・北山　昭 (2002) 改訂版　図説日本のゲンゴロウ，231 pp.，文一総合出版，東京．

中島　淳・林　成多・石田和男・北野　忠・吉富博之 (2020) ネイチャーガイド日本の水生昆虫，352 pp.，文一総合出版，東京．

中根猛彦 (1963) ムカシゲンゴロウ科・コツブゲンゴロウ科・ゲンゴロウ科．原色昆虫大図鑑第 2 巻（甲虫篇）（中根猛彦・大林一夫・野村鎮・黒沢良彦共著）: 55–61+PLATE28–31，北隆館，東京．

斎藤哲夫・松本義明・平嶋義宏・久野英二・中島敏夫 (1996) 新応用昆虫学三訂版，261 pp.，朝倉書店，東京

佐藤正孝 (1984) 日本産水棲甲虫類の分類学的覚え書，Ⅱ．甲虫ニュース，(66): 1–4．

佐藤正孝 (1985) コツブゲンゴロウ科・ゲンゴロウ科．原色日本甲虫図鑑（Ⅱ）（上野俊一・黒澤良彦・佐藤正孝編）: 182–201，保育社，大阪．

佐藤正孝・吉富博之 (2018) コウチュウ目（鞘翅目）Coleoptera．日本産水生昆虫　科・属・種への検索［第二版］（川合禎次・谷田一三編）: 707–790，東海大学出版部，神奈川．

Sharp D (1873) The water beetles of Japan. *Transactions of the Entomological Society of London*, (1): 45–67.

Sharp D (1884) The water-beetles of Japan. *Transactions of the Entomological Society of London*, (4): 439–464.

上野俊一 (1985) ムカシゲンゴロウ科．原色日本甲虫図鑑（Ⅱ）（上野俊一・黒澤良彦・佐藤正孝編）: 182, 187 (PLATE33)，保育社，大阪．

渡部晃平 (2022) 大掃除中，標本箱から発見！　ニセコウベツブゲンゴロウ・ヒラサワツブゲンゴロウ．新種発見！　見つけて，調べて，名付ける方法（馬場友希・福田宏編）: 160–167，山と渓谷社，東京．

渡部晃平 (2023) 第 2 章　既知種をよく見たら新種だった！．新種発見物語 足元から深海まで 11 人の研究者が行く！（島野智之・脇司編）: 25–48，岩波書店，東京．

Watanabe K, Biström O (2022) A new species of the genus *Hydrovatus* Motschulsky (Coleoptera: Dytiscidae) from Japan. *The Coleopterists Bulletin*, 76 (1): 115–121.

Watanabe K, Inahata N, Biström O (2020) A distributional review of the genus *Hydrovatus* (Coleoptera: Dytiscidae) from the Ryukyus, southwestern Japan. *Japanese Journal of Systematic Entomology*, 26 (1): 111–118.

Watanabe K, Kamite Y (2018) A new species of the genus *Laccophilus* (Coleoptera, Dytiscidae) from Japan. *Elytra, Tokyo, New Series*, 8 (2): 417–427.

Watanabe K, Kamite Y (2020) A new species of the genus *Laccophilus* (Coleoptera: Dytiscidae) from eastern Honshu, Japan, with biological notes. *Japanese Journal of Systematic Entomology*, 26 (2): 294–300.

渡部晃平・吉富博之 (2022) ゲンゴロウ科．日本昆虫目録　第 6 巻　鞘翅目（第 1 部）（日本昆虫目録編集委員会編）: 8–27，櫂歌書房，福岡．

吉富博之 (2022) コツブゲンゴロウ科．日本昆虫目録　第 6 巻　鞘翅目（第 1 部）（日本昆虫目録編集委員会編）: 6–7，櫂歌書房，福岡．

（上手雄貴・渡部晃平）

I. ゲンゴロウの仲間

コラム

地下水のゲンゴロウ

ゲンゴロウ類は地下水中にも生息している。コツブゲンゴロウ科の地下水生種は，日本にのみ分布するムカシゲンゴロウ属 *Phreatodytes* がほとんどで（Nilsson, 2011; Dettner, 2016），インドネシアから *Speonoterus* 属が知られている（Spanglar, 1996）。ゲンゴロウ科では，約100種という大半がオーストラリアに分布しているほか，東南アジア，ヨーロッパ，アメリカなどからも発見されている（Miller & Bergsten, 2016）。これらの中にはゲンゴロウ科の最小種と考えられている体長0.9 mm の *Limbodessus atypicalis* も含まれており（Foster & Bilton, 2023），小型種が多い。ゲンゴロウ科の地下生種の大半がケシゲンゴロウ亜科 Hydroporinae に属すが，ブラジルやマレーシアからセスジゲンゴロウ亜科 Copelatinae に属する種も見つかっている（佐藤，1980; Caetano *et al.* 2013; Balke & Ribera, 2020）。

地下水生種の魅力は，やはり採集の難しさと独特の形態であろう。古い排水路，

表1　日本産の地下水生ゲンゴロウ

科	亜科	種	分布
コツブゲンゴロウ科 Noteridae	ムカシゲンゴロウ亜科 Phreatodytinae	サイトムカシゲンゴロウ *Phreatodytes archaeicus* S.Uéno, 1996	九州：宮崎県
		ギフムカシゲンゴロウ *Phreatodytes elongatus* S.Uéno 1996	本州：岐阜県
		ハイバラムカシゲンゴロウ *Phreatodytes haibaraensis* M. Kato, 2010	本州：静岡県
		カガミムカシゲンゴロウ *Phreatodytes latiusculus* S.Uéno, 1996	四国：高知県
		ウワジマムカシゲンゴロウ *Phreatodytes mohrii* S.Uéno, 1996	四国：愛媛県
		ムカシゲンゴロウ *Phreatodytes relictus* S.Uéno, 1957	本州：京都府，兵庫県
		トサムカシゲンゴロウ *Phreatodytes sublimbatus* S.Uéno, 1996	四国：高知県
ゲンゴロウ科 Dytiscidae	ケシゲンゴロウ亜科 Hydroporinae	メクラケシゲンゴロウ *Dimitshydrus typhlops* S.Uéno, 1996	四国：愛媛県
		オオメクラゲンゴロウ *Morimotoa gigantea* S.Uéno, 1996	四国：高知県
		ミウラメクラゲンゴロウ *Morimotoa miurai* S.Uéno, 1957	本州：京都府，兵庫県
		トサメクラゲンゴロウ *Morimotoa morimotoi* S.Uéno, 1996	四国：高知県
		メクラゲンゴロウ *Morimotoa phreatica* S.Uéno, 1957	本州：兵庫県
		アワメクラゲンゴロウ *Morimotoa uenoi* Yanagi & Nomura, 2021	四国：徳島県

1 日本産ゲンゴロウ上科の分類について

コラム 1

井戸，伏流水など，人間が容易にアクセスできない場所に生息しているため，採集が非常に難しい。ゲンゴロウが好きな人にとっては，滅多に見られないゆえの憧れが大きいのである。また，地下水生種には体の色素を欠く，複眼の縮小，後翅の喪失や上翅の融合などにより飛翔能力を欠くなどの特徴的な形態を有し（Miller & Bergsten, 2016），そこには格別の魅力がある。特にマレーシアから発見された *Exocelina sugayai* はオスの触角が肥大するなど（Balke & Ribera, 2020），語彙力を奪われる程のカッコ良さである。

図1　ムカシゲンゴロウ（中根ら，1963）

日本では，コツブゲンゴロウ科ムカシゲンゴロウ亜科 Phreatodytinae に1属7種，ゲンゴロウ科ケシゲンゴロウ亜科 Hydroporinae に2属6種が知られており，全て日本固有種である（表1）。サイトムカシゲンゴロウ *Phreatodytes archaeicus*，ムカシゲンゴロウ *P. relictus*（図1），メクラゲンゴロウ *Morimotoa phreatica* の3種は幼虫も記載されている（Uéno, 1957, 1996）。本州の兵庫県と京都府，四国の愛媛県と高知県では複数種が確認されている。同じ井戸から複数属の種が確認されているなど，多様性が高い地域も散見される。2010年以降にもハイバラムカシゲンゴロウ *Phreatodytes haibaraensis* やアワメクラゲンゴロウ *Morimotoa uenoi* が新種記載されていることからも（Kato *et al.*, 2010; Yanagi & Nomura, 2021），調査が不足していることは明白であり，ゲンゴロウ上科の中では最も新発見の可能性が残されている宝の山だと考えられる。

一方で，リニアモーターカーのニュースで騒がれているように，大規模な開発行為により地下水に影響が出る事例も散見され，未発見のまま絶滅する種も存在しているかもしれない。調査が難しいからと言って悠長に考えていられないのも地下水生種の難しい問題である。

〔引用文献〕

Balke M, Ribera I (2020) A subterranean species of *Exocelina* diving beetle from the Malay Peninsula filling a 4,000 km distribution gap between Melanesia and southern China. *Subterranean Biology*, 34: 25–37.

Caetano DS, Bená DD, Vanin SA (2013) *Copelatus cessaima* sp. nov. (Coleoptera: Dytiscidae: Copelatinae): first record of a troglomorphic diving beetle from Brazil. *Zootaxa*, 3710: 226–232.

Dettner K (2016) Noteridae Thomson, 1857. Handbook of Zoology. Arthropoda: Insecta. Coleoptera, Beetles. Morphology and Systematics. Archostemata, Adephaga, Myophaga, polyphaga partim, Volume 1, 2nd edition (Beutel RG, Leschen RAB, ed.): 118–140, Walter de Gruyter, Berlin.

I．ゲンゴロウの仲間

> **コラム**

Foster GN, Bilton DT (2023) The Conservation of Predaceous Diving Beetles: Knowns, More Unknowns and More Anecdotes. Ecology, Systematics, and the Natural History of Predaceous Diving Beetles (Coleoptera: Dytiscidae) Second Edition (Yee DA, ed.): 529–566, Springer, Cham.

Kato M, Kawakita S, Kato T (2010) Colonization to aquifers and adaptations to subterranean interstitial life by a water beetle clade (Noteridae) with description of a new *Phreatodytes* species. *Zoological Science*, 27: 717–722.

Miller KB, Bergsten J (2016) Diving Beetles of the World. Systematics and Biology of the Dytiscidae. Johns Hopkins University Press, Baltimore.

中根猛彦・大林一夫・野村鎮・黒沢良彦 (1963) 原色昆虫大図鑑第 2 巻（甲虫篇），北隆館，東京．

Nilsson AN (2011) A World Catalogue of the Family Noteridae, or the Burrowing Water Beetles (Coleoptera, Adephaga). Version 16. Ⅷ. 2011. http://www.waterbeetles.eu/documents/W_CAT_Noteridae.pdf

佐藤正孝 (1980) 日本の水生甲虫類概説 I 　水生食肉亜目とその系統．昆虫と自然，15 (10): 11–18．

Spangler PJ (1996) Four new stygobiontic beetles (Coleoptera: Dytiscidae; Noteridae; Elmidae). *Insecta Mundi*, 10: 241–259.

Uéno S (1957) Blind aquatic beetles of Japan, with some accounts of the fauna of Japanese subterranean waters. *Archiv fuer Hydrobiologie Stuttgart*, 53: 250–296.

Uéno S (1996) New phreatobiontic beetles (Coleoptera, Phreatodytidae and Dytiscidae) from Japan. *Journal of the Speleological Society of Japan*, 21: 1–50, pls. 1–3.

Yanagi T, Nomura S (2021) A new species of the subterranean diving beetle genus *Morimotoa* (Coleoptera, Dytiscidae) from Tokushima Prefecture, Japan. *Elytra, New Series (supplement)*, 11: 87–93.

（渡部晃平）

II. ゲンゴロウ類の生活史

II. ゲンゴロウ類の生活史

② 季節消長と移動

■ 生活環

　日本産ゲンゴロウ類の生活環は，十分に解明されていないが，概ね4タイプに区分される（図2-1）。多くの種は，「①年一化・晩春～初夏繁殖型」であり，晩春～初夏に繁殖期を迎え，秋季には成虫となってそのまま越冬し，翌年繁殖する。越冬場所は，ほとんどの種は水中であるが，シマゲンゴロウ *Hydaticus bowringii*（口絵①c）やコシマゲンゴロウ *H. grammicus*（口絵①k）などは水際の泥中で越冬する（表2-1，図2-2：渡辺，2017）。北方種であるシャープゲンゴロウモドキ *Dytiscus sharpi*（口絵①w）などは「②年一化・早春繁殖型」であり，早春に繁殖期を迎え，夏には成虫の状態で休眠し，秋以降は水域に出現して3月頃まで交尾を行う（千葉県環境生活部自然保護課，2023）。マメゲンゴロウ *Agabus japonicus* やクロズマメゲンゴロウ *A. conspicuus*，キベリクロヒメゲンゴロウ *Ilybius apicalis* などは「③年一化・晩秋繁殖型」に該当し，これらは晩秋に繁殖期を迎え，幼虫の状態で越冬し，翌年の早春に新成虫が出現するとされる（西城，2001；三田村ら，2017；中島ら，2020）。また，ヒメゲンゴロウ *Rhantus suturalis*（口絵①g）や南西諸島に生息する種は，「④年二化以上」の生活環を有すると考えられているが（中島ら，2020；宮﨑・渡部，2023），それを示す定量的な野外データは存在せず，今後の研究が待たれる。野外下における寿命はほとんどの種でわかっていないが，ナミゲンゴロウ *Cybister chinensis*（口絵①d）の標識個体は最長1年後（四方，1999），シャープゲンゴロウモドキでは最長3年後まで確認されている（千葉県環境生活部自然保護課，2023）。飼育下における寿命は，ゲンゴロウ類やゲンゴロウモドキ属などの大型種では最長2～3年であり，ほとんどの種は1年未満であると考えられている（都築ら，2003）。ただし，飼育下においてナミゲンゴロウは最長6年（都築ら，2003），コセスジゲンゴロウ *Copelatus parallelus* は最長818日生存した記録もある（Watanabe K & Ohba, 2021）。

　ゲンゴロウ類の生活環を体系的に分類した研究としては，ゲンゴロウ研究の大家Nilsson博士の研究が有名である（Nilsson, 1986）。Nilsson博士は，北

2 季節消長と移動

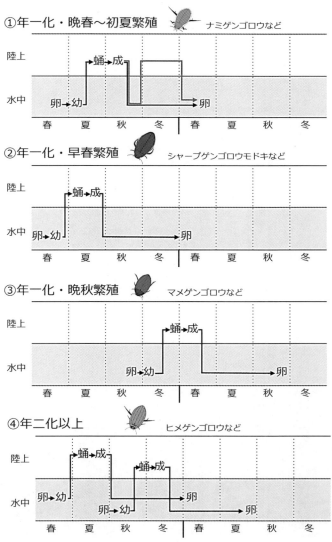

図 2-1　日本産ゲンゴロウ類の生活環 4 タイプのイメージ（Nilsson（1986）・三田村ら（2017）・中島ら（2020）を基に作成）

II. ゲンゴロウ類の生活史

欧のマメゲンゴロウ族の生活環を，(1)年一化：春繁殖・夏幼虫・成虫越冬，(2)年一化：夏〜秋繁殖・卵越冬，(3)二年一化：春繁殖・1年目卵越冬・2年目成虫越冬，(4)二年一化：夏繁殖・1年目幼虫越冬・2年目成虫越冬，(5)柔

表 2-1　成虫の陸上越冬が確認されているゲンゴロウ類

種名	学名	越冬場所
トダセスジ	Copelatus nakamurai	細流付近の土中（鈴木, 2003） ヨシ原に堆積した朽ち木中（亀澤, 2011）
ホソクロマメ	Platambus optatus	湧水湿地付近の土中（渡部, 2012）
クロヒメ	Ilybius anjae	火山灰質の崖中（上手, 2002）
オオシマ	Hydaticus aruspex	土中（上手, 2002）
シマ	Hydaticus bowringii	森林（森・北山, 2002） 渇水した池の中心部に生えるマコモ Zizania latifolia の根際の湿った泥中（渡辺, 2017）
オオイチモンジシマ	Hydaticus conspersus	水深の浅い泥湿地の落葉下もしくは落葉下の泥中（松本・礒崎, 1988） 山間の小川が涸れてできた水溜まりに堆積した湿った落葉下（今井, 1988）
コシマ	Hydaticus grammicus	湿地付近の石の下（山崎, 1993） 堀上の脇に堆積した枯草の下（相蘇ら, 2015） 池の岸際に生えるクサヨシ Phalaris arundinacea の根際の泥中（渡辺, 2017）

（種名から「ゲンゴロウ」を省略）

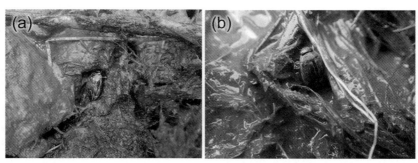

図 2-2　泥中で越冬していた (a) シマゲンゴロウおよび (b) コシマゲンゴロウ（渡辺 (2017) より改編）

2 季節消長と移動

軟繁殖型：幼虫・成虫で越冬の5タイプに分類した。このうち，マメゲンゴロウ属の一部やクロヒメゲンゴロウ属は，タイプ(3)または(4)に分類されている。マメゲンゴロウやクロズマメゲンゴロウ，キベリクロヒメゲンゴロウなどは③年一化・晩秋繁殖型に分類されるとしたが，冬季に成虫・幼虫ともに確認されているため(三田村ら, 2017)，二年一化の可能性もある。

ここでは①年一化・晩春～夏繁殖型の生活環について，シマゲンゴロウを例に概説する(図2-3)。成虫は春先に越冬場から離脱し，水田などの浅い水域に移動して5～6月頃に繁殖期を迎える(Watanabe R *et al*., 2020)。交尾後のメスは，イネ *Oryza sativa* やヤナギタデ *Persicaria hydropiper* などの水生植物の葉や茎の表面に卵を産み付ける(渡辺, 2019)。卵は5日程度で孵化し，幼虫はカエル類幼生などを捕食し，2回の脱皮を経て3齢幼虫になる。十分な大きさまで成長した3齢幼虫(孵化から約14日後)は，畔に上陸し，土の表面に蛹室を形成して蛹になる(Watanabe R *et al*., 2020)。なお，他のゲンゴロウ類では，多くの場合，上陸した幼虫は土や砂に潜って蛹室を形成する。羽

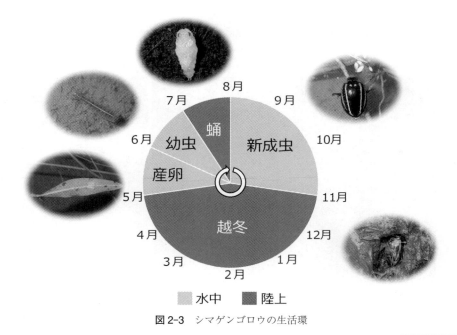

図2-3　シマゲンゴロウの生活環

II. ゲンゴロウ類の生活史

化した成虫は，水中に移動し，10月下旬以降になると水域から姿を消し，水生植物の根際の泥中や森林などに移動して越冬する（森・北山，2002; 渡辺，2017）。すなわち，ゲンゴロウ類が生活環を完結するには，成虫・幼虫の生息場所となる水域と，幼虫の蛹化場所となる陸域（一部の種にとっては成虫の越冬場所）の両方の環境が必要となる。そのため，傾斜が緩やか（幼虫が上陸しやすい）で水生植物（産卵基質や隠れ家，餌動物の生息場となる）が豊富なエコトーン（水域と陸域との間にある移行帯）を有する水域は，ゲンゴロウ類の生息に適している（図2-4：中島ら，2020）。ただし，都市環境に適応したハイイロゲンゴロウ *Eretes griseus*（口絵①f）は，畔がコンクリート化された水田であっても，

図2-4　エコトーンの発達した池

図2-5　(a) ハイイロゲンゴロウのサナギが見つかったコンクリート畔の上に堆積した土・植物の枯死体，(b) このサナギを持ち帰って羽化させ，ハイイロゲンゴロウであることを確認した（大庭（2025）より改編）

コンクリートに堆積したわずかな土に潜って蛹化できるようである（図2-5：大庭, 2025）。

生息環境ごとの生活史

　ゲンゴロウ類は地球上のあらゆる陸水環境にみられ，その生息環境は大きく止水域，流水域，地下水域の3つに分類される。ほとんどの種は止水域（池沼や湖，湿地など）を主な生息地としている（Gioria & Feehan, 2023：詳細はⅧ-20「生息環境に応じた調査方法」を参照）。我が国において代表的な止水域は，水田やため池などの水田環境やワンド・水たまり・池沼などの自然湿地である。特殊な環境としては，水が滴る程度の湿った岩盤，草本植物の葉の基部や樹木の洞にたまった水溜り（ファイトテルマータ），海沿いのタイドプールのような塩分濃度の高い水域に生息する種も存在する（Gioria & Feehan, 2023）。河川や小川のような流水域では，比較的流れの緩い岸際の植生帯や砂礫の隙間を生息場所とする。さらに，洞窟や井戸水などの地下水域にはムカシゲンゴロウ科やメクラゲンゴロウ属 *Morimotoa*，メクラケシゲンゴロウ属 *Dimitshydrus* など，複眼が退化・消失し，感覚毛が発達したグループが生息する（柳・秋田, 2025, 詳細はコラム1参照）。ここでは，我が国における止水域の代表として水田環境やワンド・水溜まり・池沼などの自然湿地，流水域としては河川を取り上げ，そこに生息するゲンゴロウ類の生活史について国内の知見を中心に紹介する。

(1) 水田環境

　我が国において，ゲンゴロウ類などの湿地性生物は，河川の洪水・氾濫によって生じる氾濫原や後背湿地を主な生息地としていたと考えられている（守山, 1997）。しかし，氾濫原や後背湿地は開発により減少し，とくに谷津や低平地など水を利用しやすい場所は水田に改変された。水田は，春先〜夏にかけて水稲の栽培のために耕起・湛水され，秋になると収穫のために落水される。この農作業に伴う攪乱は，氾濫原や後背湿地において生じる洪水による物理的攪乱を代替した。また，水田の周囲には，水田に水を導くための農業用水路や用水を確保するためのため池も造成された。その結果，氾濫原

II. ゲンゴロウ類の生活史

や後背湿地の撹乱に適応してきたゲンゴロウ類などの湿地性生物は，それらの減少に伴い，水田環境（水田やため池，休耕田，水路などの水域を含む環境）を代替の生息地として利用するようになったと考えられている（田和・永山，2024）。実際，我が国に生息するゲンゴロウ類のうち，ゲンゴロウ科の約50％（70／139種），コツブゲンゴロウ科の約38％（6／16種）が水田環境を利用している（口絵④左：桐谷・大塚，2020; 中島ら，2020）。ただし，水田環境においても，開発や農薬使用，圃場整備，耕作放棄などの要因により生息地が劣化・減少し，さらに侵略的外来種の侵入や過度な採集圧を受けて，多くの種は減少傾向にある（西原ら，2006）。水田環境を利用する種のうち，ゲンゴロウ科の41％（31／70種），コツブゲンゴロウ科の50％（3／6種）は環境省レッドリスト2020に掲載されており，危機的な状況にある（環境省，2020）。

水田環境に生息するゲンゴロウ類の多くは，水田などの一時的水域（1年のうち水が乾く時期がある水域）とため池や湧水により湛水された休耕田などの恒久的水域（年間を通じて湛水された水域）を季節に応じて使い分けている（図2-6：西城，2001）。一時的水域は干上がるため，大型の捕食性魚類が生息しにくく，また水深が浅い故，水温が温まりやすく餌動物が発生しやすい

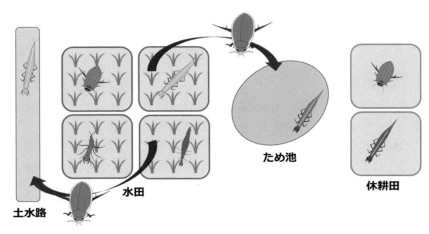

図2-6 水田環境におけるゲンゴロウ類の生息地利用のイメージ
生活環を完結するために複数の水域タイプを必要とする種が多い。

②季節消長と移動

ため，多くのゲンゴロウ類は繁殖のために一時的水域へと移動すると考えられている(西城, 2001; Williams, 2006)。一方，恒久的水域は，一時的水域が渇水した際の避難場所や越冬場所として利用される。ただし，クロズマメゲンゴロウのように恒久的水域を主な繁殖場所として利用する種や，キベリクロヒメゲンゴロウのように恒久的水域において生活環を完結させる種も存在する(渡辺, 未発表)。また，繁殖時期にも違いがみられ，多くの種が晩春〜初夏にかけて繁殖するのに対し，マメゲンゴロウ亜科の種は晩秋〜早春にかけて幼虫が出現する(三田村ら, 2017)。したがって，種ごとに水田環境の生息地利用パターンは異なるため，保全策を立案するためには各種の年間を通した生息地利用を明らかにする必要があるだろう。ここでは，水田環境におけるゲンゴロウ類4種の生息地利用を調査した，筆者らの研究を紹介する(Watanabe R et al., 2025)。

①対象種および調査地・調査手法

対象種は全国に広く分布し，水田を主な生息場所とするヒメゲンゴロウ *Rhantus suturalis*，シマゲンゴロウ *Hydaticus bowringii*，コシマゲンゴロウ *H. grammicus*，クロゲンゴロウ *Cybister brevis*(口絵①h)の4種(以下，ヒメ，シマ，コシマ，クロ)である(図2-7)。このうち，シマとクロは環境省レッドリスト2020において，準絶滅危惧に選定されており，全国的に減少傾向にある。ゲンゴロウ類は水田生態系における中・上位捕食者であり，それらが生息できる環境を整えることで餌動物を含めた水田生態系全体の保全につながると期待される。

ゲンゴロウ類4種の生息地利用の季節変化を明らかにするために，茨城県南部の水田2枚(水田A・B)，水田脇の水を温めるための素掘りの承水路(堀上)，池を調査地とした(図2-8)。水は河川から池に引かれ，その後，堀上を経由して水田Aに，水田Aから水田Bへは暗渠パイプにより通水される。本調査地は水生生物の保全を目的として管理されているため，水田A・Bともに除草剤・殺虫剤等の薬剤は一切使用されず，また中干しも行われないため，4月下旬〜8月下旬にかけて原則，常に湛水されていた(平均水深 約6 cm)。水温は5〜8月にかけて，堀上や池よりも水深の浅い水田A・Bの方が高かった。堀上・池ともに水深は平均約10 cm，最大約20 cmであり，年

II. ゲンゴロウ類の生活史

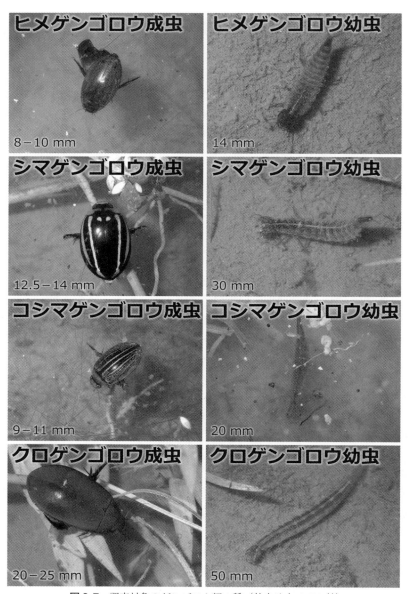

図2-7 調査対象のゲンゴロウ類4種（幼虫はすべて3齢）
体長は三田村ら（2017）を参照

② 季節消長と移動

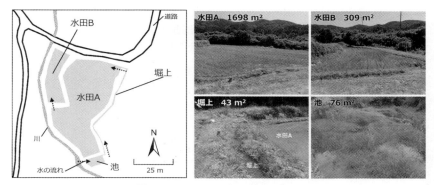

図2-8　ゲンゴロウ類4種の調査地

中湛水されていた。

　まず，成虫の個体群動態を明らかにするため，2018年5月～2019年12月にかけて，冬季(1～3月)を除いて1～9日間隔で，合計135回にわたる標識再捕獲調査を行った。夜間(20:00～翌2:00の間)に，各調査地の周囲を1周ゆっくりと歩き，LED式懐中電灯により水域内を照らして，発見した個体をタモ網(D型枠，枠幅30 cm，目合1 mm)により採集した。採集した個体については，性別を記録し，ハンディルーターを用いて鞘翅に個体標識番号を彫った後，採集した場所へ戻した(詳細はⅧ-20参照)。2019年1～3月には月1回，越冬場所を確認するため，堀上と池において20分間の掬い取り調査を行い，成虫の有無を記録した。また，幼虫の季節消長を明らかにするため，2019年5～8月にかけて週1回，タモ網による掬い取り調査を実施した。この調査では，水底をひっかくようにして畔際に沿って80 cmを掬い取り，採集された幼虫の個体数を種・齢別に記録した。掬い取り回数は調査地の面積に応じて設定し，水田Aと堀上で50回，水田Bで30回，池で20回とした。

②生息地利用と寿命

　成虫の生息地利用は4種間で類似しており，水田に水が入る5～7月にかけて水田A・Bにおいて個体数が増加し，新成虫(その年に羽化した個体)は4種ともに6月からみられるようになった(図2-9)。水田の水がなくなる8

■ Ⅱ．ゲンゴロウ類の生活史

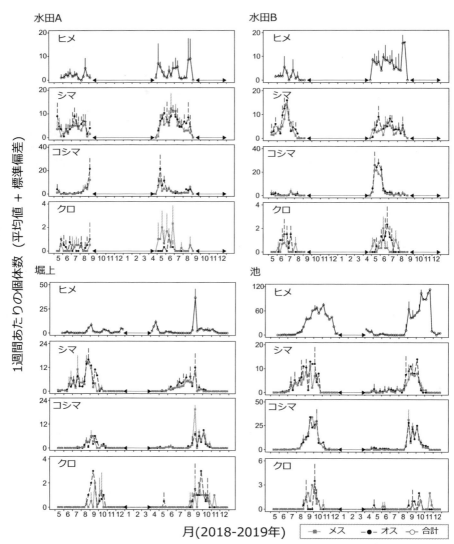

図 2-9　ゲンゴロウ類 4 種成虫の季節消長（Watanabe R *et al.* (2025) より改編）
両向き矢印は水がないもしくは冬季の調査を実施していない期間を示す．ヒメゲンゴロウは野外での雌雄判別が難しかったため，雌雄の合計個体数を示した．

月以降は堀上と池において個体数が増加し，9～10月にかけてピークを迎えた。ゲンゴロウ類の生息地利用に関する先行研究においても，類似した移動パターンが確認されており（西城, 2001; 田和・佐川, 2022），堀上や池は水田落水後の避難場所として機能することが改めて示された。ただし，越冬場所については4種間で違いがみられ，ヒメは冬季も堀上と池で，クロは11月下旬までは池で確認できたのに対し，シマとコシマはともに10月下旬～11月上旬以降，翌年の5月まではすべての調査地でみられなくなった。したがって，ヒメとクロは水中で越冬するのに対し，シマとコシマは陸上もしくは岸際の泥中など，水中以外の場所で越冬していることが示された。

　一方，幼虫の生息地利用や出現時期には種間で違いがみられた（図2-10）。ヒメ幼虫は最も出現時期が早く，4月から5月中旬にかけて全調査地においてみられたが，最も多くの個体がみられたのは池であった。図鑑や書籍の記述では，ヒメ幼虫は早春～秋にかけて出現することから，年2～3化であるとされている（市川, 2018; 中島ら, 2020）。本調査地では8月以降に幼虫がみられなかったが，9月以降は幼虫の個体数を記録していないため，本種幼虫の季節消長を追いきれていない可能性がある。シマ幼虫は5～8月にかけてみられ，主に水田Aと堀上において同等の個体数がみられた。コシマ幼虫は4月下旬～9月上旬にかけて主に水田A・Bにおいてみられ，堀上ではわずかにみられる程度であった。また，シマ・コシマ幼虫ともに池で

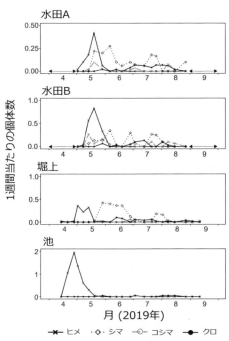

図2-10　ゲンゴロウ類4種幼虫の季節消長
（Watanabe R *et al.* (2025) より改編）

Ⅱ. ゲンゴロウ類の生活史

表 2-2 ゲンゴロウ類 4 種の標識再捕獲調査の結果（Watanabe R *et al*. (2025) より改編）

	ヒメ	シマ	コシマ	クロ
標識個体数 (オス・メス)	2463	1772 (950・822)	1766 (942・829)	111 (59・52)
再捕獲された個体数	591	645 (371・273)	335 (195・140)	58 (27・31)
再捕獲率 (%)	24.0	36.4 (66.7・33.2)	19.2 (20.7・16.9)	52.2 (45.8・59.6)
2018 年に捕獲された個体が 2019 年に再捕獲されるまでの最長日数*	189.4 ± 40.3 [126 - 291]	289.5 ± 35.2 [224 - 370]	249.0 ± 30.9 [211 - 329]	265.8 ± 24.6 [224 - 298]

*表中の数値は平均値 ± 標準偏差 [最小値-最大値]を示す

は確認されなかった。一方，クロ幼虫は 3 種より出現時期が遅く，5 月下旬から 8 月にかけて主に水田 A・B においてみられた。以上より，腐肉食者であり，飛翔移動できる成虫期よりも，ギルド内捕食も生じる捕食者である幼虫期の方が，資源競争が生じやすく，それを回避するために生息地利用や出現時期が異なっているのかもしれない。この仮説を検証するには，餌動物の動態も含めたさらなる調査が必要である。

　2 年間で 4 種合計 6,112 個体の成虫に標識を施した（表2-2）。そのうち，クロは 58 個体（52.2 %），シマは 645 個体（36.4 %），ヒメは 591 個体（24 %），コシマは 335 個体（19.2 %）が調査期間中に 1 回以上は再捕獲され，再捕獲率はクロ，シマ，ヒメ，コシマの順に高かった。シマとコシマの再捕獲率はオスの方がメスよりも高かった一方，クロは性別による違いがみられなかった。この理由は定かではないが，種間および同種雌雄間において飛翔活性に違いがあることが示唆される。

　2018 年に標識した個体について，ヒメは 2019 年 6 月まで再捕獲され，シマ，コシマ，クロは 2019 年 7 月まで再捕獲された（図2-11）。また，再捕獲までの最長日数は，シマが最も長く，2 個体はおよそ 1 年後に再捕獲された。したがって，4 種の野外下における寿命は 1 年程度であると推定された。ただし，クロについては兵庫県で実施された 10 年間にわたる標識再捕獲調査において，複数個体が標識から 2 年後に再捕獲されており（大庭，未発表），本研究の調査期間が短かったために，寿命を過小推定している可能性が高い。

[2] 季節消長と移動

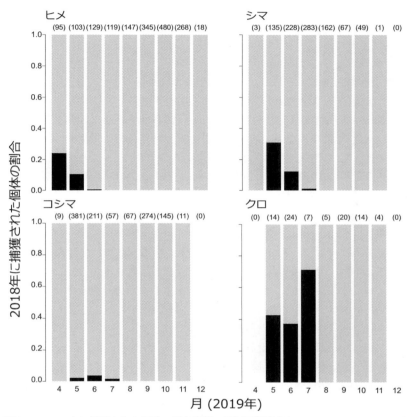

図2-11　2018年に捕獲された個体の翌年以降の月別再捕獲率（Watanabe R *et al.* (2025)より改編）
グラフ上に示した括弧内の数値は各月の合計捕獲個体数を示す。

③ゲンゴロウ類の生息に適した水田環境

　以上より，ゲンゴロウ類4種の生息地利用は，成虫では類似している一方，幼虫には種間で違いがみられた。成虫は，水田の落水後にはため池や堀上などの水域を避難場所として利用し，ヒメとクロについては越冬場所としても利用していた。幼虫は4種ともに水田において出現したが個体数のピーク時

II. ゲンゴロウ類の生活史

期にはズレがあり，またヒメは池，シマは堀上においても多くの個体がみられた。そのため，これらの種が共存するためには水田だけでなく，水田落水後の避難場所や越冬場所，繁殖場所として機能する堀上や池が必要となる。また，地域によっては防火水槽や学校プール，コンクリート製農業用水路の集水桝などの人工的な水域も，水田落水後の避難場所として重要である（大庭ら，2019; 渡辺・大庭，2019; 浴井・宮永，2021）。さらに，シマとコシマは冬季に水域から姿を消して陸上越冬するため，越冬場所となる森林なども併せて維持しなくてはならない。ユスリカ科を含むハエ目の個体数やアカガエル類の卵塊数は，水田周囲の森林面積率が高いほど多くなることが報告されており（宇留間ら，2012; Tsutsui *et al*., 2016; Kidera *et al*., 2018），森林は餌動物の供給源としても重要である。渡辺ら（2019）は，茨城県の水田16枚において水生コウチュウ・カメムシ類の定量調査を行い，多変量解析の結果，餌動物の個体数が多い水田ほど水生コウチュウ・カメムシ類の種数が多いこと，景観解析の結果，周囲2〜3 km以内に避難場所となる水域や餌供給源・越冬場所として機能する森林がある水田ほど，種数や個体数が多いことを明らかにした。つまり，この研究は水田に生息する水生昆虫類の移動範囲は2〜3 km程度であり，その移動範囲内に新たな生息地を創出することで生息地間のネットワークを形成できる可能性を示唆している。

　では，どのように新たな生息地を創ればよいのだろうか？　我が国では農業収入の減少や農家の高齢化などに伴い，耕作放棄田が増加している（Katayama *et al*., 2015; Mameno & Kubo, 2022）。耕作放棄され植生遷移が進行すると，農地への復旧や湿地性生物の生息が困難になるほか，シカ類やイノシシ類などの害獣の温床となり，土砂崩壊のリスクも高まる（Katayama *et al*., 2015）。この解決策の1つとして，耕作放棄田や休耕田を湛水したビオトープが着目されている（片山ら，2020）。実際，ゲンゴロウ類のいくつかの種では，水田落水後の避難場所や繁殖場所としてビオトープを利用することが報告されており（表2-3），千葉県ではビオトープを活用し，シャープゲンゴロウモドキの域内保全が実施されている（千葉県環境生活部自然保護課, 2023; 西原, 2020）。一方，市川（2004）は，ビオトープにおいて，ナミゲンゴロウは造成から4年後に一度繁殖したものの，その後定着はせず，シマの成虫は毎年みられるが，幼虫は確認できないことを報告している。

表 2-3 休耕田ビオトープを利用するゲンゴロウ類
表中の成虫と幼虫ごとに示した数値は確認された文献数を示す。

科	種名*	学名	成虫	幼虫	文献**
コツブゲンゴロウ	ムモンチビコツブ	*Neohydrocoptus* sp.	1	0	10
	コツブ	*Noterus japonicus*	7	0	2,3,4,7,9,10,12
ゲンゴロウ	チビマルケシ	*Hydrovatus pumilus*	1	0	10
	ヤギマルケシ	*Hydrovatus yagii*	1	0	10
	オニギリマルケシ	*Hydrovatus onigiri*	1	0	10
	コマルケシ	*Hydrovatus acuminatus*	3	0	7,10,11
	チビ	*Hydroglyphus japonicus*	5	1	4,7,10,11,12
	アンピンチビ	*Hydroglyphus flammulatus*	1	0	10
	マルチビ	*Leiodytes frontalis*	1	0	6
	ホソマルチビ	*Leiodytes miyamotoi*	1	0	7
	コウベツブ	*Laccophilus kobensis*	2	1	2,12
	ホソセスジ	*Copelatus weymarni*	2	0	2,11
	カンムリセスジ	*Copelatus kammuriensis*	1	0	7
	クロズマメ	*Agabus conspicuus*	1	1	12
	マメ	*Agabus japonicus*	6	1	3,4,6,7,11,12
	キベリクロヒメ	*Ilybius apicalis*	1	1	12
	ヒメ	*Rhantus suturalis*	7	2	3,6,7,9,10,11,12
	ハイイロ	*Eretes griseus*	6	0	2,3,7,9,10,12
	シマ	*Hydaticus bowringii*	3	1	1,3,12
	コシマ	*Hydaticus grammicus*	6	2	3,6,9,10,11,12
	ウスイロシマ	*Hydaticus rhantoides*	2	0	7,10
	マルガタ	*Graphoderus adamsii*	2	1	9,12
	クロ	*Cybister brevis*	5	4	6,9,10,11,12
	トビイロ	*Cybister sugillatus*	1	0	8
	コガタノ	*Cybister tripunctatus lateralis*	3	0	7,10,12
	マルコガタノ	*Cybister lewisianus*	1	0	5
	ナミ	*Cybister chinensis*	1	0	1
	シャープゲンゴロウモドキ	*Dytiscus sharpi*	1	1	5

*：シャープゲンゴロウモドキを除き，種名から「ゲンゴロウ」を省略．
**：1 市川（2004）；2 久米ら（2008）；3 田中ら（2013）；4 Ohba *et al.*（2013）；5 西原（2020）；6 阪田・難波（2021）；7 中島・宮脇（2021）；8 冨坂・城野（2021）；9 田和・佐川（2022）；10 渡辺ら（2024）；11 Watanabe R *et al.*（2024）；12 （渡辺，未発表）

II. ゲンゴロウ類の生活史

　彼らの生息に適した環境を維持・創出するためには，草刈りや泥上げなどの人為的撹乱が不可欠である。ビオトープの造成から6年間，水生昆虫類の変動を追った研究では，泥の堆積に伴い種数が減少したため，数年おきに浚渫する必要があると言及している（田中ら，2013）。また，Watanabe R *et al.*（2024）は，6月に水生植物が水面を被覆する割合が高くなるほど，水生昆虫類の種数が減少したことから，この時期に代掻きを行う必要があることを示唆している。中島・宮脇（2021）は，水生動物の多様性を保全するには，流速や水深に勾配をもたせることが重要だと指摘している。また，通年湛水されるビオトープでは，周辺水田で繁殖している水生コウチュウ類の幼虫がほとんど確認されないのに対し（田和・佐川，2022），水田と同様の周期で湛水されるビオトープでは水生コウチュウ類の幼虫の種数・個体数が周辺水田に比べて多いことが明らかになってきた（Watanabe R *et al.*, 2024）。湛水期間の違いが，餌動物や捕食者の種組成に影響を及ぼし，その結果として水生コウチュウ類幼虫の生存にまで波及した可能性があるが，そのメカニズムの詳細は未解明である。今後は，撹乱の時期や回数，越冬に必要な水深，湛水期間など，ゲンゴロウ類の保全に効果的なビオトープの管理手法を野外操作実験により検証していく必要があるだろう。

(2) 自然湿地（ワンド・たまり，池沼）

　稲作のために人工的に造成された水田環境に対し，河川の本流から派生して生じるワンドやたまり，雨水や湧水などが溜まってできた池沼などの自然湿地にも多くのゲンゴロウ類が生息している。

①ワンド・たまり，水溜まり

　ワンドやたまりは，流水性種の生息場となるほか，周辺水田の落水後には止水性種の避難場所になりうる（黒川ら，2009; 竹門，2021; 中島ら，2020）。また，河川敷や荒地にできた水溜まりには，不安定な環境を好むセスジゲンゴロウ属がみられる。トダセスジゲンゴロウ *Copelatus nakamurai* は，ヨシなどの水生植物に覆われた，湧水の存在する水溜まりで見つかることが多い（図2-12，田島・柳田，2010; 加藤ら，2024）。一方，同所的に生息するホソセスジゲンゴロウ *C. weymarni* は開けた環境でも見つかるため（加藤ら，2024），植被

率の違いがこれらの生息場所選択に影響していると思われる。トダセスジゲンゴロウやコセスジゲンゴロウは，新成虫が羽化後1カ月以上は蛹室に留まることが知られる。これは湛水期間が不安定な一時的水域への適応の1つとされ，基本的に自力で蛹室を破壊せず，降雨時や水位が上昇した際に蛹室から脱出するためだ

図2-12　トダセスジゲンゴロウの生息環境

と考えられている(Watanabe K *et al*., 2017; Watanabe K, 2022)。また，コセスジゲンゴロウやヤエヤマセスジゲンゴロウ *C. imasakai*，カンムリセスジゲンゴロウ *C. kammuriensis* の幼虫は，陸上で1.5～2カ月生存できるため，一時的な渇水に耐えうることが示唆されている(Watanabe K *et al*., 2024)。

②池沼

　雨水や湧水により自然に生じた池沼は，水田環境にはみられない種の生息場所となっているが，このような環境において生活史を調べた研究は少ない。国内希少野生動植物種のヤシャゲンゴロウ *Acilius kishii*（Ⅴ-15の図15-2も参照）はその個体群の保全のため，最も生活史が調べられてきた種の一つである(奥野ら，1996)。本種は，飛翔移動をしないとされ，唯一の生息地である福井県夜叉ヶ池において生活史を完結する。6月頃に繁殖期を迎え，メスは上陸して，水際のコケ類などに卵を産み付ける。幼虫はミジンコ類やケンミジンコ類を主な餌として成長して蛹化した後，羽化した成虫は水中越冬する。近縁種のメススジゲンゴロウ *A. japonicus* では，富山県の池沼において，5月下旬から7月下旬にかけて幼虫の発生が確認されている(澤田・岩田，2020)。また，恒久的に湛水される池沼に生息する種の特徴として，一時的水域に生息する近縁種に比べて，幼虫期間が長いことが知られる(ツブゲンゴロウ属：Watanabe K & Uchiyama, 2024)。

Ⅱ. ゲンゴロウ類の生活史

(2) 流水域

　流水性種といっても，流れの早い箇所にはあまりみられず，流れの緩い淀みの落ち葉や流木が堆積した箇所や陸生植物の根や葉が垂れ下がった箇所，岸際の砂礫の中，上流域の細流を主な生息場とする(図2-13)。国内の流水性種としては，キボシケシゲンゴロウ属やシマチビゲンゴロウ類，モンキマメゲンゴロウ属など24種が挙げられる。これらの種は，成虫・幼虫ともに背面が黒地に白や黄色の斑点模様もしくは縞模様をしていることが多く，川底の砂礫に類似している(図2-13)。流水性種の種組成は，源流域・上流域・中流域・下流域といった流程の違いや，大河川・小河川・細流といった川幅の規模の違いにより影響を受ける(中島ら, 2020)。例えば，アメリカのオザーク高原の河川に生息する $Heterosternuta$ 属の2種は流程分布を示し，水位変動の大きい下流域に生息する $Heterosternuta\ phoebeae$ に比べ，水位の安定した上流域に生息する $H.\ sulphuria$ の方が，飛翔活性や乾燥耐性が低いことが

図2-13　流水性ゲンゴロウ類（種名から「ゲンゴロウ」を省略）

知られる（Longing & Magoulick, 2023）。

　流水性種の生活史や流程分布を野外で定量的に調べた国内の研究は皆無であり，今後の研究が求められる。ただし，幼虫の出現時期については，野外観察や室内飼育により断片的な知見が報告されている（表2-4）。これらの知見を纏めてみると，キボシケシゲンゴロウ属やシマチビゲンゴロウ属，カノシマチビゲンゴロウ属，マルガタシマチビゲンゴロウ *Nectoporus sanmarkii*，ゴマダラチビゲンゴロウ *Neonectes natrix*，ナカジマツブゲンゴロウ *Laccophilus nakajimai*，キボシツブゲンゴロウ *Japanolaccophilus niponensis* は初夏～夏にかけて幼虫が出現する。一方，モンキマメゲンゴロウ属は，幼虫が夏～秋に出現する種（ホソクロマメゲンゴロウ種群）と晩秋～翌年の初夏にかけて出現（幼虫越冬）する種（モンキマメゲンゴロウ種群およびサワダマメゲンゴロウ種群）に区分できる。ただし，ホソクロマメゲンゴロウ種群のうち，ウスリーマメゲンゴロウ *Platambus ussuriensis* は2月下旬に採集した野外個体が3月に産卵したことから，春に繁殖すると考えられている（Watanabe K, 2022）。アトホシヒラタマメゲンゴロウ *Platynectes chujoi* は，西表島において2齢幼虫が10・12月に出現し，3月初旬に交尾個体や新成虫が観察されているため（森・北山，2002），繁殖期は少なくとも秋～春にまたがり，通年繁殖をしている可能性も示唆されている（宮﨑・渡部，2023）。一方，幼虫の出現時期が不明な種は5種おり，今後の研究を期待したい。

　また，既存データの整理も重要である。成井（2023）は，河川水辺の国勢調査におけるキベリマメゲンゴロウ *Platambus fimbriatus* の採集地点および採集時期のデータ（1992～2020年）を整理し，本種の生息環境が河川の中流域から下流域の抽水植物が繁茂する場であること，成虫は春から夏にかけて増加し，秋にピークを迎え，冬に少なくなることを報告している。河川水辺の国勢調査の底生動物調査は，全国の一級河川（109水系）を主な対象として，1990年度から5年に1回の頻度で実施されており，今後の活用が期待される。

■ 飛翔能力

　ゲンゴロウ類はどれくらいの距離を飛べるのであろうか？　絶滅の危機に瀕するゲンゴロウ類を保全するにあたり，生息地をどれほどの距離間隔で維

II. ゲンゴロウ類の生活史

表 2-4 我が国に生息する流水性種

中島ら（2020）において，生息場所が河川のみの種，または流水性と記載のあった種を列挙した。

種名	学名	細流・水溜まり	上流	中流	下流	幼虫出現時期		文献*
ウエノチビケシ	Microdytes uenoi	○				不明		1
キボシケシ	Allopachria flavomaculata	○	○	○		夏？	8月に新成虫	2
フタキボシケシ	Allopachria bimaculata	○		○		不明		3
シマチビ	Nebrioporus simplicipes			○	○	不明		4,5
チャイロシマチビ	Nebrioporus anchoralis	ダム湖	○			夏	7〜9月	3,4
コシマチビ	Nebrioporus hostilis			○		不明		4
ヒメシマチビ	Nebrioporus nipponicus		○	○	○	初夏	4〜6月	1,6,8
カノシマチビ	Oreodytes kanoi		○			初夏	5月	3,4,7
エゾカノシマチビ	Oreodytes alpinus	○			○	不明		1
マルガタシマチビ	Nectoporus sanmarkii		○			夏	9月	3
ゴマダラチビ	Neonectes natrix			○		夏	8〜9月	3,7
ナカジマツブ	Laccophilus nakajimai	○				初夏	6月	1,10
キボシツブ	Japanolaccophilus niponensis	○	○			初夏	6月	1,11,12
モンキマメ	Platambus pictipennis		○			晩秋〜初夏	11〜6月	1,3
ニセモンキマメ	Platambus convexus		○	○	○	冬〜初夏	2〜5月	1,3
キベリマメ	Platambus fimbriatus		○	○		冬〜早春	11〜4月	1,3
サワダマメ	Platambus sawadai	源流域				冬〜早春	12, 3〜4月	1,3,13
クロマメ	Platambus stygius	○				初夏〜秋	5, 7〜9月	1,3
ホソクロマメ	Platambus optatus	○				初夏〜秋	5〜10月	1,3
コクロマメ	Platambus insolitus	○				初夏〜秋	5〜8月	1,3
チョウカイクロマメ	Platambus ikedai	○				夏	8月	1,3,14
ウスリーマメ	Platambus ussuriensis	○				春？**		15
アトホシヒラタマメ	Platynectes chujoi	○				秋〜冬	10,12月	1,3,16

*：1 中島ら（2020）；2 神田ら（2021）；3 三田村ら（2017）；4 森・北山（2002）；5 記野・長谷川（1994）；6 渡部（2017）；7 渡部（2022）；8 長谷川（1989）；9 埼玉県環境部みどり自然課（2018）；10 Watanabe K（2019）；11 Watanabe K & Kamite（2020）；12 岡田（2009）；13 渡部・山崎（2020）；14 渡部・森（2019）；15 Watanabe K（2022）；16 宮崎・渡部（2023）

**：2月末に採集した成虫が3月に産卵

持・創出すべきかを検討するうえでは，飛翔距離の知見が不可欠である。しかしながら，彼らの飛翔距離を調べた国内の研究はごくわずかしかない。これまで，大型種(ゲンゴロウ属・ゲンゴロウモドキ属)については，複数の生息地において成虫の標識再捕獲調査を行うことで，飛翔距離が記載されてきた。四方(1999)は，ナミゲンゴロウの標識再捕獲調査を実施し，本種が直線距離にして約1km離れたため池間を移動していることを明らかにした。その他，コガタノゲンゴロウ *Cybister tripunctatus lateralis*(口絵①1)では1.65 km(山内・久松, 2016)，クロゲンゴロウは約3kmを移動した記録がある(國本, 2006)。また，シャープゲンゴロウモドキは3〜4kmの距離を移動することが知られる(千葉県環境生活部自然保護課, 2023)。標識再捕獲法は野外下での飛翔距離を実測できる有効な調査手法であるが，調査労力がかかる点がネックである。今後，ゲンゴロウ類の飛翔距離を推定する手法として，フライトミルという飛翔装置を用いた室内実験(Matsushima & Yokoi, 2020：詳細はコラム2参照)やSNP解析に期待がかかる。SNP解析では，まず複数の生息地から対象種を複数個体採集してDNAを抽出し，個体ごとにゲノムDNAの一塩基多型(SNP)を決定する。次に，複数の生息地間において遺伝子流動(ある集団から別の集団へ遺伝子が移動すること)の有無を調べることで，移動距離を推定することができる。Higashikawa *et al.* (2023)は，ミヤマアカネ *Sympetrum pedemontanum*(環境省レッドリスト2020 準絶滅危惧)について，全国から23集団のサンプルを集め，RAD-seq法(SNP解析の一種)を実施した。その結果，遺伝子流動が直線距離5km以内の生息地間で認められ，塩基多様度(個体の移住の程度や集団の安定性などの指標)の値は，生息地の周囲1km以内の草地(水田やゴルフ場を含む)の面積と正に相関することを明らかにした。つまり，この研究はミヤマアカネ成虫の移動距離は約5km以内であり，生息地の周囲1km以内に草地が多いほど，移入してきた個体が定着しやすいことを示している。ゲンゴロウ類に対しても同様の手法を応用することで，メタ個体群の保全に重要な移動距離や景観要素を明らかにすることができるだろう。

謝辞
　貴重な文献をご提供下さった加藤敦史氏に感謝申し上げます。

II. ゲンゴロウ類の生活史

〔引用文献〕

相蘇　巧・越川心暉・丸山大河 (2015) 茨城県におけるコシマゲンゴロウ上陸越冬個体の採集記録．月刊むし，(531): 61.

千葉県環境生活部自然保護課 (2023) 千葉県シャープゲンゴロウモドキ回復計画．千葉県環境生活部自然保護課，千葉．

浴井　栞・宮永龍一 (2021) 人工水域におけるハイイロゲンゴロウの生息場所利用について．中国昆虫，34: 1–9.

Gioria M, Feehan J (2023) Habitats Supporting Dytiscid Life. In: Yee DA (ed) *Ecology, Systematics, and the Natural History of Predaceous Diving Beetles (Coleoptera: Dytiscidae)*: 427–503. Springer, Cham.

長谷川道明 (1989) 岐阜県内におけるカノシマチビゲンゴロウの記録．甲虫ニュース．(87), 88: 7.

Higashikawa W, Yoshimura M, Nagano AJ, Maeto K (2023) Conservation genomics of an endangered floodplain dragonfly, *Sympetrum pedemontanum elatum* (Selys), in Japan. *Conservation Genetics*, 25: 663–675.

市川憲平 (2004) 放棄田ビオトープによる里の自然再生とタガメやその他の水生動物の定着．ホシザキグリーン財団研究報告，(7): 137–150.

市川憲平 (2018) 琵琶湖博物館ブックレット⑥　タガメとゲンゴロウの仲間たち．サンライズ出版，滋賀．

今井初太郎 (1988) 表紙さつえいメモ．インセクタリウム，25: 30.

亀澤　洋 (2011) トダセスジゲンゴロウに関する若干の知見．さやばねニューシリーズ，(1): 26.

上手雄貴 (2002) 北海道におけるゲンゴロウ類の越冬．甲虫ニュース，(137): 9–12.

神田雅治・岩田泰幸・内田大貴 (2021) 埼玉県におけるキボシケシゲンゴロウおよびキボシツブゲンゴロウの初記録．埼玉県立自然の博物館研究報告，15: 37–40.

環境省 (2020) 環境省レッドリスト 2020．［4, December, 2024］．URL: https://www.env.go.jp/content/900515981.pdf.

Katayama N, Baba YG, Kusumoto Y, Tanaka K (2015) A review of post-war changes in rice farming and biodiversity in Japan. *Agricultural Systems*, 132: 73–84.

片山直樹・馬場友希・大久保　悟 (2020) 水田の生物多様性に配慮した農法の保全効果：これまでの成果と将来の課題．日本生態学会誌，70: 201–215.

加藤敦史・佐々木英世・岩田泰幸 (2024) 埼玉県におけるトダセスジゲンゴロウの追加記録とその生息環境．ホシザキグリーン財団研究報告，(27): 273–277.

Kidera N, Kadoya T, Yamano H, Takamura N, Ogano D, Wakabayashi T, Takezawa M, Hasegawa M (2018) Hydrological effects of paddy improvement and abandonment on amphibian populations; long-term trends of the Japanese brown frog, *Rana japonica. Biological Conservation*, 219: 96–104.

記野直人・長谷川　洋 (1994) 長野県のシマチビゲンゴロウの記録．甲虫ニュース，(108): 8–9.

桐谷圭治・大塚泰介 (2020) 田んぼの生きもの全種データベース．[5, December, 2024]．URL: https://www.biwahaku.jp/study/tambo/.

久米幸毅・池ノ上竜太・奥村和也・稲本雄太・北川忠生・久保喜計・細谷和海 (2008) 近畿大学田んぼビオトープに見られる水生生物．近畿大学農学部紀要，(41): 135–167.

國本洸紀 (2006) コガタノゲンゴロウの生態（その2）—繁殖地と越冬地間の移動—．ゆらぎあ，(24): 1–6.

黒川マリア・片野　修・東城幸治・北野　聡 (2009) 小河川におけるワンド・タマリの環境要因と水生無脊椎動物の分布．陸水学会誌，70: 67–85.

Longing SD, Magoulick DD (2023) Flight capacity and response to habitat drying of endemic diving beetles (Coleoptera: Dytiscidae) in Arkansas (USA). *Hydrobiology*, 2: 354–362.

Mameno K, Kubo T (2022) Socio-economic drivers of irrigated paddy land abandonment and agro-ecosystem degradation: Evidence from Japanese agricultural census data. *PLOS ONE*, 17: e0266997.

松本英明・礒崎年光 (1988) オオイチモンジシマゲンゴロウの越冬場所について．Elytra, 16: 64.

Matsushima R, Yokoi T (2020) Flight capacities of three species of diving beetles (Coleoptera: Dytiscidae) estimated in a flight mill. *Aquatic Insects*, 41: 332–338.

三田村敏正・平澤　桂・吉井重幸 (2017) 水生昆虫1　ゲンゴロウ・ガムシ・ミズスマシハンドブック．文一総合出版，東京．

宮﨑裕輔・渡部晃平 (2023) 自然下におけるアトホシヒラタマメゲンゴロウの幼虫の記録．さやばねニューシリーズ，(49): 49–50.

森　正人・北山　昭 (2002) 改訂版　図説日本のゲンゴロウ．文一総合出版，東京．

守山　弘 (1997) 水田を守るとはどういうことか：生物相の視点から．農山漁村文化協会，東京．

中島　淳・林　成多・石田和男・北野　忠・吉富博之 (2020) ネイチャーガイド日本の水生昆虫．文一総合出版，東京．

中島　淳・宮脇　崇 (2021) 休耕田を掘削して造成した湿地ビオトープにおける水生生物相．応用生態工学，24: 79–94.

II. ゲンゴロウ類の生活史

成井七理 (2023) 河川水辺の国勢調査データを活用した重要種キベリマメゲンゴロウの生態情報の収集．日本海洋生物研究所年報 2023, 89–94.

Nilsson AN (1986) Life cycles and habitats of the northern European Agabini (Coleoptera, Dytiscidae). *Entomologica Basiliensia*, 11: 391–417.

西原昇吾 (2020) シャープゲンゴロウモドキの生息地再生による継続的な保全．昆虫と自然, 10: 13–17.

西原昇吾・苅部治紀・鷲谷いづみ (2006) 水田に生息するゲンゴロウ類の現状と保全．保全生態学研究, 11: 143–157.

大庭伸也 (2025) ハイイロゲンゴロウの野外蛹化場所について．長崎県生物学会誌, (96): 印刷中.

Ohba S, Matsuo T, Takagi M (2013) Mosquitoes and other aquatic insects in fallow field biotopes and rice paddy fields. *Medical and Veterinary Entomology*, 27: 96–103.

大庭伸也・村上　陵・渡辺黎也・全　炳徳 (2019) 長崎県南部の学校プールに形成される水生昆虫類相の成立要因．日本応用動物昆虫学会誌, 63: 163–173.

岡田亮平 (2009) 北海道渡島半島におけるキボシツブゲンゴロウの採集記録．甲虫ニュース, (167): 9–10.

奥野　宏・窪田　寛・中島麻紀・佐々治寛之 (1996) ヤシャゲンゴロウの生活史．福井昆虫研究会特別出版物第 1 号．福井昆虫研究会, 福井

西城　洋 (2001) 島根県の水田と溜め池における水生昆虫の季節的消長と移動．日本生態学会誌, 51: 1–11.

阪田睦子・難波靖司 (2021) 岡山県自然保護センター水田ビオトープにおける 2 年目の動向及び活用．岡山県自然保護センター研究報告, (28): 13–33.

埼玉県環境部みどり自然課 (2018) 埼玉県レッドデータブック動物編 2018 (第 4 版)．埼玉県環境部みどり自然課, 埼玉.

澤田研太・岩田朋文 (2020) 富山県におけるメススジゲンゴロウの生息状況．富山市科学博物館研究報告, (44): 17–25.

四方圭一郎 (1999) 野外におけるゲンゴロウの移動と生存日数．飯田市美術博物館研究紀要, 9: 151–160.

鈴木知之 (2003) トダセスジゲンゴロウの越冬場所．月刊むし, (391): 44.

田島文忠・柳田紀行 (2010) 利根川中流域における希少種トダセスジゲンゴロウの生息環境と生活史．ホシザキグリーン財団研究報告, (13): 215–226.

竹門康弘 (2021) 近年の研究紹介③木津川　伝統的な河川工法を用いた木津川の河床地形管理手法に関する研究．RIVERFRONT, 92: 16–19.

田中幸一・浜崎健児・松本公吉・鎌田輝志 (2013) 造成されたビオトープにおける水生昆虫の種数の変化．昆蟲ニューシリーズ, 16: 189–199.

田和康太・佐川志朗 (2022) 豊岡市の水田ビオトープにおける水生昆虫とカエル類の季節消長と群集の特徴．応用生態工学，24: 289–311.

田和康太・永山滋也 (2024) 水田環境の保全と再生．技報堂出版，東京．

冨坂峰人・城野裕介 (2021) 地域に密着した生息域内保全・生息地再生技術の開発．昆虫と自然，56: 22–25.

Tsutsui MH, Tanaka K, Baba YG, Miyashita T (2016) Spatio-temporal dynamics of generalist predators (*Tetragnatha* spider) in environmentally friendly paddy fields. *Applied Entomology and Zoology*, 51: 631–640.

都築祐一・谷脇晃徳・猪田利夫 (2003) 普及版　水生昆虫完全飼育・繁殖マニュアル．データハウス，東京．

宇留間悠香・小林頼太・西嶋翔太・宮下　直 (2012) 空間構造を考慮した環境保全型農業の影響評価: 佐渡島における両生類の事例．保全生態学研究，17: 155–164.

渡部晃平 (2012) 岡山県北部の積雪地帯における水生甲虫2種の越冬場所について．さやばねニューシリーズ，(5): 57–58.

渡部晃平 (2017) グラビアシリーズ: 昆虫の横顔　印象深い水生昆虫．昆蟲ニューシリーズ．20: 138–140.

Watanabe K (2019) Ecological notes on *Laccophilus nakajimai* Kamite, Hikida et Satô, 2005 (Coleoptera, Dytiscidae). *Elytra, New Series*, 9: 279–283.

渡部晃平 (2022) ヒメシマチビゲンゴロウの未成熟期に関する生態的知見．さやばねニューシリーズ，(44): 28–29.

Watanabe K (2022) Biological notes on immature stages of *Platambus ussuriensis* (Nilsson, 1997) and *Copelatus nakamurai* Guéorguiev, 1970 (Coleoptera: Dytiscidae). *The Coleopterists Bulletin*, 76: 233–236.

Watanabe K, Hayashi M, Kato M (2017) Immature stages and reproductive ecology of *Copelatus parallelus* Zimmermann, 1920 (Coleoptera, Dytiscidae). *Elytra, New Series*, 7: 361–374.

Watanabe K, Hayashi M, Nagashima S (2024) Life history of *Copelatus kammuriensis* Tamu and Tsukamoto, 1955 (Coleoptera: Dytiscidae: Copelatinae) and biological implications. *Aquatic Insects*, 45: 285–297.

Watanabe K, Kamite Y (2020) First records of *Japanolaccophilus niponensis* (Kamiya, 1939) (Coleoptera, Dytiscidae) larvae with ecological notes. *Elytra, New Series*, 10: 357–358.

渡部晃平・森　正人 (2019) 北陸地方におけるチョウカイクロマメゲンゴロウの初記録．さやばねニューシリーズ，(34): 36–38.

Watanabe K, Ohba S (2021) Physiological lifespan of *Copelatus parallelus* Zimmermann, 1920 (Coleoptera: Dytiscidae) under laboratory conditions. *The*

Coleopterists Bulletin, 75: 516–518.

Watanabe K, Uchiyama R (2024) Life history of *Laccophilus dikinohaseus* Kamite, Hikida, and Satô, 2005 (Coleoptera: Dytiscidae) and its preferences for oviposition substrates. *Aquatic Insects*, 45: 273–284.

渡部晃平・山崎　駿 (2020) サワダマメゲンゴロウの生態的知見．さやばねニューシリーズ，(37): 61–63.

渡辺黎也 (2017) シマゲンゴロウとコシマゲンゴロウの越冬場所を示唆する観察例．さやばねニューシリーズ，(28): 47–48.

渡辺黎也 (2019) 野外下におけるシマゲンゴロウの産卵基質．さやばねニューシリーズ，(36): 18–19.

渡辺黎也・犬童淳一郎・一柳英隆 (2024) 熊本県球磨地方の迫田における水生コウチュウ・カメムシ目の記録．日本環境動物昆虫学会誌，35: 8–15.

Watanabe R, Kubo S, Fukuoka T, Takahashi S, Kobayashi K, Ohba S (2024) Do fallow field biotopes function as habitats for aquatic insects similar to rice paddy fields and irrigation ponds? *Wetlands*, 44: 68.

渡辺黎也・日下石　碧・横井智之 (2019) 水田内の環境と周辺の景観が水生昆虫群集（コウチュウ目・カメムシ目）に与える影響．保全生態学研究，24: 49–60.

渡辺黎也・大庭伸也 (2019) 青森県大鰐町におけるシマゲンゴロウの記録．月刊むし，(586): 48.

Watanabe R, Ohba S, Sagawa S (2025) Diverse habitats promote coexistence of sympatric predaceous diving beetles in paddy environments. *Entomological Science*, in press.

Watanabe R, Ohba S, Yokoi T (2020) Feeding habits of the endangered Japanese diving beetle *Hydaticus bowringii* (Coleoptera: Dytiscidae) larvae in paddy fields and implications for its conservation. *European Journal of Entomology*, 117: 430–441.

Williams DD (2006) The biology of temporary wetlands. *Oxford University Press*, New York.

山内啓治・久松定智 (2016) 愛媛県南西部の水田地帯におけるコガタノゲンゴロウの生息状況調査（第2報）．愛媛県立衛生環境研究所年報，(19): 28–33.

山崎一夫 (1993) コシマゲンゴロウを冬季に石下から採集．月刊むし，(269): 36–37.

柳　丈陽・秋田勝己 (2025) 高知県におけるオオメクラゲンゴロウ幼虫の記録と日本産地下水性ゲンゴロウ上科の生態に関する知見．月刊むし，(647): 40–50.

（渡辺黎也・大庭伸也）

フライトミルによるゲンゴロウ類の飛翔距離の推定

ゲンゴロウ類はどれくらいの距離を飛翔することができるのか——かの有名なチャールズ・ダーウィンは，ビーグル号での航海中に陸から 45 マイル（= 約 72 km）も離れた船上でヒメゲンゴロウ属の *Colymbetes signatus*（現在は *Rhantus signatus* のシノニムとされている）を採集したという（Darwin, 1859）。その時，彼も同じ疑問を抱いたに違いない。この疑問に答えることは，ゲンゴロウ類における分布域拡大や生息地間の移動，保全生態などを議論するための重要な材料を得ることになるだろう。飛翔を誘発する生物的・非生物的要因を調べた研究はいくつか知られるが，飛翔した距離となると途端に情報は限られる。例えば，四方（1999）は野外での標識再捕獲法により，ナミゲンゴロウ *Cybister chinensis* 成虫が 980 m 離れた池を移動したことを報告している。Schäfer *et al.*（2006）はスウェーデンの湿地帯での調査結果から，複数種のゲンゴロウ類で最大 3000 m の移動が可能であることを示唆している。

昆虫類の潜在的な飛翔可能距離を推定する手段の一つにフライトミルがある。フライトミルとは図 1 に示すように，細い棒の一端に昆虫の背面を接着固定し，昆虫が飛翔することによって支点を中心に棒が回転するようにできた装置である（付録 1）。棒の回転をセンサーで検出し，得られた電気信号を自動でカウントする方法を用いれば記録の手間を大幅に省くことができる。支点から昆虫までの長さと回転数から円周の長さ，すなわち昆虫が通過した軌跡を算出することができ，定量的に飛翔可能距離を推定することができる。（伊藤・守屋, 1985）。元来，フライトミルは農業害虫の発生予察や防除範囲の設定を行うために用いられ，ミバエ類やカメムシ類などで種間または雌雄間で飛翔可能距離を比較した研究が行われてきた。

ここでは水田に生息する 3 種の中型ゲンゴロウ類において，フライトミルによる飛翔距離の推定を試みた事例を紹介する。晩秋の池において，越冬前のシマゲンゴロウ *Hydaticus bowringii*，コシマゲンゴロウ *H. grammicus*，ヒメゲンゴロウ *Rhantus suturalis* の成虫を各 13〜15 個体ずつ採集し，フライトミルを用いて飛翔可能距離の推定を行った（Matsushima & Yokoi, 2020）。生体の前胸背板に棒の先端を接着固定し（図 2），室温 25 ℃のもと 16 時間また

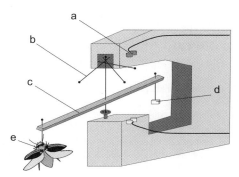

図 1 フライトミルの概観図．a：LED センサー，b：昆虫針，c：バルサ材，d：おもり，e：虫体

II. ゲンゴロウ類の生活史

② コラム

図2　フライトミルに接着固定されて羽ばたくヒメゲンゴロウ

は24時間後の回転数を記録した。結果，3種とも7割以上の個体で飛翔行動が確認された。推定された飛翔距離（平均値±標準偏差）は，シマゲンゴロウはメスで5.02±9.99 kmとオスで5.22±6.94 km，コシマゲンゴロウはメスで2.95±5.46 kmとオスで0.99±0.93 km，ヒメゲンゴロウはメスで0.79±0.95 kmとオスで0.25±0.21 kmであった。最大飛翔距離は，シマゲンゴロウで20.01 km，コシマゲンゴロウで12.58 km，ヒメゲンゴロウで2.47 kmであった。野外では景観構造や餌の有無，風雨などの影響も受けるため，過去の事例と単純に比較することはできないが，その潜在的な飛翔能力の高さには一驚を喫する。最大飛翔距離の種間差を3種の生息地利用の特性と関連付けて考えてみたい。シマゲンゴロウやコシマゲンゴロウでは，夏季に水田などの浅い湿地を利用し，冬季は岸際または水域から離れた陸地に移動して越冬する（II-②の図2-2も参照）。一方でヒメゲンゴロウはさまざまな水域に生息し，冬季も水中で過ごすことが知られている。ヒメゲンゴロウの最大飛翔距離が他2種と比べて小さいことは，本種が越冬場所へ飛翔移動する必要がなく，むしろ越冬の準備のためにエネルギーを充てているためかもしれない。

　ゲンゴロウ類には池沼などの安定した水域に生息するものから一時的にできた水たまりを利用するものまで生息環境は種によってさまざまである。また，生活史によっても飛翔移動を必要とする程度や必要となる時期は異なるだろう。今後は，飛翔能力の季節変化や生息環境との関係性を調べることで，ゲンゴロウ類の生態をより一層深く理解することができるだろう。そのための手段の一つにフライトミルがあることを覚えておいていただきたい。

付録1　簡易式のフライトミル
https://youtu.be/dUrWCYhDb6o?si=UycItY_4ASUjBObG
（撮影：大庭伸也）

〔引用文献〕

Darwin C (1859) On the origin of species. Chapter XII Geographical Distribution-continued. In: 334–357.

伊藤清光・守屋成一 (1985) フライトミルの作りかたと取り扱い．植物防疫，39: 183–185.

Matsushima R, Yokoi T (2020) Flight capacities of three species of diving beetles (Coleoptera: Dytiscidae) estimated in a flight mill. *Aquatic Insects*, 41: 332–338.

Schäfer ML, Lundkvist E, Landin J, Persson TZ, and Lundström JO (2006) Influence of landscape structure on mosquitoes (Diptera: Culicidae) and dytiscids (Coleoptera: Dytiscidae) at five spatial scales in Swedish wetlands. Wetlands, 26, 57–68.

四方圭一郎 (1999) 野外におけるゲンゴロウの移動と生存日数．飯田市美術博物館研究紀要，9: 151–160.

（松島良介）

III. ゲンゴロウ類の行動

Ⅲ. ゲンゴロウ類の行動

③ 遊泳・採餌行動

　ゲンゴロウ類は比較的寿命が長く，観賞魚のように飼育できる昆虫として人気がある。泳ぐ姿や，採餌の様子を見ていて飽きないのもその理由なのかもしれない（図 3-1）。ゲンゴロウ類が水中で泳ぐ姿や水中での行動を定量的に調べたのは，おそらく Yee et al.(2009) が初めてではないだろうか。この行動に関する定量的な測定はイリノイ州立大学の Steven A. Juliano 博士らが蚊の幼虫・ボウフラの行動を記録する方法（Juliano & Reminger, 1992）で導入しており，それをゲンゴロウ類に応用したのが Yee et al.(2009) と Yee(2010) である。筆者もこの方法をゲンゴロウ属の行動観察に応用（Ⅵ-16 を参照）し，種間差があることを定量的に示した。ここではその定量方法を紹介し，*Cybister* 属の行動を比較した Ohba et al.(2022) の研究を紹介する。

■ 行動観察の原理—スキャンサンプリング法—

　ゲンゴロウ類の行動は，水面での息継ぎ，水草に定位する，水底や水中を泳ぐなどさまざまである（図 3-1）。しかも，それぞれにかける時間，頻度も違うし，餌の有り無しによっても変わるであろう。ゲンゴロウ類は植物が豊富な池や沼に生息している種が多く，植物につかまって休んだり，根際に入

a. 呼吸
　✓水草に触れていない
　✓静止

b. 冷凍赤虫を摂餌
　✓水草に触れていない
　✓静止

c. 水草につかまる
　✓水草に触れている
　✓静止

d. 水泳
　✓水草に触れていない
　✓泳ぐ

図 3-1　ナミゲンゴロウの多様な行動（a〜d）
右のチェックは，スキャンサンプリングの際に記録するカテゴリである。

[3] 遊泳・採餌行動

```
30分間，2分おきに下記の3つの観察項目について記録する。
①場所（植物密度が高い，植物密度が低い）
②位置（植物に触れている，植物に触れていない）
③活動（静止，泳ぐ）
        ↓
①〜③それぞれのカテゴリについて観察時間に占める割合を算出
        ↓
解析対象とする全種，全処理区，全個体について主成分分析により寄与率の高いPCスコアと，相関係数に注目
        ↓
PCスコア1（各観察項目と相関係数の絶対値が高い）
    泳ぐ，植物に触れていない ⇔ 静止，植物に触れている
解釈：活発さの指標。値が上がると活発に泳ぎ回っていることを示し，値が下がると植物につかまってじっとすることを示す
```

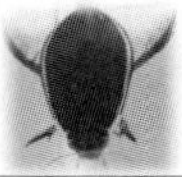

図 3-2 Yee *et al.*（2009）のゲンゴロウ類の観察とデータの加工までの流れ

り込んだりする個体もいて，それぞれの種によってその環境の選好性も異なるだろう。ハイイロゲンゴロウ *Eretes griseus* のように，水草が生えていない開放水面を好む種もいる。そこで，これらの情報を科学的に評価するのに，有用なのがスキャンサンプリング法である。この手法では，一定時間ごとの行動や位置，定位している場所を記録することで，全観察時間に占めるそれぞれの頻度を定量化することができる。加えて，多変量解析の一つの主成分分析を活用して新たな指標を作出すると，どこでどのような行動をしているのかを，直感的にイメージしやすくなる（図3-2）。個体ごとに割合にしたそれぞれのデータを，観察対象にした全個体のデータをまとめて主成分分析にかけて，いくつかの主成分にして分類する。この主成分を分析データとして種間や実験間（餌をいれる処理と入れない処理や密度を変えてみるなど）で比較することができる。なお，主成分分析の詳細は本書の範囲を超えるため，専門書を当たられたい。

（1）中型ゲンゴロウの研究例

このスキャンサンプリング法を扱った研究を紹介する。Yee *et al.*（2009）ではゲンゴロウ類の個体密度や植物密度が種ごとの行動にどのように影響するのかを明らかにするため，ヒメゲンゴロウの一種・*Rhantus sericans* とマルガタゲンゴロウの一種・*Graphoderus occidentalis* の活動を水槽の中で観察して

III. ゲンゴロウ類の行動

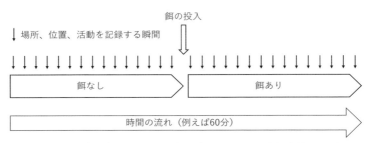

図 3-3 Yee *et al.*(2009)や Ohba *et al.*(2022)のゲンゴロウ類の観察スケジュール

いる。水槽内に水草の密度が高い場所と低い場所を準備し、それぞれの①場所(水草高密度、水草低密度)への定位頻度に加え、②位置(水草に触れている、何にも触れていない)、③活動(静止、水泳)のように分類する。これらの①〜③を30分の観察時間のうち、2分おきに記録する(水草密度実験、Ⅵ−16の図16-3上も参照)。さらに、30分経過後に水槽の真ん中に餌として冷凍アカムシを投入し、行動の変化がみられるかにも着目した(図3-3)。加えて、植物密度は一定にして、水槽を傾けて水槽内に深いところと浅いところを作った実験も行っている(水深勾配実験、図3-4)。これらの2つの実験では、2, 4, 6個体とゲンゴロウ類の密度も操作してその影響を評価した。

観察の結果、*Graphoderus occidentalis* は餌がないときよりもある時に泳ぎ回り、植物の密度が低い空間に出てくることが示された。これは餌を探すための行動を示している。また、2, 6, 8個体と水槽内の密度を上げていくと、水草にじっとつかまっている状態から、広い空間に出てきて泳ぎ回るように活動が変化するようになることもわかった。一方、*Rhantus sericans* は密度が上がると、より深いところの植物につかまる個体が多くなることから、水深があるところに集合する性質があることがわかった。また餌を入れると、*Graphoderus occidentalis* とは反対に、水草のところで餌を食べるようになった。このように、種によって与えられた環境や条件に対しての反応や行動の違いを明確にすることができる。

(2) ゲンゴロウ属の研究例

Ohba *et al.*(2022)ではゲンゴロウ属3種の行動の違いを評価するため、ナミゲンゴロウ *Cybister chinensis*、クロゲンゴロウ *C. brevis*、そして温暖化により個体数を増加させているコガタノゲンゴロウ *C. tripunctatus lateralis* の

③ 遊泳・採餌行動

水中での行動観察を行っている（Ⅵ-16の図16-4も参照）。Yee et al.(2009)の方法を踏襲して水草密度実験と水深勾配実験を行った。その結果，主成分分析で作出されたおとなしさの指標（正の値になれ

図 3-4　傾けて水深に勾配をつけた水槽
水を入れたペットボトルを水槽の下に入れている。

ばなるほど水草につかまって静止していることを示し，負の値になればなるほど水中を泳ぐことを示す）がコガタノゲンゴロウで他の2種よりも統計学的に小さいことがわかった。つまり，水中で活発に泳ぎ回っていることが定量的に示されたわけである。また，クロゲンゴロウは個体数が多い処理区では大人しさの指標が上がることもわかった。野外採集をしたことのある読者なら経験があると思うが，ため池の中でタモ網で採集を試みた際に，突如，複数個体が網に入った経験はないだろうか。これはゲンゴロウ類が集合していることを示唆するのであるが，このデータはそれと矛盾しないものであろう。今回は低密度（オス，メス1個体ずつ）と高密度（オス，メス3個体ずつ）で調査したが，野外ではもっと高密度で生息していても不思議ではない。今後，本来の密度を再現した実験が必要であろう。

今回，ナミゲンゴロウで雌雄の行動に違いがあり，オスがメスよりも活発に泳ぐことがわかった。オスはメスを追いかけ回したり，メスよりも先に餌を取ってしまうため，飼育環境下で繁殖をさせないときは雌雄別に飼育したほうが良いとも言えよう。定量的に観察し，データを取ることで認識できる違いがあるものだと，データをまとめたときにおどろいた。

観察者の任意の時間やインターバルで観察するスキャンサンプリングは，特別な道具は必要ではない（図3-5）。

図 3-5　人工水草を用いた観察水槽の例

III. ゲンゴロウ類の行動

できる限り，野外と矛盾しない環境を水槽などに再現したうえで，観察・記録方法を決めてしまえば，データの取得は容易で，中学生や高校生でも実施できるという利点がある。ただし，原則としてインターバル間の行動は記録しないため，重要な行動を見逃してしまう欠点はあるが，観察対象とする種や個体の中に小刻みに行動を変えるものが含まれるときは，インターバルを短くすることで見逃してしまう行動データを減らすことが可能である。今後，ゲンゴロウ類の繁殖行動に着目した研究で，雌雄の行動の違いや繁殖行動と絡めた観察をすると，ただ見ているだけではわからない新たな発見があるかもしれない。興味を持った読者はぜひ，チャレンジしてほしい。

■ 採餌行動

(1) 餌の探索能力

水槽に餌を入れ，ゲンゴロウ類が餌を捕まえるまでの時間を測定すると餌を探索能力とみなすことができる。当然，この時間が短いほど，餌を見つけるのがうまいといえる。ゲンゴロウ属3種の成虫を同じ水槽に入れた際には16例中13例でコガタノゲンゴロウが餌を確保した。ナミゲンゴロウは2回，そして，クロゲンゴロウは1回であり，餌探索能力の違いが示されている。また，種ごとに餌にたどり着くまでの時間を計測しても，やはりコガタノゲンゴロウはそれが短いこともわかった(VI-16参照)。ゲンゴロウ属のサイズが似ているコガタノゲンゴロウとクロゲンゴロウの幼虫に関する調査でも，コガタノゲンゴロウはクロゲンゴロウよりも餌を早く見つけることができることも示されている(Fukuoka *et al.* 2025)。同じ生息水域で2種が同時にいたときには，クロゲンゴロウが食べる前にコガタノゲンゴロウが持ち去ってしまう懸念がある。

(2) 採餌量の定量化

ゲンゴロウ類の餌を食べた量を調べるには，固形の餌を与えてから，与える前と後で増加した体重を測定する方法と，餌の減り具合を調べる方法とがある。前者の場合，採餌中の代謝や排泄でも体重が変化するため，ここでは後者の方法を紹介する。空腹度を統一するため，24時間絶食させたゲンゴロウ属3種を個体ごとに水と足場としてプラスチックネットの入ったプラ

チックカップに入れ，重さを測った乾燥餌（乾燥エビや乾燥コオロギ，煮干しなど）を食べ残しが出るようにゲンゴロウ類に与える（Ohba *et al.* 2022 では6時間）。その後，採餌を終えたゲンゴロウ類が残した餌をフィルターペーパーや目の細かい金魚ネットで回収して，十分に乾燥させて重さを測る。与える前と与えたあとの餌の量を差し引くことで，ゲンゴロウ類が消費した餌量とする。この方法でゲンゴロウ属3種について調査したところ，最も体サイズが大きなナミゲンゴロウよりもコガタノゲンゴロウの方が，採餌量が大きいことがわかった。小さい割に活発に動くため，餌をよく食べているのだろう。室内観察ではあるが，コガタノゲンゴロウが活発で食欲旺盛なゲンゴロウであることがわかる。

　採餌量の定量化についても，上で紹介したような簡単な道具があれば調べることができるので，例えば餌の好みの定量化なども評価できるだろう。行動観察は特別な道具がなくてもできる方法であるため，アイデア次第でさまざまなデザインを組むことが可能であろう。ぜひ，ゲンゴロウ類を見ることが好きな人，自由研究から学術研究に至るまでここで紹介したような方法や，その方法をアレンジして行動観察をしてみてほしい。

〔引用文献〕

Fukuoka T, Ohba S, Yuma M (2025) Comparison of behavior and foraging ability between two congeneric species of large-bodied diving beetle larvae, a non-expanding species and distribution-expanding species. *European Journal of Entomology*, 印刷中.

Juliano SA, Reminger L (1992) The relationship between vulnerability to predation and behavior: geographic and ontogenetic differences in larval treehole mosquitoes. *Oikos*, 63: 465–476.

Ohba S, Terazono Y, Takada S (2022) Interspecific competition among three species of large-bodied diving beetles: is the species with expanded distribution an active swimmer and a better forager? *Hydrobiologia*, 849: 1149–1160.

Yee DA (2010) Behavior and aquatic plants as factors affecting predation by three species of larval predaceous diving beetles (Coleoptera: Dytiscidae). *Hydrobiologia*, 637: 33–43.

Yee DA, Taylor S, Vamosi SM (2009) Beetle and plant density as cues initiating dispersal in two species of adult predaceous diving beetles. *Oecologia*, 160: 25–36.

（大庭伸也）

■ Ⅲ. ゲンゴロウ類の行動

4 交尾行動を巡る性的対立がもたらす性的二型の進化

■ 性的二型

　野外でゲンゴロウを見つけたときに雌雄を見分けるポイントは何だろうか。ゲンゴロウ亜科 Cybistrinae，ゲンゴロウモドキ亜科 Dytiscinae などのゲンゴロウでは，前脚の跗節が幅広い個体はオスであるため，この特徴をもとに見分けることができる（図4-1）。この跗節の腹面には吸盤状の接着性剛毛が密集しており，種によって吸盤の大きさや形が多様である。交尾の時，オスはこの吸盤をメスの背面に吸着させ，前脚と中脚でメスを上から抱える体勢をとる（図4-2 b, c）。一方メスは，種によって背面に粗面や溝，毛を備えることがある（図4-1）。このように，雌雄の形や色などの形質に顕著な違いが認められる現象を「性的二型」とよぶ。メスのこれらの形態は，ゲンゴロウ科の系統関係と雌雄の形態の比較により，オスの吸盤の吸着に対して抵抗する方向に進化した結果生じたと推測されている（Miller, 2003; Bergsten & Miller, 2007）。また，Green ら（2013）は，ゲンゴロウ亜科2種で，メスの背面の二型（粗面や溝のあり／なし；ゲンゴロウモドキ *Dytiscus dauricus* の例（図4-1(2)a, b, c / a', b', c'）を参照）に対するオスの吸盤の吸着力を機械的に測定し，粗面や溝のある背面で吸盤の吸着力が低下したことから，メスの背面の粗面や溝はオスの吸盤の吸着への抵抗的な機能をもつことを示唆した。

■ 交尾行動を巡る性的対立

　なぜゲンゴロウ類のメスの背面の形態は，オスの吸盤に抵抗するように進化したのだろうか。その原因は交尾行動にあると推察されている（Miller, 2003）。メススジゲンゴロウ *Acilius japonicus* の交尾行動を図4-2 に示す（Kiyokawa & Ikeda, 2022）。交尾行動の時間を大まかに分けると，オスがメスを捕まえてから交尾器を挿入するまでの「交尾前」，オスが交尾器をメスの交尾器に繰り返し挿入する「交尾」，交尾の後にオスがメスの上に乗り続ける「交尾後」に分かれる（図4-2）。交尾後のオスの行動は「交尾後ガード」とよばれ，オスが自分の精子による受精率を高めるために，射精後にメ

4 交尾行動を巡る性的対立がもたらす性的二型の進化

(1) ナミゲンゴロウ Cybister chinensis

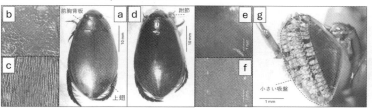

(2) ゲンゴロウモドキ Dytiscus dauricus

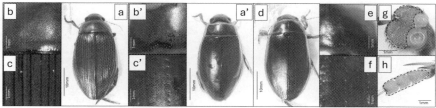

(3) メススジゲンゴロウ Acilius japonicus

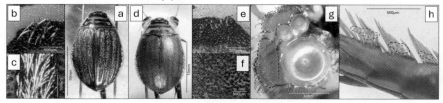

図 4-1 ゲンゴロウ亜科 Cybistrinae の (1) ナミゲンゴロウ, ゲンゴロウモドキ亜科 Dytiscinae の (2) ゲンゴロウモドキ, (3) メススジゲンゴロウの性的二型

性的二型は, ゲンゴロウ科の中でも特にゲンゴロウ亜科 Cybistrinae, ゲンゴロウモドキ亜科 Dytiscinae で顕著である.

a:メス成虫の背面, b:メスの前胸背板, c:メスの上翅, d:オス成虫の背面, e:オスの前胸背板. f:オスの上翅, g:オスの前脚の跗節((1) dに位置を示す)を腹面から見たもの, h:中脚の跗節を腹面から見たもの. 点線の囲いは小さい吸盤の集まりを示す.

メスはオスと比べて, ナミゲンゴロウ (1) では, 背面 (a, b, c) に皺があり, 光沢が少ない. ゲンゴロウモドキ (2) では, メスの背面に二型があり, aの個体の背面 (b, c) はa'の個体の背面 (b', c') に比べて表面が粗く, 上翅 (c) に溝がある. メススジゲンゴロウ (3) では, 上翅 (a, c) に溝があり, メスの前胸背板 (b) と上翅 (c) に金色の毛が生える.

オスはメスと比べて一般に背面に光沢がある (ただし, ゲンゴロウモドキのメスの背面 (a', b', c') はオスの背面に似る). また, 前脚や中脚の跗節が幅広く, 腹面に吸盤を持つ. ナミゲンゴロウ ((1) g) では, へら状の吸盤が密集し, ゲンゴロウモドキ ((2) g, h), メススジゲンゴロウ ((3) g, h)) では大, 中サイズの吸盤と, 小さい吸盤が数多く密集する.

Ⅲ. ゲンゴロウ類の行動

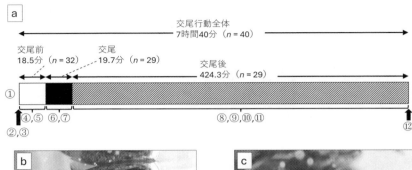

図 4-2　メススジゲンゴロウの交尾行動

a：メススジゲンゴロウにおける交尾行動の時間の内訳と行動のタイミング（Kiyokawa & Ikeda, 2022）。①～⑫までの行動は次の通り。①オスがメスにゆっくり近づき，加速する。②オスが前脚と中脚でメスを捕まえる。③オスから逃れようとメスが暴れる。④オスが交尾器をメスの交尾器に挿入しようとする。⑤オスの交尾器の挿入に対し，メスが後脚で妨害しようとする。⑥オスが交尾器をメスの交尾器に挿入する。⑦オスが交尾器をメスの交尾器から抜く。⑧オスが交尾器をメスの交尾器に挿入せずに，メスの上に乗り続ける。⑨時々，オスがメスを傾け，メスに水面での呼吸を許す（平均 67.7 回，$n = 24$）。⑩時々，オスが中脚でメスの背面を素早く叩く（平均 1347 回，$n = 24$）。⑪時々，メスがオスから逃げようと暴れる。⑫オスがメスから離れる，またはメスがオスから逃げる。④から⑦の行動は繰り返されることが多い。⑥から⑦が繰り返される時間を実質的な交尾とすると，①から⑤は交尾前，⑧から⑫は交尾後の行動である。

b：交尾中のメススジゲンゴロウを横から見た写真。オスの交尾器がメスの腹部先端から交尾器に挿入されている。

c：交尾後のメススジゲンゴロウを前方から見た写真。オスの前脚の跗節はメスの前胸背板に貼りついている。

スの上に乗り続けることで他のオスからメスを守る行動と考えられている（Alcock, 1994）。交尾行動全体にかかる時間は，種や雌雄のペアによって 5 分から 10 時間とばらつくが，交尾後ガードの時間は交尾前と交尾の時間よ

4 交尾行動を巡る性的対立がもたらす性的二型の進化

りも一般的に長く，交尾行動全体の時間が長くなる原因となっている（Aiken, 1992; Cleavall, 2009; Kiyokawa & Ikeda, 2022）。長時間の交尾行動は，エネルギー消費，採餌能力の低下，捕食リスク（Rowe et al., 1994; Watson et al., 1998; Arnqvist, 1989, Magnhagen, 1991）などを増大させる可能性があるため，メスにとってコストとなることが予想される（Bergsten et al, 2001）。つまり，オスは自分の子孫を確実に残すためには，できるだけ長くメスの上に乗ることができたほうがいいが，メスにとってオスに長時間上に乗られることはただの迷惑行為であり，早くオスから解放されたほうがいい。このような雌雄の対立関係「性的対立」が，オスの前脚の吸盤と，メスの背面の粗面や溝，毛などの進化をもたらしたと考えられている（Miller, 2003）。性的対立は，雌雄間の競争的な共進化（軍拡競走）を引き起こすと考えられており（Arnqvist & Rowe, 2002; Chapman, 2006），繁殖に関わる形質に急速な進化をもたらすことがあるため，種分化を引き起こす重要な要因の一つであると考えられているが（Arnqvist et al., 2000; Gavrilets, 2000; Gavrilets & Waxman, 2002; Gavrilets & Hayashi, 2005），ゲンゴロウ類において性的対立とこれらの性的二型形質の関係を実際に検証した研究はなかった。

メススジゲンゴロウの性的二型の進化パターンから進化の謎に迫る

性的対立が性的二型の急速な進化をもたらすのであれば，種内の集団間で進化が観察されることが予想される。ゲンゴロウ科ゲンゴロウモドキ亜科 Dytiscinae（Bergsten et al., 2001），マメゲンゴロウ亜科 Agabinae（Bilton et al., 2016），ケシゲンゴロウ亜科 Hydroporinae（Bilton et al., 2008），アメンボ科 Gerridae（Perry & Rowe, 2011），ハムシ科マメゾウムシ亜科 Bruchinae（Dougherty et al., 2017）などでは，種内の集団間で性的対立に関わる性的二型の進化が起きたことが報告されてきたが，なぜその進化が起きたのかは，明らかにされてこなかった。そこで，筆者らはゲンゴロウ科の中でも特に性的二型の顕著なメススジゲンゴロウに焦点を当ててその要因に迫った。

Ⅲ. ゲンゴロウ類の行動

(1) オスの前脚の吸盤とメスの前胸背板の毛が交尾行動に与える影響

　メススジゲンゴロウの性的二型形質が交尾行動に与える影響を明らかにするため，オスの前脚の吸盤のサイズや数とメスの前胸背板の毛の数が，交尾の成功・失敗，およびオスがメスの上に乗っている時間(交尾行動全体の時間)に影響するかを調べた．すると，オスの大きい吸盤(図 4-1 (3) g)のサイズが大きいほど交尾が成功しやすいことがわかった(一般化線形混合モデルGLMM, $P < 0.05$)．一方，メスの前胸背板の毛が多いほど交尾行動全体の時間が短いことがわかった(GLMM, $P < 0.05$)．メスの前胸背板の毛の数は，交尾の成功・失敗には影響しなかったが交尾行動全体の時間に影響したことから，メスにとっては，交尾そのものよりもオスが上に乗っている長い時間がコストになっていることを示唆している．

(2) 集団間の性的二型の違い

　メススジゲンゴロウの系統関係を明らかにするため，長野県以北の本州と北海道で採集した個体のミトコンドリアの *COI* 遺伝子と核の *CAD* 遺伝子の塩基配列に基づく系統樹を推定した．系統樹では，北海道と本州のそれぞれの集団(採集地点)がまとまり，この 2 つの地域ごとに単系統になることが支持された．

　また，種内の集団間で性的二型形質に違いがみられるか，つまり種内で進化が生じているかを調べたところ，オスの前脚の吸盤のサイズや数に違いはみられなかったが，メスの前胸背板の毛の数は北海道と本州の間で違いがあり，さらに北海道内と本州内の集団間でも違いがみられた(図 4-3)．メスのみに違いがみられたことは，交尾行動においてオスの吸盤は交尾の成功に影響するのに対してメスの毛は交尾行動全体の時間の短縮に影響するという効果の違い(前述の(1))があり，選択圧が異なることが理由の一つとして考えられる．ではなぜ種内でメスの前胸背板の毛の数に進化が生じていたのか，以降でその要因に迫る．

(3) 北海道と本州の間で生じた性的二型の進化に影響する要因

　数理モデルや実験的研究では，集団間の隔離の程度や集団サイズなどが交

4 交尾行動を巡る性的対立がもたらす性的二型の進化

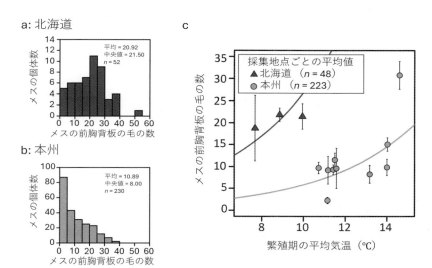

図4-3 メスジゲンゴロウのメスの前胸背板の毛の数,および毛の数と採集地点の繁殖期の平均気温の関係(Kiyokawa & Ikeda, 2022)
a:北海道で採集されたメスの前胸背板の毛の数のヒストグラム。
b:本州で採集されたメスの前胸背板の毛の数のヒストグラム。
c:各採集地点(4個体以上採集された採集地点)の繁殖期(4〜7月)の平均気温とメスの前胸背板の毛の数の関係。曲線のパラメータは一般化線形混合モデル(GLMM)で推定された(北海道と本州間:$P = 0.0002$; 繁殖期の平均気温:$P = 0.0101$)。エラーバーは標準誤差を示す。

尾にかかるコストと性的対立の程度に影響を与えることが示唆されている(Gavrilets, 2000; Eldakar *et al*., 2009; Gavrilets & Hayashi, 2005)。そこで,*COI*遺伝子と*CAD*遺伝子の対立遺伝子の頻度から,それぞれの地域で集団間の遺伝的分化の指標である固定指数F_{ST}(最小0,最大1)を計算し,集団間の隔離の程度を評価した。その結果,北海道は本州に比べてF_{ST}の値が大きく集団間の遺伝的分化が進んでいたため(北海道:*COI*, $F_{ST} = 0.48$, *CAD*, $F_{ST} = 0.36$;本州:*COI*, $F_{ST} = 0.29$, *CAD*, $F_{ST} = 0.30$),集団間の移動が少ないことがわかった。集団間の隔離がより大きい北海道では,オスから逃れるための行き場が本州よりも少ないのかもしれない。また,実際に繁殖に関わる個体数の指標である有効集団サイズの過去からの変遷を推定した(Bayesian skyline plots)と

ころ，北海道は本州より有効集団サイズが少なく推移してきたことが推定された。小さい集団サイズでは，遺伝的多様性が低下しやすく，性的対立におけるメスのオスへの抵抗（またはオスのメスへの対抗）戦略の多様化が制限されるため，一方向への連続的な雌雄間の軍拡競走が起きる要因となる可能性が示唆されている（Gavrilets & Hayashi, 2005）。北海道ではこのような集団間の隔離や小さな集団サイズにより，メスの性的二型形質がオスへの抵抗を強める方向に進化してきたのかもしれない。

(4) 集団間の性的二型の進化に影響する要因

最近の研究では，気温が集団間の性的二型形質に影響する重要な要因であることが示唆されてきている（García-Roa et al., 2019, 2020; Svensson et al., 2020）。ゲンゴロウ類は翅と腹部の間の空間に大気中の空気を溜めることで呼吸をするため，時々水面に移動して腹部先端から空気を取り入れる（Gullan & Cranston, 2000）。また，水温が高いと酸素要求量が大きくなり，水面に上がる頻度が増えたり，潜水時間が減ったりすることが知られている（Calosi et al., 2007, 2012）。そこで，メスの前胸背板の毛の数と採集地点の繁殖期の平均気温の関係を調べたところ，北海道と本州どちらでも，採集地点の繁殖期の平均気温が高いほどメスの前胸背板の毛の数が多いことがわかった（図4-3c）。繁殖期の平均気温がより高い場所に生息する集団では，メスの酸素要求量がより多いため，交尾行動全体の時間を短くする方向にメスの前胸背板の毛の数が多くなる方向に進化してきたのかもしれない。

まとめと今後の展望

メススジゲンゴロウにおいては，集団間の隔離や有効集団サイズ，繁殖期の平均気温が交尾をめぐる性的対立の程度に影響を与え，交尾行動全体の時間に影響するメスの前胸背板の毛の数に種内進化をもたらした可能性が示唆された。ゲンゴロウ科においては，交尾行動が性的対立の原因と考えられているにもかかわらず，細かく調べた研究は少なく，メスの交尾にかかるコスト（生存率の低下など）については調べられていない（Aiken, 1992; Cleavall, 2009, Kiyokawa & Ikeda 2022）。また，繁殖に関わる行動や形態は，分類群や

4 交尾行動を巡る性的対立がもたらす性的二型の進化

種によって多様であるが，進化的背景にまで踏み込んだ研究は限定的である（Cleavall, 2009; Green *et al*., 2014; Iversen *et al*., 2019; Higginson *et al*., 2012）。日本ではゲンゴロウ科は現在130種以上記載されており，性的二型についてはゲンゴロウモドキ（図4-1(2)），エゾゲンゴロウモドキ *Dytiscus marginalis czerskii*，ケシゲンゴロウ *Hyphydrus japonicus* などでメスの背面の二型（粗面や溝のあり／なし）の出現頻度に地域変異があるが，その原因は明らかにされていない（森・北山，2002; Inoda *et al*., 2012）。南北に長い国土や標高差などにより自然環境が多様な日本で，ゲンゴロウ科の交尾行動や性的二型に多様な進化が生じてきた可能性がある。日本のゲンゴロウ科の種の進化パターンを調べることで，今後さらなる発見が得られることが期待できる。

〔引用文献〕

Aiken RB (1992) The mating behaviour of a boreal water beetle, *Dytiscus alaskanus* (Coleopotera Dytiscidae). *Ethology Ecology & Evolution*, 4: 245–254.

Alcock J (1994) Postinsemination associations between males and females in insects: the mate-guarding hypothesis. *Annual Review of Entomology*, 39: 1–21.

Arnqvist G (1989) Sexual selection in a water strider: the function, mechanism of selection and heritability of a male grasping apparatus. *Oikos*, 56: 344–350.

Arnqvist G, Rowe L (2002) Antagonistic coevolution between the sexes in group of insects. *Nature*, 415: 787–789.

Arnqvist G, Edvardsson M, Friberg U, Nilsson T (2000) Sexual conflict promotes speciation in insects. *Proceedings of the National Academy of Sciences of the United States of America*, 97: 10460–10464.

Bergsten J, Miller KB (2007) Phylogeny of diving beetles reveals a coevolutionary arms race between the sexes. *PLoS ONE*, 2: e522.

Bergsten J, Töyrä A, Nillson AN (2001) Intraspecific variation and intersexual correlation in secondary sexual characters of three diving beetles (Coleoptera: Dytiscidae). *Biological Journal of the Linnean Society*, 73: 221–232.

Bilton DT, Thompson A, Foster GN (2008) Inter-and intrasexual dimorphism in the diving beetle *Hydroporus memnonius* Nicolai (Coleoptera: Dytiscidae). *Biological Journal of the Linnean Society*, 94: 685–697.

Bilton DT, Hayward JW, Rocha J, Foster GN (2016) Sexual dimorphism and sexual conflict in the diving beetle *Agabus uliginosus* (L.) (Coleoptera: Dytiscidae). *Biological Journal of the Linnean Society*, 119: 1089–1095.

Calosi P, Bilton DT, Spicer JI (2007) The diving response of a diving beetle: effects of temperature and acidification. *Journal of Zoology*, 273: 289–297.

Calosi P, Bilton DT, Spicer JI, Verberk WCEP, Atfield A, Garland T (2012) The comparative biology of diving in two genera of European Dytiscidae (Coleoptera). *Journal of Evolutionary Biology*, 25: 329–341.

Chapman T (2006) Evolutionary conflicts of interest between males and females. *Current Biology*, 16: R744–R754.

Cleavall LM (2009) Description of *Thermonectus nigrofasciatus* and *Rhantus binotatus* (Coleoptera: Dytiscidae) mating behavior. MS Thesis, University of New Mexico, Albuquerque, pp 34.

Dougherty LR, van Lieshout E, McNamara KB, Moschilla JA, Arnqvist G, Simmons LW (2017) Sexual conflict and correlated evolution between male persistence and female resistance traits in the seed beetle *Callosobruchus maculatus*. *Proceedings of the Royal Society B: Biological Sciences*, 284: 20170132.

Eldakar, OT, Dlugos MJ, Pepper JW, Wilson DS (2009) Population structure mediates sexual conflict in water striders. *Science*, 326: 816.

García-Roa R, Chirinos V, Carazo P (2019) The ecology of sexual conflict: temperature variation in the social environment can drastically modulate male harm to females. *Functional Ecology*, 33: 681–692.

García-Roa R, García-Gonzalez F, Noble DW, Carazo P (2020) Temperature as a modulator of sexual selection. *Biological Reviews*, 95:1607–1629.

Gavrilets S (2000) Rapid evolution of reproductive barriers driven by sexual conflict. *Nature*, 403: 886–889.

Gavrilets S, Hayashi TI (2005) Speciation and sexual conflict. *Evolutionary Ecology*, 19: 167–198.

Gavrilets S, Waxman D (2002) Sympatric speciation by sexual conflict. *Proceedings of the National Academy of Sciences of the United States of America*, 99: 10533–10538.

Green KK, Kovalev A, Svensson EI, Gorb SN, (2013) Male clasping ability, female polymorphism and sexual conflict: fine-scale elytral morphology as a sexually antagonistic adaptation in female diving beetles. *Journal of The Royal Society Interface*, 10: 20130409.

Green KK, Svensson EI, Bergsten J, Hädling R, Hansson B (2014) The interplay between local ecology, divergent selection, and genetic drift in population divergence of a sexually antagonistic female trait. *Evolution* 68: 1934–1946.

Gullan PJ, Cranston PS (2000) *The Insects: An Outline of Entomology.* 2nd Edition. Wiley-Blackwell, London, 470 pp.

④ 交尾行動を巡る性的対立がもたらす性的二型の進化

Higginson DM, Miller KB, Segraves KA, Pitnick, S (2012) Female reproductive tract form drives the evolution of complex sperm morphology. *Proceedings of the National Academy of Sciences of the United States of America*, 109: 4538–4543.

Inoda T, Suzuki G, Ohta M, Kubota S (2012) Female dimorphism in Japanese diving beetle *Dytiscus marginalis czerskii* (Coleoptera: Dytiscidae) evidenced by mitochondrial gene sequence analysis. *Entomological Science*, 15: 357–360.

Iversen LL, Svensson EI, Christensen ST, Bergsten J, Sand-Jensen K (2019) Sexual conflict and intrasexual polymorphism promote assortative mating and halt population differentiation. *Proceedings of the Royal Society B*, 286: 20190251.

Kiyokawa R, Ikeda H (2022) Intraspecific evolution of sexually dimorphic characters in a female diving beetle can be promoted by demographic history and temperature. *Evolution*, 76: 1003–1015.

Magnhagen C (1991) Predation risk as a cost of reproduction. *Trends in Ecology and Evolution*, 6: 183–186.

Miller KB (2003) The phylogeny of diving beetles (Coleoptera: Dytiscidae) and the evolution of sexual conflict. *Biological Journal of the Linnean Society*, 79: 359–388.

森　正人・北山　昭 (2002) 図説日本のゲンゴロウ，改訂版，文一総合出版，東京．

Perry JC, Rowe L (2011) Sexual conflict and antagonistic coevolution across water strider populations. *Evolution*, 66: 544–557.

Rowe L, Arnqvist G, Sih A, Krupa JJ (1994) Sexual conflict and the evolutionary ecology of mating patterns: water striders as a model system. *Trends in Ecology and Evolution*, 9: 289–293.

Svensson EI, Willink B, Duryea MC, Lancaster LT (2020) Temperature drives pre-reproductive selection and shapes the biogeography of a female polymorphism. *Ecology Letters*, 23: 149–159.

Watson PJ, Arnqvist G, Stallman RR (1998) Sexual conflict and the energetic cost of mating and mate choice in water striders. *The American Naturalist*, 151: 46–58.

（清川　僚・池田紘士）

Ⅳ．ゲンゴロウ類の食性

IV. ゲンゴロウ類の食性

5 ゲンゴロウ類の食性

　ゲンゴロウ類は幼虫，成虫ともに肉食性で，幼虫は生きた小動物を餌とする捕食者であり，成虫は主に弱った小動物やその死骸を摂食する腐肉食者である．特に捕食性魚類の生息しない水域においては食物連鎖の頂点に位置する高次捕食者であり，直接的にも間接的にも，水生生物群集に影響を及ぼすことが知られる(Cobbaert *et al*., 2010)．幼虫，成虫ともに視覚や触覚，嗅覚により餌を探知する．食性は幅広く，野外下での捕食シーンの直接観察や室内実験，消化管内容物の分析によって，動物プランクトンや昆虫類，甲殻類，両生類，魚類，ときには哺乳類や爬虫類，ハリガネムシ類，同種他個体を捕食することが報告されている(Culler *et al*., 2023)．

　また，ゲンゴロウ類は地球上の淡水環境において最も多様化したグループの1つで，これまでに世界中から4600種以上が知られている(Nilsson & Hajek, 2024)．水域という空間的に限られたパッチ状環境において，同所的に複数種が確認されるため，「なぜ複数種が共存できるのか？（多種共存機構）」を解明するための材料として用いられている(Vamosi, 2023)．例えば，Nilsson (1984)はわずか100 m四方の範囲内にある10箇所の池で調査を行い，61種ものゲンゴロウ類を記録している．本章では，筆者らの研究を中心に成虫・幼虫の食性と幼虫の多種共存機構を概説する．

幼虫の食性

　ゲンゴロウ類の幼虫は芋虫型であり，その様相から別名を田んぼのムカデ，英名で Water tiger（水中の虎）とよばれる．主に生きた小動物を餌とし，頭部にある1対の大顎で獲物を捕らえ，大顎の導管先端部から消化液を流し込んで体外消化し，溶かした体液を吸い取る．ただし，セスジゲンゴロウ亜科の幼虫は，大顎の導管を欠き，成虫と同様に餌を口器から呑み込むように摂食し，体内消化することが知られる(Watanabe K & Ohba, 2022)．種によって選好する餌は異なり，餌の捕獲に適した形態や行動を呈する．例えば，ケシゲンゴロウ *Hyphydrus japonicus* の幼虫は，頭部に天狗の鼻のような長い突起を

5 ゲンゴロウ類の食性

表 5-1　野外餌を対象としたゲンゴロウ類幼虫の食性研究（代替餌の文献は除いた）

対象種	環境省 RL[1]	研究手法	野外での主要な餌 または成長に適した餌	文献
ケシゲンゴロウ *Hyphydrus japonicus*	NT	室内実験	カイミジンコ類	Hayashi & Ohba (2018)
ヒメゲンゴロウ *Rhantus suturalis*		野外観察	ユスリカ科幼虫	Watanabe R et al. (2024)
シマゲンゴロウ *Hydaticus bowringii*	NT	野外観察・室内実験	カエル類幼生	Watanabe R et al. (2020, 2024)
リュウキュウオオイチモンジシマゲンゴロウ *Hydaticus pacificus*	NT	野外観察	カエル類幼生	西田 (2000)
コシマゲンゴロウ *Hydaticus grammicus*		野外観察	カ科幼虫，フタバカゲロウ科幼虫，水面に落下した陸生昆虫類	Watanabe R et al. (2024)
ヤシャゲンゴロウ *Acilius kishii*	EN	室内実験	ミジンコ類，ケンミジンコ類，カ科幼虫	奥野ら (1996)
クロゲンゴロウ *Cybister brevis*	NT	野外観察・室内実験	水生昆虫類（トンボ目・カゲロウ目・トビケラ目幼虫）	Ohba (2009a); Watanabe R (2019); 福岡ら (2021); Watanabe R et al. (2024)
トビイロゲンゴロウ *Cybister sugillatus*		室内実験	トンボ目幼虫	Fukuoka et al. (2023)
コガタノゲンゴロウ *Cybister tripunctatus lateralis*	VU	野外観察・室内実験	トンボ目幼虫	Ohba & Inatani (2012); Ohba & Ogushi (2020); 福岡ら (2022)
マルコガタノゲンゴロウ *Cybister lewisianus*	CR	野外観察	イトトンボ科幼虫，ヌカエビ，同種他個体	佐野 (2015)
ヒメフチトリゲンゴロウ *Cybister rugosus*	VU	室内実験	トンボ目幼虫	Yamasaki et al. (2022)
ナミゲンゴロウ *Cybister chinensis*	VU	野外観察・室内実験	トンボ目幼虫	Ohba (2009b)
シャープゲンゴロウモドキ *Dytiscus sharpi*	CR	野外観察・室内実験・野外実験	ミズムシ（等脚目），アカガエル類幼生	Inoda et al. (2009); 西原 (2012)

[1] 環境省レッドリスト (2020) におけるランクを示す (環境省, 2020)。

IV. ゲンゴロウ類の食性

有しており，カイミジンコ類の殻が開いている時を狙って大顎を差し込み，頭部の突起で固定することによって捕食する(Hayashi & Ohba, 2018)。北欧・中欧に分布する世界最大のゲンゴロウの一種　オウサマゲンゴロウモドキ *Dytiscus latissimus*(IUCN レッドリスト　応急種：口絵① o，V－13も参照)の幼虫は，トビケラ目幼虫に選好性を示し，トビケラ類の筒状の巣を脚でタップし，驚いて頭部を出したところを捕食することが知られる(Johansson & Nilsson, 1992)。捕獲様式は，餌が近づいてくるまであまり動かない待ち伏せ型，積極的に餌を追いかける追跡型の 2 タイプに加え，双方を組み合わせるタイプに分けられる(Yee, 2010)。ゲンゴロウ属 *Cybister* やゲンゴロウモドキ属 *Dytiscus*，シマゲンゴロウ *Hydaticus bowringii* は前者に該当し，水底や水生植物等の基質の上に静止・歩行し，餌を捕獲する。一方，マルガタゲンゴロウ属 *Graphoderus* やメススジゲンゴロウ属 *Acilius*，ハイイロゲンゴロウ *Eretes griseus* の幼虫は後者に該当し，水中を泳ぎ回り，餌を俊敏に捕らえる。ヒメゲンゴロウ属 *Rhantus* は基本的には待ち伏せ型であるが，定期的に待ち伏せ場所を変えて餌を追いかける。

　ゲンゴロウ類のような肉食性昆虫の個体群サイズは餌動物の質と量によって制限されるため，とくに餌に対する選択性を示す幼虫期の主要な餌資源を解明することは保全の基礎資料として重要である。これまで，主に環境省レッドリスト掲載種を対象として，夜間観察や飼育実験により各種幼虫期の食性が明らかにされてきた(表 5-1)。ここでは筆者らが行ってきた一連の研究を紹介する。

(1) 野外下における餌メニュー

　野外での餌メニュー観察は世界的に見ても研究例が少なく，国内の研究者が先駆的に進めてきた「直接観察法」により輝かしい成果を上げている。また，一例観察(後述)ではなく定量的に調べることで，これまで見過ごされてきた生物間相互作用や生態学的に重要な知見を提供する。ここでは筆者らが直接観察法によって明らかにしてきたゲンゴロウ属(ナミゲンゴロウ *Cybister chinensis*，クロゲンゴロウ *C. brevis*，コガタノゲンゴロウ *C. tripunctatus lateralis*)とシマゲンゴロウの餌メニューについて紹介する。調査地および対象種は表 5-2 の通りである。

　まず定量的な調査方法について紹介する。野外下における餌メニューを特

表 5-2　ゲンゴロウ類幼虫の食性研究における調査地および対象種

調査地		対象種*	文献
茨城県	無農薬水田 2 枚	ヒメ，シマ，コシマ，クロ	Watanabe R (2019); Watanabe R et al. (2020, 2024)
滋賀県	無農薬水田 3 枚	クロ	福岡ら (2021)
島根県	素掘りの水路 1 本 およびため池 1 箇所	ナミ，クロ	Ohba (2009a・b)
長崎県 鳥取県	湿地 1 箇所 慣行水田　1 枚	コガタノ	Ohba & Ogushi (2020) 福岡ら (2022)

*種名の"ゲンゴロウ"は省略

定するため，夜間（20 時～翌 2 時の間）に懐中電灯を用いて水田や湿地，素掘りの水路の水中を照らしながらゆっくりと一周歩き，幼虫が餌動物を捕食していた場合，タモ網や金魚網により幼虫と餌を採集する。夜間に調査を行うのは，ゲンゴロウ類が夜行性である点に加え，日中だと水面の光が反射して観察しにくいことや，熱中症を避けるためである。なお，懐中電灯の明かりが対象種の採餌行動を妨げないことは確認済みである。次に，ゲンゴロウ類の幼虫と餌の体サイズの関係を調べるため，スケールとして定規を固定した容器に，幼虫と食べていた餌を入れ，写真を撮影する（図 5-1）。その後，Image J 等の画像解析ソフトを用い（Abràmoff et al., 2004），体サイズの指標として，幼虫の頭幅と餌の体幅を測定する。元の場所に幼虫を逃がし，食べていた餌を 70～80 %エタノールに浸して固定し，実験室に持ち帰って種同定を行う。

①ゲンゴロウ属

　筆者らはこれまでにナミゲ

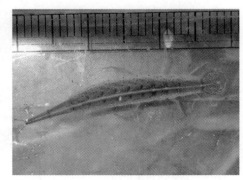

図 5-1　幼虫の体サイズを測定するための撮影容器

IV. ゲンゴロウ類の食性

ンゴロウ，クロゲンゴロウ，コガタノゲンゴロウ（以下，ナミ，クロ，コガタノ）の野外調査を行ってきた。クロは茨城県，滋賀県，島根県の3地域で調査が行われており，ゲンゴロウ属の中で最も餌メニューの知見が蓄積されている。捕食されていた餌はすべて無脊椎動物で，主にカゲロウ目やトンボ目の幼虫，コミズムシ属などの昆虫類であった（図5-2a, b, 5-3a）。この傾向は餌動物相の異なる3地域において共通しており，地域を問わない一般的な食性であると言える。コガタノは長崎県と鳥取県の2地域で調査が行われている（図5-2c, 5-3b）。長崎県の調査において捕食されていた餌は，トンボ目幼虫やコミズムシ属など，すべて昆虫類であった。鳥取県の調査では捕食データ7例中の1例はドジョウ *Misgurnus anguillicaudatus* であったが，その他はトンボ目の幼虫などの昆虫類であった。一方，ナミは観察例数が少ないもの

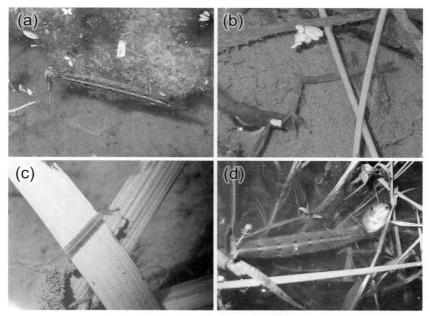

図 5-2　ゲンゴロウ属幼虫の捕食シーン
(a) マツモムシを捕食するクロゲンゴロウ3齢幼虫，(b) アオモンイトトンボ属幼虫を捕食するクロゲンゴロウ1齢幼虫，(c) コカゲロウ科幼虫を捕食するコガタノゲンゴロウ2齢幼虫，(d) カエル類幼生を捕食するナミゲンゴロウ3齢幼虫

5 ゲンゴロウ類の食性

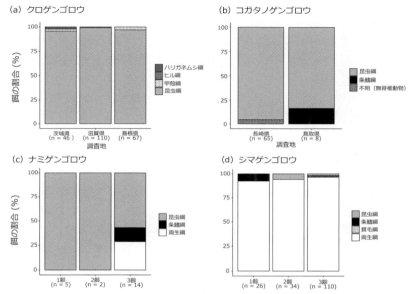

図 5-3 （a）クロゲンゴロウ，（b）コガタノゲンゴロウ，（c）ナミゲンゴロウ，（d）シマゲンゴロウの幼虫が捕食していた餌動物（Ohba（2009a・b），福岡ら（2021，2022），Watanabe R *et al.*（2024）をもとに作図）
クロとコガタノは地域間比較，ナミとシマは齢間で比較している

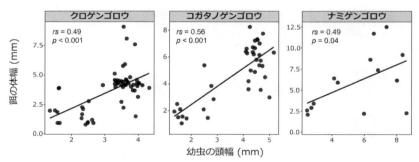

図 5-4 ゲンゴロウ属幼虫の頭幅と捕食していた餌の体幅の関係図（左から Ohba（2009a），Ohba & Ogushi（2020），Ohba（2009b）を基に作図）
rs：スピアマンの相関係数

IV. ゲンゴロウ類の食性

の，1・2齢幼虫は昆虫類を捕食し，3齢幼虫になると脊椎動物（トノサマガエル *Pelophylax nigromaculatus* 幼生やドジョウ）を捕食するようになり，成長に伴う食性変化がみられた（図 5-2d, 5-3c）。各種の幼虫と餌動物の体サイズの関係を解析すると，すべての種において加齢に伴い大きな餌を捕食する傾向がみられた（図 5-4）。

これらの他に，佐野（2015）は東北地方のため池において夜間の直接観察を行い，マルコガタノゲンゴロウ *Cybister lewisianus* の餌メニューを明らかにしている。捕食データ 23 例のうち，1 例がアカハライモリ *Cynops pyrrhogaster* の幼生であり，その他はトンボ目の幼虫やヌカエビ *Paratya improvisa* といった無脊椎動物であった。これらの研究から，ゲンゴロウ属は昆虫類を主食としているが，ナミやコガタノのように脊椎動物を捕食する種もおり，食性は種間でわずかに異なるようである。ゲンゴロウ属は他の種群よりも食性に関する研究が多い。これは体長が大きく観察が容易であることに加え，保全のための生態解明が急務であることを意味している。南西諸島に生息するゲンゴロウ属（トビイロゲンゴロウ *Cybister sugillatus*，ヒメフチトリゲンゴロウ *C. rugosus*，フチトリゲンゴロウ *C. limbatus*）の野外での餌メニューは明らかになっていないため，今後の研究が望まれる。

②シマゲンゴロウ

調査地は茨城県の無農薬水田 2 枚（水田 A・B）である（Ⅱ-②を参照）。シ

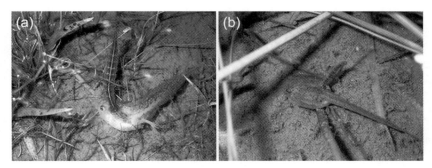

図 5-5 シマゲンゴロウ幼虫の捕食シーン（Watanabe R *et al.*（2020）より改編）
(a) ヒガシニホンアマガエル *Dryophytes leopardus* 幼生を捕食する 3 齢幼虫，(b) トウキョウダルマガエル *Pelophylax porosus* 幼生を捕食する 1 齢幼虫

5 ゲンゴロウ類の食性

マゲンゴロウ(以下，シマ)は170回の捕食例のうち，昆虫類を捕食したのは2回のみであり(0.01%)，カエル類幼生を主な餌資源としていた(94%)(図5-3d)。特に，個体数のピーク時期(5〜6月)が重複するヒガシニホンアマガ

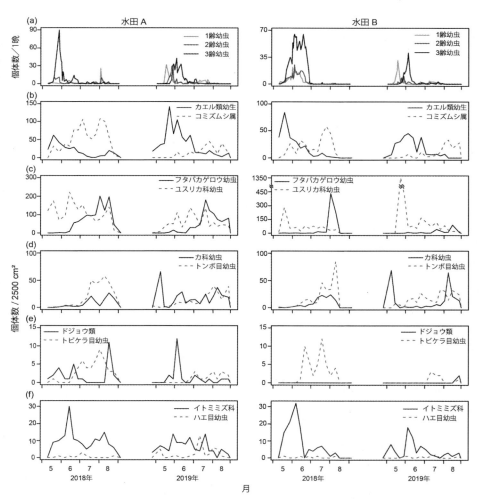

図 5-6　水田2枚におけるシマゲンゴロウ幼虫および潜在的な餌動物の季節消長
（Watanabe R et al.（2020）より改編）

Ⅳ. ゲンゴロウ類の食性

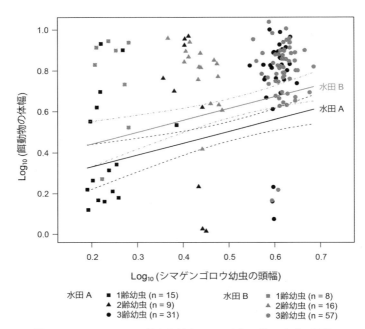

図 5-7 シマゲンゴロウ幼虫と捕食していた餌の体サイズの関係
(Watanabe R *et al.*(2020)より改編)
実線・破線はそれぞれ重回帰分析における回帰直線と 95 % 信頼区間を示す($p<0.01$)

エル幼生を最も多く捕食しており，1 齢幼虫でも自身よりも体長の大きなカエル類幼生を捕食していた(図 5-5, 5-6)。シマ幼虫と餌動物の体サイズの関係を解析した結果，ゲンゴロウ属と同様，体長の大きな幼虫ほど大きな餌を捕食する傾向がみられた(図 5-7)。シマ幼虫と潜在的な餌動物の出現時期に相関があるかどうかを確かめるため，月別に集計した個体数に対してスピアマンの相関係数を算出した。その結果，シマ幼虫の個体数は，主要な餌であるカエル類幼生の個体数と正の相関にあり，フタバカゲロウやトンボ目，トビケラ目の幼虫の個体数と負の相関にあった(表 5-3)。また，餌に対する選択性を調べるため，捕食していた餌を 3 タイプ(カエル類幼生，ドジョウ類，無脊椎動物)に区分し，Manly *a* の選択性指数[註1]を算出した結果，カエル

類幼生やドジョウに対して正の選択性を示し，無脊椎動物に対しては負の選択性を示した（図5-8）。つまり，シマ幼虫は主要な餌であるカエル類幼生と季節消長が同調しており，環境中に存在する餌動物のうち，カエル類幼生を選択的に捕食していることが明らかになった。

③直接観察法のメリット・デメリット

これらの夜間観察では，対象種の個体数が多い場所でなければ，統計解析に十分な数の観察例が集まらないため，調査地選びが最も重要である。また，ウキクサ類などの水生

表5-3 水田2枚におけるシマゲンゴロウ幼虫および潜在的餌生物の個体数に対するスピアマン相関係数（*: $p < 0.05$, **: $p < 0.01$）（Watanabe R *et al.* (2020) より改編）

潜在的餌生物	水田A	水田B
カエル類幼生	0.93**	0.76*
コミズムシ属	-0.67	-0.48
フタバカゲロウ幼虫	-0.74*	-0.79*
ユスリカ科幼虫	-0.02	0.40
カ科幼虫	-0.17	-0.62
トンボ目幼虫	-0.81*	-0.86*
ドジョウ	0.43	-0.58
トビケラ目幼虫	-0.83*	-0.27
イトミミズ類	0.26	0.64
ハエ目幼虫	-0.43	0.32

植物により水面が被覆される場所では調査が困難である。そのため，調査対象種の個体数が十分にいるか，また夏季にも水生植物に被覆されないかを調査を行う前年に下見しておくと良い。対象種は観察できるものの，餌を捕食している個体がいない（データが全くとれない）日もあり，時間の許す限り調査に出かける根気強さが必要である。調査地に滞在する時間が長い程，取得できるデータは増加する。一見，非常に効率の悪い調査であるが，思わぬ発見に恵まれることもある。2018年8月17日，第一筆者の渡辺が主にシマ幼虫の食性を調査している最中，クロ幼虫がハリガネムシ類を捕食している場面に出くわした（図5-9a）。非常に珍しい事例だと思い，すぐさま写真・動画を撮影し，捕食の様子を詳細に観察したうえで短い論文に纏めた（Watanabe R, 2019）。ハリガネムシ類の成体は，8～9月頃になると宿主であるカマキリ類の成虫を操作し，水田などの水辺に誘導する。その後，水中で交尾・産卵し，

IV. ゲンゴロウ類の食性

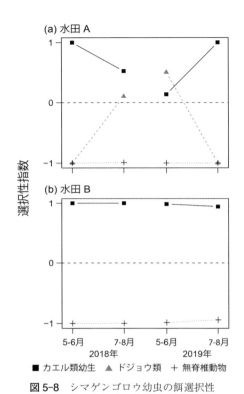

図 5-8 シマゲンゴロウ幼虫の餌選択性
（Watanabe R *et al.*（2020）より改編）

生涯を終える。クロ幼虫は6～8月末ごろまでみられるため，両者の出現時期は若干重なる。本種の捕食シーンは2年間に合計46例みられたが，ハリガネムシ類を捕食する様子は1回しか観察できなかったため（Watanabe R *et al.*, 2024），稀な現象のようである。たった1回の観察例ではあるが，ハリガネムシ類成体の捕食者に関する知見は少なく，またゲンゴロウ類によるハリガネムシ類の捕食例は本報告が初であり，貴重な記録となった。

さらに，第二筆者の福岡は，鳥取県の水田においてゲンゴロウ属の食性調査をしていたところ，2021年7月19日にコガタノの幼虫がコオイムシ *Appasus japonicus* の卵塊を捕食している場面に遭遇した（図5-9b）。コオイムシ類はオスが背中に卵塊を背負い，孵化するまで保護を行う。卵塊を背負うことで遊泳能力が低下するなどのコストが生じることが知られており，天敵による捕食リスクが高まると考えられている（Kight *et al.*, 1995）。しかし，実際に野外ではどのような天敵に捕食されるかという知見はほとんどなかった。本観察例により，コガタノの幼虫は卵塊保護中のコオイムシ雄に対して捕食圧を与える可能性があることが示唆された（福岡ら，2022）。この例も稀な現象ではあるが，根気強く観察することで他種との生物間相互作用や行動学的な知見を得られることがあるため，是非フィールドに通って観察を行ってほしい。

5 ゲンゴロウ類の食性

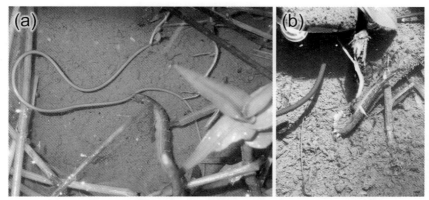

図 5-9　貴重な一例観察（Watanabe R（2019）および福岡ら（2022）より改編）
(a) ハリガネムシを捕食するクロゲンゴロウ 3 齢幼虫．(b) コオイムシ卵塊を捕食するコガタノゲンゴロウ 3 齢幼虫

(2) 飼育実験による餌の評価

　野外下ではその環境中に占める密度の高い餌を選択している可能性があること，処理に時間がかかる餌動物ほど，直接観察法で記録される確率も必然的に上がることから，夜間観察において多く捕食されていた餌が，必ずしもゲンゴロウ類幼虫の生存・成長に好適であるとは限らない。そのため，筆者らは野外で捕食していた餌を複数選定し，それらを与えて飼育し，幼虫から成虫までに至る成長日数や生存率等を比較することで，餌動物の成長・生存に対するパフォーマンスを評価した。

①ゲンゴロウ属

　Ohba（2009a・b）ではクロとナミを対象に，生息地に生息する 2 タイプの餌動物（トンボ目幼虫とカエル類幼生）を与えて幼虫を飼育し，生存率・成長日数・羽化した成虫の体長を比較した。まず，1 齢幼虫を得るために，野外から雌成虫を採集し，孵化した幼虫を個別の飼育ケージに移した。トンボ目幼虫のみを与える処理区（ヤゴ区），カエル類幼生のみを与える処理区（オタマ区），それらを同数与える処理（混合区）で飼育した。各処理区の餌の総数は 6 個体とし，毎日餌を追加することで密度を一定に保った。3 齢幼虫が餌

IV. ゲンゴロウ類の食性

を食べなくなった場合は，湿ったピートモスを入れたプラスチックカップに移して蛹化させ，羽化した成虫の体長を記録した。

クロとナミはヤゴ区と混合区では生存率・成長日数に差は無かったが，オタマ区では全ての個体が2齢まで成長できずに死亡した。羽化した成虫の体長は，ナミではヤゴ区と混合区で同等であったが，クロでは混合区よりもヤゴ区の方が大きかった。混合区内で餌の消費量を比較したところ，ナミは1・2齢ではオタマよりもヤゴを多く消費し，3齢になると同程度消費した（図5-10a）。つまり，野外観察の結果（図5-3c）と同様に成長に伴う食性変化が確認された。一方で，クロでは全齢期を通して，オタマよりもヤゴを多く消費した（図5-10b）。クロ幼虫の成長に対するパフォーマンスを比較するため，遊泳能力を除去したオタマとヤゴを1齢幼虫に与えた。その結果，オタマを与えた個体はオタマを捕食することなく，すべてが死亡し，ヤゴを与えた個体はすべて2齢幼虫に成長した。これらの結果から，ナミとクロの生存・成長にはヤゴのような水生昆虫類が適した餌であることが確認された。

Ohba（2009a・b）の手法が元となり，他のゲンゴロウ属でも飼育下における餌の選択性や成長パフォーマンスが評価されている。Ohba & Inatani（2012）

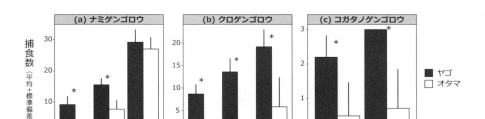

図5-10 （a）ナミゲンゴロウ，（b）クロゲンゴロウ，（c）コガタノゲンゴロウ幼虫にヤゴ・オタマジャクシを与えたときのそれぞれの捕食量（Ohba（2009a・b）およびOhba & Inatani（2012）より改編）

（a, b）は混合区での各齢期における総捕食数を，（c）はそれぞれの餌を24時間提示した際の捕食数を示す。＊は（a, b）t検定および（c）Wilcoxonの符号順位検定において有意差（$p<0.05$）があったことを示す。コガタノゲンゴロウ1齢幼虫はオタマジャクシを全く食べないことが予備実験で確かめられていたので割愛している（この実験当時の2011年頃は，コガタノゲンゴロウは非常に稀な存在であり，実験に使用できる個体数も限られていた）。

ではコガタノ幼虫に対し，同数のオタマとヤゴをそれぞれ24時間提示すると，オタマよりもヤゴを多く消費することを報告している（図5-10c）。また，クロの実験と同様，動けなくさせたオタマとヤゴを1齢に与えたところ，オタマを与えた6個体のうち4個体は死亡したが，ヤゴを与えた6個体はすべてが2齢に成長した。つまり，コガタノも，ナミやクロと同様にオタマよりもヤゴを好んで捕食することが明らかとなった。

Fukuoka *et al.*（2023）と Yamasaki *et al.*（2022）では，南西諸島に生息するトビイロゲンゴロウとヒメフチトリゲンゴロウ（以下，トビイロ，ヒメフチ）の幼虫の成長パフォーマンスを調べた。トビイロではナミ・クロと同様にオタマ区・ヤゴ区・混合区で幼虫を飼育し，生存率・成長日数・成虫の体長を比較した。その結果，ヤゴ区と混合区では個体が羽化まで至り，成長日数や成虫の体長にも違いが無かったが，オタマ区では羽化まで至らなかった。ヒメフチではヤゴ区とオタマ区に加えて，ヌマエビ科のみを与える処理区（エビ区），メダカのみを与える処理区（メダカ区）の4処理区で飼育した。その結果，どの処理区でも成虫まで成長でき，生存率にも違いが無かった。一方，成長日数はヤゴ区において最も短く，羽化した成虫の体長も大きくなった（メスのみ）。以上より，ヒメフチはヤゴで高い成長パフォーマンスを示すものの，他種よりもジェネラリスト捕食者であることが明らかとなった。

②シマゲンゴロウ

Watanabe R *et al.*（2020）では，シマを対象に，野外下での捕食が確認された2タイプの動物（アマガエル幼生，コミズムシ属）を餌として選定し，アマガエル幼生のみを与える処理区（オタマ区）・コミズムシのみを与える処理区（コミズムシ区）・両者を2日おきに交互に与える混合区を設け，幼虫から成虫に至るまでの成長日数や生存率を比較した。水替えの手間を省くため，幼虫の飼育ケージをトロ舟に設置し，飼育ケージの底には穴を開けてメッシュ（三角コーナー用のネットを切ったもの）で塞ぎ，水だけが透過するようにした（図5-11）。羽化した成虫については，性別と体長，湿重量を記録した。また，比較対象として野外で捕獲した成虫の体長も記録した。

幼虫から成虫までに至る成長日数はオタマ区で最も早く，生存率はオタマ区と混合区に比べ，コミズムシ区で最も低くなった（図5-12）。成虫にな

Ⅳ. ゲンゴロウ類の食性

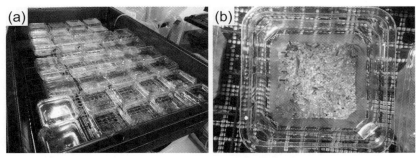

図 5-11 シマゲンゴロウ幼虫の飼育実験設備
(a) 幼虫の飼育ケージをトロ舟に設置，(b) 飼育ケージの底に穴を開けて水だけが透過。

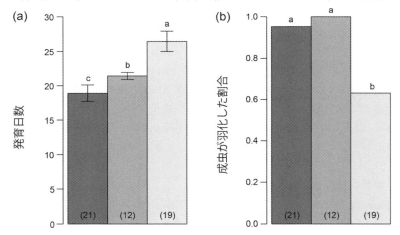

■ オタマ区　■ オタマ・コミズムシ混合区　□ コミズムシ区

図 5-12 餌処理区間におけるシマゲンゴロウ幼虫の (a) 発育日数および (b) 成虫が羽化した割合の比較（Watanabe R et al.（2020）より改編）
異符号は (a) Tukey-Kramer の多重比較検定および (b) Firth の方法によるバイアスを修正したロジスティック回帰分析に対する尤度比検定において有意差（$p<0.05$）があったことを示す。

るまでにオタマ区では約 28 個体のアマガエル幼生を，コミズムシ区では約 138 個体のコミズムシを必要とした。また，成虫の体長・湿重量もオタマ区はコミズムシ区よりも大きく，オタマ区の成虫の体長は野外個体と同等もし

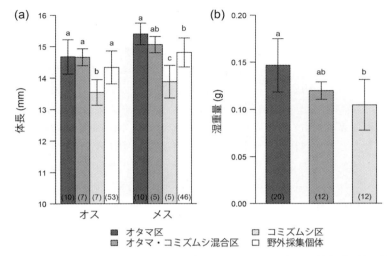

図 5-13 餌処理区および野外採集個体のシマゲンゴロウ成虫の (a) 体長と (b) 湿重量の比較 (Watanabe R et al. (2020) より改編)
異符号は Tukey-Kramer の多重比較検定において有意差 ($p < 0.05$) があったことを示す。

くはそれ以上であった(図 5-13)。以上の結果から，カエル類幼生はシマ幼虫の生存と成長に適した餌であることが確認された。

(3) 保全に対する示唆

　水田のような一時的な水域では，ゲンゴロウ類の幼虫やカエル類幼生などの移動性の低い生物は，水が乾く前に変態を完了する必要がある(Williams, 2006)。カエル類幼生は，シマにとっては出現期間が同調しており，幼虫期間を短縮できる餌として適していたのだろう。我が国の水田では，圃場整備事業による土壌の乾燥化および水路構造の変化，水田と用排水路間の連続性の消失や都市化による生息地の分断化により，カエル類の個体数が減少している(Natuhara, 2013)。多くの水田は4月下旬から6月にかけて湛水され，7月中旬には稲の過剰な分げつを防ぐために2週間程度，中干しが行われる (Usio & Miyashita, 2014)。中干しまでに幼虫が上陸することが難しいため，幼虫期間の長い大型のゲンゴロウ類に対して，中干しは負の効果を及ぼす

IV. ゲンゴロウ類の食性

と考えられている（市川, 2002；西原ら, 2006）。上述の飼育実験では，シマ幼虫はオタマ区では約 19 日で成虫になり，野外下では 3 齢幼虫のほとんどが 7 月上旬にはみられなくなった。つまり，カエル類幼生が利用可能な場合には，シマの幼虫は中干しの直接的な影響を受けにくいのかもしれない。一方，中干しは，カエル類幼生に負の影響を与える可能性があり（Usio & Miyashita, 2014），餌の減少を介して，間接的にシマの生存に影響を与える可能性がある。水田でカエル類の個体群を維持するためには，水田内に土水路を作ることが重要だと考えられる。土水路は，中干し時にはカエル類幼生の避難場所として，成体にとっては捕食者からの避難場所として機能する（田和・佐川, 2022）。また，ゲンゴロウ類やトンボ目幼虫などの水生昆虫類も，水田に水がない時の避難場所として土水路を利用する（渡部, 2016）。そのため，土水路の設置はシマだけでなく，ゲンゴロウ属を含む多くのゲンゴロウ類の保全に有効であろう。

成虫の食性

ゲンゴロウ類の成虫は，前脚・中脚で餌を掴み，大顎で粉砕して摂食し，体内消化する（図 5-14）。死骸だけでなく，生きた小動物も捕食し，また幼虫期と同様，餌に対する選択性を示す種も知られる（Klecka & Boukal, 2012）。例えば，ゲンゴロウモドキ属は比較的脚が長く，両生類類幼生やミズムシなど生きた小動物を捕獲しやすい（都築ら, 2003）。ナガケシゲンゴロウ *Hydroporus uenoi* は前脚を広げて待ち伏せし，近づいてきたケンミジンコ類を摂食するという（安池, 2017）。また，とくに中型種は，病原体を媒介するカ科幼虫に対する捕食能力が高く，土着天敵として期待されている（Lundkvist *et al*., 2003; Ohba & Takagi, 2010）。最近になって，マルコガタノゲンゴロウが野外下でヌカエビ，オツネントンボ *Sympecma paedisca*，オオタニシ *Cipangopaludina japonica*，タガイ *Beringiana japonica*，ヨシノボリ属の一種 *Rhinogobius* sp. を捕食したという観察例が報告された（永幡・長船, 2024）。ただし，幼虫に比べると成虫の食性を直接観察により調べた研究は非常に少ないため，今後のゲンゴロウ研究の課題の一つである。餌の種類や量が成虫の生存や寿命，繁殖にどのように影響するのかは全くと言ってよい

5 ゲンゴロウ類の食性

程調べられていない。
　腐肉食時の摂食方法は水深によって異なることが，ゲンゴロウモドキ属の一種 *Dytiscus sinensis* を用いた室内実験により明らかにされている（Wang *et*

図 5-14　ゲンゴロウ類成虫の捕食シーン
(a) ガムシ成虫の死骸および (b) カエル類幼生の死骸を摂食するコシマゲンゴロウ，(c) 寄せ餌として投入した魚の切り身に群がるナミゲンゴロウ，(d) ニホンアカガエルの卵および (e) コオイムシの抜け殻を摂食するシマゲンゴロウ，(f) コガタアカイエカ幼虫を捕食するハイイロゲンゴロウ。

Ⅳ. ゲンゴロウ類の食性

図 5-15 ゲンゴロウ類の物理鰓（写真はキボシケシゲンゴロウ *Allopachria flavomaculata*）
鞘翅と腹部背面の間に貯めた空気が腹部末端からはみ出している。

al., 2024)。ゲンゴロウ類の成虫は，水中ボンベのように鞘翅と腹部背面の間に空気を貯め，気門から酸素を取り込む。呼吸によって背面に貯めた空気中の酸素分圧が低下すると，水中の溶存酸素が溶け込むようになる。これにより，数分間は息継ぎをしなくても潜水でき，この仕組みを物理鰓という（図 5-15）。水深が浅い水域においては，息継ぎ後に餌を再発見できる確率が高いため，餌を置き去りにする。一方，水深が深い水域においては息継ぎ後に餌を再発見できる確率が低いため，餌を持ち去る戦略をとることが多いという。このような摂餌行動は水槽があれば調べることができるので，ぜひ取り組む人が出てきてほしいと願っている。

(1) 野外下におけるゲンゴロウ類4種成虫の食性

　実際，野外の水田において彼らは何を食べているのだろうか？　この問いに答えるため，第一筆者の渡辺は茨城県の無農薬水田2枚において，2018～2019年5～9月に，上述の通り夜間観察を行った（Watanabe R et al., 2025）。成虫は遊泳能力が高く，餌を捕獲している個体を採集できないことが多かったため，捕食していた餌生物を大まかに3タイプ（水生昆虫類，陸生節足動物，脊椎動物）に分類し，記録した。

　合計61回の捕食シーンが観察され，餌タイプの割合は4種間で異なった（図5-16）。ヒメ，コシマ，クロは主に水面に浮遊する陸生節足動物（バッタ・チョウ・ハエ・コウチュウ目，クモ類，ミミズ類）を捕食しており，シマは主にカエル類の卵や幼生を捕食していた。また，シマとクロの捕食例のうち，約30％は水生昆虫類（主にアカネ属 *Sympetrum* やシオカラトンボ属 *Orthetrum*，コオイムシ属 *Appasus* の脱皮殻）であった。上述の通り，シマは幼虫期にカ

5 ゲンゴロウ類の食性

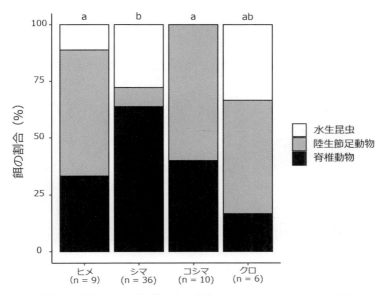

図5-16 ゲンゴロウ類4種成虫の食性（Watanabe R *et al.* (2025) より改編）
異符号は Fisher の正確確率検定（Holm 法による多重比較）において有意差（$p<0.05$）があったことを示す。

エル類の卵や幼生を主な餌としていたが，成虫もこれらに対する選択性を示すのかもしれない。ただし，観察例数は少なく，成虫期における食性の種間差については検証の余地がある。

(2) ボウフラに対する捕食能力

蚊類幼虫（ボウフラ）の生物的防除にさまざまな捕食性動物の利用が考えられている（Dambach, 2020）。ゲンゴロウ類幼虫は生きた小動物を捕食するため，ボウフラの天敵として期待されてきた。しかしその一方で，成虫は弱った動物や死体を食する腐肉食者と一般に認知されているため，成虫に着目した研究はほとんどなされていない。ゲンゴロウ類成虫は水田や水溜りなどの一時的水域の形成後，すぐに飛翔により移動・定着する。水域の形成初期に出現するボウフラの防除を考える上では，幼虫よりも期待度が高い。もし成

IV. ゲンゴロウ類の食性

表 5-4 14種のゲンゴロウ類のコガタアカイエカ4齢幼虫に対する捕食能力
(Ohba & Takagi (2010) より改編)

種名*	学名	体サイズカテゴリ	体長 (mm)	捕食率** (平均% ± 標準誤差)	
コツブ	*Noterus japonicus*	小型	3.8–4.3	2.0 ± 1.33	a
チビ	*Hydroglyphus japonicus*	小型	2	16.0 ± 4.52	ab
ケシ	*Hyphydrus japonicus*	小型	3.8–5.0	44.0 ± 3.40	c
ツブ	*Laccophilus difficilis*	小型	4.0–4.9	39.0 ± 4.82	bc
マメ	*Agabus japonicus*	小型	6.5–7.5	55.0 ± 6.54	cd
コシマ	*Hydaticus grammicus*	中型	9.0–11.0	77.0 ± 8.57	def
クロズマメ	*Agabus conspicuus*	中型	9.5–11.5	100.0 ± 0.00	f
ウスイロシマ	*Hydaticus rhantoides*	中型	10.0–11.0	83.0 ± 6.16	ef
ヒメ	*Rhantus suturalis*	中型	11.0–12.5	99.0 ± 1.00	f
ハイイロ	*Eretes griseus*	中型	9.8–16.5	100.0 ± 0.00	f
シマ	*Hydaticus bowringii*	中型	12.5–14.0	68.0 ± 7.86	de
マルガタ	*Graphoderus adamsii*	中型	12.0–14.5	100.0 ± 0.00	f
クロ	*Cybister brevis*	大型	20.0–25.0	6.0 ± 2.21	a
ナミ	*Cybister chinensis*	大型	34.0–42.0	32.0 ± 7.27	bc

*種名の"ゲンゴロウ"は省略
**異符号間に有意差有り (Tukey-Kramer HSD test, $p < 0.05$).

虫がボウフラに対する捕食能力を有するならば、これを利用しない手はないだろう。ゲンゴロウ類成虫のボウフラに対する捕食能力を評価するため、水田を主な生息地とする体サイズの異なる14種の日本産ゲンゴロウ類成虫と水田を繁殖地とするコガタアカイエカ *Culex tritaeniorhynchus* 4齢幼虫を用いた捕食実験を行った。その結果、体長1 cm前後の中型種が小型種(体長0.5 cm以下)及び大型種(同2 cm以上)よりも高い捕食能力を持つことが明らかとなった(表 5-4, 5)。次に比較的個体数が多く、広域に分布する3種の中型ゲンゴロウであるコシマゲンゴロウ、ヒメゲンゴロウおよびハイイロゲンゴ

表 5-5 中型ゲンゴロウ 3 種のタイプ II の機能の反応式から求められたパラメータ (Ohba & Takagi (2010) より改編)

種名	性別	Random predator equation	
		a[a]	T_h (day)[b]
コシマゲンゴロウ	オス	1.0265*	−0.0020
	メス	1.2179*	−0.0015
ヒメゲンゴロウ	オス	4.1922*	0.0051*
	メス	3.0085*	0.0046*
ハイイロゲンゴロウ	オス	3.6061*	0.0032*
	メス	5.4066*	0.0027*

* 95%信頼区間に0を含まない
[a] 攻撃率
[b] 餌あたりのハンドリングタイム

ロウの機能の反応をタイプ II (Royama, 1971; Rogers, 1972; Juliano, 2001) の式に当てはめて評価した。その結果，農村部から都市環境まで広く分布するハイイロゲンゴロウのメスは，24 時間で 200 頭以上のボウフラを捕食するほどの極めて高い捕食能力を有し，タイプ II の式から算出されたハンドリングタイムおよび攻撃率が 3 種の中で最も高いことが明らかとなった（表 5-5, 図 5-14f：Ohba & Takagi, 2010）。

また，ハイイロゲンゴロウを 24 時間飼育していた水（以下，ゲンゴロウ水とよぶ）と汲み置き水道水（対照区）の両方を水田や湿地で繁殖するコガタアカイエカの産卵前のメスに提示すると，ゲンゴロウ水を避けて対照区に多く産卵する (Ohba et al., 2012)。また，その幼虫であるボウフラを両方の水で飼育すると，ゲンゴロウ水では，対照区よりも幼虫期間が延長し，体長の小さな成虫が羽化することもわかった。ボウフラの行動を観察すると水面付近で動きが少なくなり，採餌に割く時間が減少しているようであり，このことが幼虫の発育に影響していることが示唆された。水面でじっと動かなくなる行動はハイイロゲンゴロウからの捕食を回避する捕食回避行動であることも別の実験で確かめられた (Ohba & Ushio, 2015)。採餌と捕食回避にはトレードオフがあることはさまざまな動物で知られている (Benard, 2004)。このように直接的，間接的にもゲンゴロウ類は蚊に対して影響を与えることがわかった。

IV. ゲンゴロウ類の食性

(3) 消化管内容物の直接観察

　成虫の食性を調べるために，消化管を取り出し，内容物を顕微鏡下で観察することで餌生物を直接同定する調査もなされている。国内では事例はないものの，国外では古くから実施されてきた手法である(Deding, 1988; Bosi, 2001; Kehl & Dettner, 2003; Frelik & Pakulnicka, 2015)。Deding (1988)はデンマークの池3地点において採集したゲンゴロウ類36種826個体の消化管内容物を観察し，小型種はユスリカ科幼虫やミジンコ類，カイアシ類が含まれていたのに対し，大型種はユスリカ科幼虫や他の昆虫類，植物質が大部分を占めていたことを報告している。砂礫の採掘によって形成された池(Sandpit pond)に生息するゲンゴロウ類5種の消化管内容物を分析した研究においても，上記の研究と同様にユスリカ科幼虫やカイアシ類が大部分を占めていたという(Kehl & Dettner, 2003)。大型のゲンゴロウ属3種の消化管内には，魚類が含まれていたという報告もある(Frelik, 2014)。ただし，消化管内容物の一部は，餌生物の消化管内に含まれていたものの可能性があり，他の餌を捕食している最中に偶然摂食した可能性もあるため，結果の解釈には注意を要する。

　成虫の消化管内に植物質が含まれている理由として，餌とともに偶然摂食された可能性や餌生物を介した二次摂食による可能性が考えられている(Deding, 1988; Bosi, 2001)。一方，Kehl & Dettner (2003)は，マメゲンゴロウ属の一種 *Agabus nebulosus* の成虫の消化管内から大量の藻類を発見し，本種は藻類を直接食べていると主張した。水生植物を産卵基質として利用する種は，産卵期になるとメスが水生植物の茎を齧って穴を開け，そこに産卵管を差し込んで卵を産み付ける。筆者らは，飼育下において，産卵基質として水生植物を利用するメスだけでなく，オスも水生植物やキュウリを齧る様子を観察している(渡

図5-17　木片に齧りつくクロゲンゴロウのオス

辺・大庭,未発表)。また,野外において,クロゲンゴロウのオスが木片を齧りとる行動も観察している(Watanabe R *et al*., 2025)。この個体は,岸際から約5 cm離れた水面付近において,前脚と中脚を用いて木片を保持し,大顎で木片に齧りついていた(図5-17)。ゲンゴロウ類がなぜ植物質を摂食するのか,その理由は不明であり,さらなる研究が必要である。

(4) 今後の展望

野外での捕食シーンの直接観察は最も容易な食性調査方法であるが,体長の小さな餌を見逃す可能性があり,対象種によっては不向きである。例えば,マルガタゲンゴロウ *Graphoderus adamsii* の幼虫は頭部を下にして活発に泳ぎ回ること,餌がボウフラやミジンコ類など小さく,摂食にかかる時間(ハンドリングタイム)が非常に短いこと,餌を捕獲している個体をタモ網で採集する際に餌を放してしまうことが多いことから,直接観察によりデータを集めるのが非常に難しい(Watanabe R *et al*., 2025)。そのため,今後は,消化管内容物のDNA分析や安定同位体比分析を活用した研究に期待が寄せられる。

Bradford *et al*. (2014)はオーストラリアの地下水性ゲンゴロウ *Paroster* 属3種間の食性に違いがあるか否かを確かめるため,消化管内容物のDNA分析および炭素−窒素安定同位体比分析による餌資源推定を行った。まず,*Paroster* 属3種の成虫と幼虫の消化管内容物を取り出し,抽出したDNAをミトコンドリアDNAのCOI領域のユニバーサルプライマーで増幅し,独自に開発した種特異的なプライマーを用いてスクリーニングした後,電気泳動法により潜在的餌生物4種(ケシミジンコ類2種,ヨコエビ類2種)のDNAが検出されるかを判定した。その結果,3種ともに潜在的餌生物4種のDNAが検出され,成虫については3種間で餌の割合が異なっていた。つまり,この研究では消化管内容物のDNA分析により,ゲンゴロウ類3種の餌資源の違いを定量的に評価している。ただし,この手の研究では餌生物の消化管に含まれる餌のDNAも検出される可能性があるため,解釈には注意を要する。また,対象種を殺さねばならないため,特に希少種については大量の個体を分析に供するのは困難である。

炭素−窒素安定同位体比分析では,*Paroster* 属3種の成虫に加え,炭素源として陸生植物の落葉や根,餌生物としてヨコエビ類を対象としている。し

IV. ゲンゴロウ類の食性

かし，想定とは異なり，陸生植物→ヨコエビ類→ *Paroster* 属という明確な食物連鎖の軌跡はみられず，*Paroster* 属3種間で炭素－窒素同位体比に違いはみられなかったという。これらの理由として，著者らは窒素と炭素の他の供給源が存在したことや，ゲンゴロウ類がヨコエビ以外の餌(カイアシ類など)を利用していた可能性を指摘している。Bradford *et al.* (2014)では餌動物候補を1種に限定していたが，多くの潜在的な餌動物を分析することで，より精度の高い餌資源の推定が可能であろう。絶滅危惧種のタガメ *Kirkaldyia deyrolli* では個体の生存に影響が小さいと思われる中脚の跗節のみを分析することで，体全体の同位体比を推定する方法が開発されている(Ohba *et al.*, 2013)。対象種の殺傷をなるべく抑えるため，ゲンゴロウ類においても同様の技術開発が求められる。

野外下における共存機構

なぜ近縁な分類群の捕食者が共存できるのか？　という問いは，群集生態学の古典的なテーマの1つであり，生物多様性の保全を考えるうえで重要なトピックでもある。ゲンゴロウ類は水田生態系における中・上位捕食者であるため，彼らの共存機構を解明することは，水田生態系における生物多様性の保全策の立案にも貢献できる可能性がある。成虫は主に腐肉食者であるのに対し，幼虫はもっぱら捕食者であるため，幼虫の共存機構に着目した研究がなされてきた。室内実験において，複数種の幼虫の餌や行動の違いを明らかにした先行研究はあったが(Yee, 2010; Yee *et al.*, 2013)，野外下で彼らの共存機構を検証した研究はなかった。そこで Watanabe R *et al.* (2024)は，野外下における幼虫の共存機構解明を目的として，日本に広く分布し，水田を主な生息場所とするヒメゲンゴロウ，シマゲンゴロウ，コシマゲンゴロウ，クロゲンゴロウの4種(以下，ヒメ，シマ，コシマ，クロ)を対象に，幼虫の季節消長(季節変化に伴う個体数の増減)，微生息場利用(水面・水中・水草・水底のどこにいるか)，食性を調査した。

ゲンゴロウ類4種幼虫の季節消長と食性を明らかにするため，茨城県の無農薬水田2枚(水田 A・B：Ⅱ－[2]参照)において，2018年と2019年の4月下旬から8月にかけて，1～9日間隔で水田での夜間観察を行った(計68日

5 ゲンゴロウ類の食性

間)。水田を1周歩きながら，幼虫の個体数と発見した際の位置(水面・水中・水草・水底)を種・齢別に記録した。捕食シーンを発見した際には，ゲンゴロウ類幼虫の頭幅と餌動物の体幅を記録した。餌動物は可能な限り低次の分類群まで同定し，Merritt & Cummins (1996)を参考に，掘穴型 Burrower，潜泥型 Sprawler，基質捕捉・潜泥型 Climber-Sprawler，基質捕捉型 Climber，基質捕捉・遊泳型 Climber-Swimmer，遊泳型 Swimmer，潜水型 Diver，浮遊型

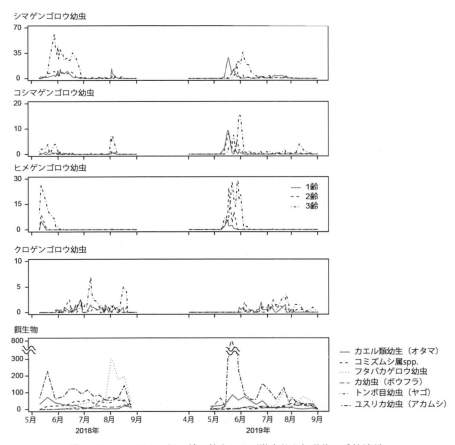

図 5-18　ゲンゴロウ類4種の幼虫および潜在的な餌動物の季節消長
(Watanabe R et al. (2024) より改編)

Ⅳ. ゲンゴロウ類の食性

Planktonic，水面型 Skater の 9 つの習性関連形質に分類した．また，潜在的な餌動物の季節消長を評価するため，2019 年 5～8 月まで週 1 回調査を行った．コドラート（25 × 20 × 20 cm）を畔際の無作為に選定した 5 箇所に設置し，四角枠の網を用いてコドラート内を 5 回掬い取り，採集された餌動物の個体数を記録した．

　調査の結果，5～6 月に出現ピークが重なる 3 種（ヒメ，シマ，コシマ）は，微生息場所利用が異なり，それぞれの微生息場で遭遇しやすい餌を捕食していた（図 5-18, 5-19, 5-20）．具体的には，ヒメは水底にいて，掘穴型のユスリカ科幼虫などを主な餌としており，シマは水底や水草などの基質に掴まり，遊泳型のカエル類幼生を主な餌としていた．一方，コシマは水面に浮遊しており，浮遊型のカ科幼虫やミジンコ類，水面に落ちてきた陸生昆虫類（水面型）を主に捕食していた．クロはシマと微生息場利用が重複していたが，3

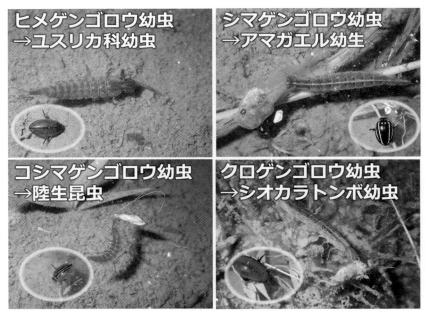

図 5-19　ゲンゴロウ類 4 種幼虫の主要な餌に対する捕食シーン
　　　　（口絵⑤efg：Watanabe R *et al.*（2024）より改編）

5 ゲンゴロウ類の食性

種よりも出現時期が遅く（7〜8月），異なる餌（トンボ目幼虫）を捕食していた。また，シマとクロはそれぞれの主な餌と出現時期のピークが一致してい

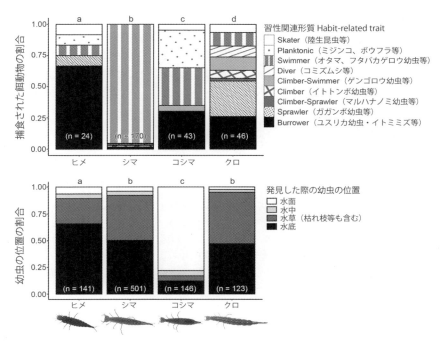

図 5-20　ゲンゴロウ類 4 種幼虫の食性および微生息場利用（Watanabe R *et al.*（2024）より改編）
異符号は Fisher の正確確率検定（Bonferroni 法による多重比較）において有意差（$p<0.05$）があったことを示す．

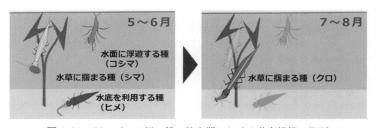

図 5-21　ゲンゴロウ類 4 種の幼虫期における共存機構の概要

IV. ゲンゴロウ類の食性

た(図5-18)。具体的には，シマ幼虫の季節消長は，主要な餌であるカエル類幼生の季節消長と同調していた。また，クロ幼虫とその主な餌であるトンボ目幼虫やフタバカゲロウ *Cloeon dipterum* 幼虫，コミズムシ属複数種，ハエ目・トビケラ目幼虫の個体数のピークは7月から8月にかけて一致していた。したがって，ゲンゴロウ類4種は，水田という水深の浅い一時的な水域において，幼虫期の季節消長や微生息場利用，食性の違いによって共存していることが示唆された(図5-21)。今後は成虫期も含めた共存機構を解明する必要がある。

〔註〕

(註1) Manly の選択性指数 (Chesson, 1978)

$$\alpha_i = \frac{r_i}{p_i} / \sum_{i=1}^{m} \frac{r_i}{p_i}$$

r_i：餌種iが占める割合，p_i：餌種iが環境に占める割合，m は環境中に存在する餌種数を示す。α_i は0〜1の値をとり，1に近づくほどその餌種への選択性が高いことを示す。図5-8では，Chesson (1983) に従い，Manly の選択性指数を -1〜1 の値をとるように変換しており，負の値はその餌種を忌避していることを，正の値は選好していることを示す。

〔引用文献〕

Abràmoff MD, Magalhães PJ, Ram SJ (2004) Image processing with imageJ. *Biophotonics International*, 11: 36–41.

Benard M (2004) Predator-induced phenotypic plasticity in organisms with complex life histories. *Annual Review of Ecology, Evolution, and Systematics*, 35: 651–673.

Bosi G (2001) Observations on colymbetine predation based on crop contents analysis in three species: *Agabus bipustulatus*, *Ilybius subaeneus*, *Rhantus suturalis* (Coleoptera Dytiscidae). *Bollettino della Società Entomologica Italiana*, 133: 37–42.

Bradford TM, Humphreys WF, Austin AD, Cooper SJB (2014) Identification of trophic niches of subterranean diving beetles in a calcrete aquifer by DNA and stable isotope analyses. *Marine and Freshwater Research*, 65: 95.

Chesson J (1978) Measuring preference in selective predation. *Ecology*, 59: 211–215.

Chesson J (1983) The estimation and analysis of preference and its relationship to foraging models. *Ecology*, 64: 1297–1304.

Cobbaert D, Bayley SE, Greter JL (2010) Effects of a top invertebrate predator (*Dytiscus alaskanus*; Coleoptera: Dytiscidae) on fishless pond ecosystems. *Hydrobiologia*, 644: 103–114.

Culler LE, Ohba S, Crumrine P (2023) Predator-Prey Ecology of Dytiscids. In: Yee DA (ed) *Ecology, Systematics, and the Natural History of Predaceous Diving Beetles (Coleoptera: Dytiscidae)*: 373–399. Springer, Cham.

Dambach P (2020) The use of aquatic predators for larval control of mosquito disease vectors: Opportunities and limitations. *Biological Control*, 150: 104357.

Deding J (1988) Gut content analysis of diving beetles (Coleoptera: Dytiscidae). *Natura Jutlandica*, 22: 177–184.

Frelik A (2014) Predation of adult large diving beetles *Dytiscus marginalis* (Linnaeus, 1758), *Dytiscus circumcinctus* (Ahrens, 1811) and *Cybister lateralimarginalis* (De Geer, 1774) (Coleoptera: Dytiscidae) on fish fry. *Oceanological and Hydrobiological Studies*, 43: 360–365.

Frelik A, Pakulnicka J (2015) Relations between the structure of benthic macroinvertebrates and the composition of adult water beetle diets from the Dytiscidae family. *Environmental Entomology*, 44: 1348–1357.

福岡太一・久保　星・太田真人・大庭伸也・遊磨正秀 (2021) クロゲンゴロウ幼虫の食性および餌選択性．日本環境動物昆虫学会誌, 32: 1–7.

福岡太一・田邑　龍・大庭伸也・遊磨正秀 (2022) 野外におけるコガタノゲンゴロウ幼虫によるコオイムシ卵塊の捕食．昆蟲ニューシリーズ, 25: 14–17.

Fukuoka T, Tamura R, Yamasaki S, Ohba S (2023) Effects of different prey on larval growth in the diving beetle *Cybister sugillatus* Erichson, 1834 (Coleoptera: Dytiscidae). *Aquatic Insects*, 44: 226–234.

Hayashi M, Ohba S (2018) Mouth morphology of the diving beetle *Hyphydrus japonicus* (Dytiscidae: Hydroporinae) is specialized for predation on seed shrimps. *Biological Journal of the Linnean Society*, 20: 1–6.

市川憲平 (2002) ゲンゴロウ減少要因について．ため池の自然, (36): 9–15.

Inoda T, Hasegawa M, Kamimura S, Hori M (2009) Dietary program for rearing the larvae of a diving beetle, *Dytiscus sharpi* (Wehncke), in the laboratory (Coleoptera: Dytiscidae). *The Coleopterists Bulletin*, 63: 340–350.

Johansson A, Nilsson AN (1992) *Dytiscus latissimus* and *D. circumcinctus* (Coleoptera, Dytiscidae) larvae as predators on three case-making caddis larvae. *Hydrobiologia*, 248: 201–213.

Juliano SA (2001) Nonlinear Curve Fitting: Predation and Functional Response Curves. In: Scheiner SM, Gurevitch J (eds) *Design and Analysis of Ecological*

IV. ゲンゴロウ類の食性

Experiments 2nd ed: 178–196. Oxford Academic, New York.

環境省 (2020) 環境省レッドリスト2020. [3, December, 2024]. URL: https://www.env.go.jp/content/900515981.pdf.

Kehl S, Dettner K (2003) Predation by pioneer water beetles (Coleoptera, Dytiscidae) from sandpit ponds, based on crop-content analysis and laboratory experiments. *Archiv für Hydrobiologie*, 158: 109–126.

Kight SL, Sprague J, Kruse KC, Johnson L (1995) Are egg-bearing male water bugs, *Belostoma flumineum* Say (Hemiptera: Belostomatidae), impaired swimmers? *Journal of the Kansas Entomological Society*, 68: 468–470

Klecka J, Boukal DS (2012) Who eats whom in a pool? a comparative study of prey selectivity by predatory aquatic insects. *PLoS ONE*, 7: e37741.

Lundkvist E, Landin J, Jackson M, Svensson C (2003) Diving beetles (Dytiscidae) as predators of mosquito larvae (Culicidae) in field experiments and in laboratory tests of prey preference. *Bulletin of Entomological Research*, 93: 219–226.

Merritt RW, Cummins KW (1996) An introduction to the aquatic insects of North America. Kendall/Hunt Pub. Co, Dubuque.

永幡嘉之・長船裕紀 (2024) マルコガタノゲンゴロウの成虫の食性についての観察例．月刊むし，(636): 34–36.

Natuhara Y (2013) Ecosystem services by paddy fields as substitutes of natural wetlands in Japan. *Ecological Engineering*, 56: 97–106.

Nilsson AN (1984) Species richness and succession of aquatic beetles in some kettle‐hole ponds in northern Sweden. *Ecography*, 7: 149–156.

Nilsson AN, Hajek J (2024) Catalogue of Palearctic Dytiscidae (Coleoptera), version 2024-01-01. [3, December, 2024]. URL: http://www.waterbeetles.eu.

西田時弘 (2000) リュウキュウオオイチモンジシマゲンゴロウ幼虫の生息環境（Ⅱ）．月刊むし，(358): 8–9.

西原昇吾 (2012) 野外実験による水生動物群集解析と保全への適用．日本生態学会誌，62: 179–186.

西原昇吾・苅部治紀・鷲谷いづみ (2006) 水田に生息するゲンゴロウ類の現状と保全．日本生態学会誌，11: 143–157.

Ohba S (2009a) Feeding habits of the diving beetle larvae, *Cybister brevis* Aube (Coleoptera: Dytiscidae) in Japanese wetlands. *Applied Entomology and Zoology*, 44: 447–453.

Ohba S (2009b) Ontogenetic dietary shift in the larvae of *Cybister japonicus* (Coleoptera: Dytiscidae) in Japanese rice fields. *Environmental Entomology*, 38: 856–860.

Ohba S, Inatani Y (2012) Feeding preferences of the endangered diving beetle

Cybister tripunctatus orientalis Gschwendtner (Coleoptera: Dytiscidae). *Psyche: A Journal of Entomology*, 2012: 139714.

Ohba S, Ogushi S (2020) Larval feeding habits of an endangered diving beetle, *Cybister tripunctatus lateralis* (Coleoptera: Dytiscidae), in its natural habitat. *Japanese Journal of Environmental Entomology and Zoology*, 31: 95–100.

Ohba S, Ohtsuka M, Sunahara T, Sonoda Y, Kawashima E, Takagi M (2012) Differential responses to predator cues between two mosquito species breeding in different habitats. *Ecological Entomology*, 37: 410–418.

Ohba S, Takagi M (2010) Predatory ability of adult diving beetles on the Japanese encephalitis vector *Culex tritaeniorhynchus*. *Journal of the American Mosquito Control Association*, 26: 32–6.

Ohba S, Takahashi J, Okuda N (2013) A non-lethal sampling method for estimating the trophic position of an endangered giant water bug using stable isotope analysis. *Insect Conservation and Diversity*. 6: 155–161.

Ohba S, Ushio M (2015) Effect of water depth on predation frequency by diving beetles on mosquito larvae prey. *Entomological Science*, 18: 519–522.

奥野　宏・窪田　寛・中島麻紀・佐々治寛之 (1996) ヤシャゲンゴロウの生活史．福井昆虫研究会特別出版物第1号．福井昆虫研究会，福井．

Rogers D (1972) Random search and insect population models. *Journal of Animal Ecology*, 41: 369.

Royama T (1971) A comparative study of models for predation and parasitism. *Researches on Population Ecology*, 13: 1–91.

佐野真吾 (2015) 野外においてマルコガタノゲンゴロウの幼虫が捕食した餌生物について．さやばねニューシリーズ，(20): 33–34.

田和康太・佐川志朗 (2022) 豊岡市の水田ビオトープにおける水生昆虫とカエル類の季節消長と群集の特徴．応用生態工学，24: 289–311.

都築祐一・谷脇晃徳・猪田利夫 (2003) 普及版　水生昆虫完全飼育・繁殖マニュアル．データハウス，東京．

Usio N, Miyashita T (2014) Social-ecological restoration in paddy-dominated landscapes. Springer, Tokyo.

Vamosi SM (2023) Community Patterns in Dytiscids. In: Yee DA (ed) *Ecology, Systematics, and the Natural History of Predaceous Diving Beetles* (*Coleoptera: Dytiscidae*): 343–371. Springer, Cham.

Wang L, Feng S, Zhao Z (2024) Dine-in or take-away? Scavenging strategies in predaceous diving beetles at different water depths. *Entomologia Experimentalis et Applicata*, 172: 704–709.

渡部晃平 (2016) 愛媛県南西部の水田における明渠と本田間の水生昆虫（コ

IV. ゲンゴロウ類の食性

ウチュウ目・カメムシ目）の分布．保全生態学研究, 21: 227–235.

Watanabe K, Ohba S (2022) Life history of *Copelatus zimmermanni* Gschwendtner, 1934 (Coleoptera: Dytiscidae) and the ecological significance of the larval period of three *Copelatus* species. *Entomological Science*, 25: e12505.

Watanabe R (2019) Field observation of predation on a horsehair worm (Gordioida: Chordodidae) by a diving beetle larva *Cybister brevis* Aubé (Coleoptera: Dytiscidae). *Entomological Science*, 22: 230–232.

Watanabe R, Ohba S, Sagawa S (2024) Coexistence mechanism of sympatric predaceous diving beetle larvae. *Ecology*, 105: e4267.

Watanabe R, Ohba S, Sagawa S (2025) Diverse habitats promote coexistence of sympatric predaceous diving beetles in paddy environments. *Entomological Science*, in press.

Watanabe R, Ohba S, Yokoi T (2020) Feeding habits of the endangered Japanese diving beetle *Hydaticus bowringii* (Coleoptera: Dytiscidae) larvae in paddy fields and implications for its conservation. *European Journal of Entomology*, 117: 430–441.

Williams DD (2006) The biology of temporary wetlands. Oxford University Press, New York.

Yamasaki S, Watanabe K, Ohba S (2022) Larval feeding habits of the large-bodied diving beetle *Cybister rugosus* (Coleoptera: Dytiscidae) under laboratory conditions. *Entomological Science*, 25: e12510.

安池 恭 (2017) ナガケシゲンゴロウの捕食行動について．月刊むし, (559): 49–50.

Yee DA (2010) Behavior and aquatic plants as factors affecting predation by three species of larval predaceous diving beetles (Coleoptera: Dytiscidae). *Hydrobiologia*, 637: 33–43.

Yee DA, O'Regan SM, Wohlfahrt B, Vamosi SM (2013) Variation in prey-specific consumption rates and patterns of field co-occurrence for two larval predaceous diving beetles. *Hydrobiologia*, 718: 17–25.

（渡辺黎也・福岡太一・大庭伸也）

V. ゲンゴロウ類の減少

V. ゲンゴロウ類の減少

6 減少要因

■ レッドリストと種の保存法

　2020年に公表された環境省レッドリストには51種のゲンゴロウ科が掲載されており，これは日本産ゲンゴロウ科の約4割にあたる。その内訳は絶滅1種，絶滅危惧ⅠA類7種，絶滅危惧ⅠB類5種，絶滅危惧Ⅱ類11種，準絶滅危惧20種，情報不足7種となっている。絶滅となっている1種はスジゲンゴロウ *Hydaticus bipunctatus*（口絵①i，図6-1），絶滅危惧ⅠA類となっている7種はニセコケシゲンゴロウ *Hyphydrus orientalis*，コセスジゲンゴロウ *Austrelatus parallelus*，マダラゲンゴロウ *Rhantaticus congestus*，マダラシマゲンゴロウ *Hydaticus thermonectoides*（口絵①j），マルコガタノゲンゴロウ *Cybister lewisianus*，フチトリゲンゴロウ *Cybister limbatus*，シャープゲンゴロウモドキ *Dytiscus sharpi* で，いずれも止水性である。

　日本において希少種保全の基盤となる法律が「絶滅のおそれのある野生動植物の種の保存に関する法律（種の保存法）」である。この法律に基づく「国内希少野生動植物種」に指定されているゲンゴロウ科は，2025年2月現在では12種となっている（表6-1）。指定種は基本的に採集・飼育・譲渡・売買等が禁止されるが，このうち特定第一種国内希少野生動植物種に指定されると届出業者が増殖した個体の売買や飼育は可能（採捕や届出業者以外の売買は禁止），特定第二種国内希少野生動植物種に指定されると個人的な採集・飼育は可能（売買は禁止）という形になる。ゲンゴロウ科では6種が通常の国内希少野生動植物種に指定されており，6種が特定第二種に指定されている。また，指定種のうち，2025年2月現在で種の保存法に基づく「保護増殖事業計画」が策定

図6-1　国内で絶滅種となっているスジゲンゴロウ（福岡県産）。現在知られている国内最後の採集例は1976年である（渡辺・上田，2024）

6 減少要因

表6-1 種の保存法に基づく国内希少野生動植物種に指定されているゲンゴロウ科
（2025年2月現在）

種名	施行年月	特定第二種 （施行年月）	保護増殖 事業計画 （策定年）
1 ヤシャゲンゴロウ	1996年2月		○（2005年）
2 マルコガタノゲンゴロウ	2011年4月		
3 フチトリゲンゴロウ	2011年4月		
4 シャープゲンゴロウモドキ	2011年4月		
5 マダラシマゲンゴロウ	2016年3月		
6 ヤンバルオオイチモンジシマゲンゴロウ	2025年2月		
7 ゲンゴロウ（ナミゲンゴロウ）		○（2023年1月）	
8 ヒメフチトリゲンゴロウ		○（2023年1月）	
9 エゾゲンゴロウモドキ		○（2023年1月）	
10 マルガタゲンゴロウ		○（2023年1月）	
11 オオイチモンジシマゲンゴロウ		○（2023年1月）	
12 オキナワスジゲンゴロウ		○（2023年1月）	

されているのはヤシャゲンゴロウ *Acilius kishii*（Ⅴ－15の図15-2）のみである。シャープゲンゴロウモドキ等一部の種では，地方自治体による生息地再生や再導入による個体群補強などの取り組みが行われているものの，現時点ではこれら指定種の保全が順調に進んでいるとは言い難い。

以上のように日本のゲンゴロウ類は止水性種を中心に大きく減少しており，すでに絶滅した種も出てきていることから，より積極的かつ効果的な保全対策が必要な状況にある。

ゲンゴロウ類を減らす具体的要因

生物多様性を損なう原因は一般的に4つの危機要因として整理されており（表6-2），これらはいずれもゲンゴロウ類を減らす主要因となっている。以下，4つの危機要因に絡めてゲンゴロウ類の減少要因を具体的に解説する。

（1）第1の危機：開発や乱獲など人間活動による危機

国内で減少が著しい止水性ゲンゴロウ類の主要な生息環境は，原生的な湿

V. ゲンゴロウ類の減少

表6-2　生物多様性の4つの危機要因とゲンゴロウ類への影響

危機要因		ゲンゴロウ類における具体的な該当要因
第1の危機	開発や乱獲など人間活動による危機	湖沼開発、湿地開発、圃場整備、土地造成、捕獲、違法採集、光害
第2の危機	自然に対する働きかけ縮小による危機	管理放棄、遷移進行・植生変化
第3の危機	人に持ち込まれたものによる危機	水質汚濁、農薬汚染／化学物質汚染、外来種による捕食
第4の危機	地球環境の変化による危機	気候変動、水温変化、在来種による競争／競合

原，水田，農業用溜池である。国内の原生的な湿原は，近代までの開発によりその大部分が失われた。また，水田や農業用溜池は1950年代から現在に至るまで，一貫して減少し続けている。農林水産省作物統計によれば，国内の水田面積は1956年に約332万haであったのが，2022年には約235万haとなっており，66年間で約100万haもの減少となっている（図6-2）。特に奄美群島では1960年に4,117 haであったのが，2022年には34 haと激減した。農業用溜池については，2020年に施行された「防災重点農業用ため池に係る防災工事等の推進に関する特別措置法」に基づく防災・減災対策の一環として，その廃止工事が全国的に進められている。農業用溜池として存続しても，護岸のコンクリート化やゴムシート化は，ゲンゴロウ類の生息環境を破壊する（Nakanishi *et al*., 2014; 苅部, 2021）。以上のように生息環境の破壊と消滅は，日本のゲンゴロウ類にとって主要な減少要因となっている。

図6-2　宅地開発が進む水田地帯

⑥ 減少要因

　乱獲については，一般的に昆虫類は採集では減らないと言われることがあるが，生息地が限られている大型のゲンゴロウ類においては，採集圧によると思われる地域的な絶滅事例が知られている（小野田・西原, 2016）。千葉県のある生息地におけるシャープゲンゴロウモドキでは，総個体数が 49〜80 個体程度と試算された事例があり（猪田ら, 2000），この程度の個体数であれば採集圧により地域的な絶滅を生じさせることは十分に可能である。

(2) 第 2 の危機：自然に対する働きかけの縮小による危機

　水田や農業用溜池は人工的な環境であるが，二次的自然としてゲンゴロウ類にとって重要な生息環境となっている。もともと日本列島には，梅雨や台風により河川が氾濫することによって，季節的に攪乱される氾濫原湿地が存在していた。水田や農業用溜池に生息するゲンゴロウ類は，本来こうした原生的な氾濫原湿地に生息していた生物である。こうした氾濫原湿地の多くは稲作を行うために開発されたが，春に耕して水を引き入れて稲を栽培し秋に水を落として収穫するという水田の管理様式や，冬季に水を抜き泥上げをするという農業用溜池の管理様式が，これらの環境を疑似的な氾濫原湿地として機能させ，二次的自然としてゲンゴロウ類の生息環境を提供してきた。しかしながら水田での耕作放棄や農業用溜池の管理放棄といった二次的自然の劣化が全国的に生じており，その悪影響は特に水生生物に対して顕著であることが報告されている（Koshida & Katayama, 2018）。つまり「働きかけ縮小」の結果として，水田や農業用溜池がゲンゴロウ類の生息に適さなくなってきているのである（図 6-3）。

図 6-3　周囲の伐採や水抜きがなくなり環境が悪化した農業用溜池

V. ゲンゴロウ類の減少

(3) 第3の危機：人に持ち込まれたものによる危機

本危機は化学物質と外来種の2種類に大別される。化学物質については農薬が主なもので，近年ではネオニコチノイド系の殺虫剤がゲンゴロウ類に多大な悪影響を与える可能性が報告されている（苅部, 2021; Wang et al., 2024）。また，除草剤や生活排水には界面活性剤が含まれており，これは空気膜を利用したプラストロン呼吸を併用する水生のコウチュウ目には致死的な影響を与えることが知られ（緒方, 2000），ゲンゴロウ類に対しても同様であると思われる。この他にマイクロプラスチックがゲンゴロウに悪影響を与える可能性も報告されている（Kim et al., 2018）。

外来種については，魚類のオオクチバス *Micropterus salmoides* や両生類のウシガエル *Lithobates catesbeianus* が，直接的にゲンゴロウ類を捕食する事例が報告されている（永幡, 2016）。また，ゲンゴロウ類にもっとも大きな悪影響を与えると考えられている外来種がアメリカザリガニ *Procambarus clarkii* で（図6-4），直接的な捕食の他に，水生植物の摂食や切断により，間接的に水生昆虫相に悪影響を与えることが知られる（Watanabe & Ohba, 2022; 大庭・渡辺, 2023）。この他，ホテイアオイ *Eichhornia crassipes* 等の外来水生植物は，短期的にはゲンゴロウ類の産卵基質や隠れ場所等になり得るが，長期的には在来水生植物群落への悪影響や水質の悪化などを引き起こすことから，ゲンゴロウ類に悪影響を与える可能性が高い。

図6-4 ゲンゴロウ類の脅威となっている特定外来生物のアメリカザリガニ

(4) 第4の危機：地球環境の変化による危機

人為的な気候変動により生じる現象は種々知られているが，このうち急速な温暖化は一部のゲンゴロウ類の減少につながる。例えば国内での分布の

6 減少要因

中心が北海道以北にありながら本州東部にも分布するようなエゾゲンゴロウモドキ *Dytiscus marginalis czerskii*（図6-5）やメススジゲンゴロウ *Acilius japonicus* では，気温上昇の影響を受けて分布南限域で地域的な絶滅が生じる可能性がある。また，地下水性種では地表性種よりも温度上昇の影響を受ける可能性があるとする報告もあり（Jones et al., 2021），西日本に分布する地下水性のメクラゲンゴロウ属などは

図6-5 低水温環境に生息するエゾゲンゴロウモドキ（秋田県産）

温暖化により減少する可能性がある。温暖化によって懸念されるもう一つの影響は，南方系種の分布拡大による種間競争の発生である。これについては本書Ⅵ-16で具体的な事例を紹介しているが，南方系のコガタノゲンゴロウ *Cybister tripunctatus lateralis* の分布拡大が，温帯性のクロゲンゴロウ *C. brevis* やゲンゴロウに悪影響を与える可能性が報告されている（Ohba et al., 2022）。

以上，4つの危機要因に絡めて日本のゲンゴロウ類の減少要因を解説した。ゲンゴロウ類を効果的に保全していくためには，これら4つの危機要因の何によって減少しているのかを具体的に把握しなくては意味がない。例えば，外来種の影響で減少しているのに乱獲を防止しても無意味ということである。また，その減少時期も一様ではなく，過去の減少要因と現在の減少要因が異なるという可能性もある（中島, 2013）。いずれにしても，いつどのような要因で減少しているのかを科学的に解明し，その要因を確実に解決していくという手順を踏むことが，ゲンゴロウ類の保全には必要である。また，そのためには地道な分布調査や生態・生活史に関する研究の蓄積が不可欠である。

〔引用文献〕

猪田利夫・都築雄一・谷脇晃徳 (2000) 千葉県産シャープゲンゴロウモドキの除去法による個体数推定．月刊むし, (347): 2–4.

Jones KK, Humphreys WF, Saccò M, Bertozzi T, Austin AD, Cooper SJB (2021) The critical thermal maximum of diving beetles (Coleoptera: Dytiscidae): a comparison of subterranean and surface-dwelling species. *Current Research in Insect Science*, 1: 100019.

苅部治紀 (2021) 奄美・琉球の里地里山の希少水生昆虫類の現状と保全への挑戦．昆虫と自然，56 (10): 10–13.

Kim SW, Kim D, Chae Y, An YJ (2018) Dietary uptake, biodistribution, and depuration of microplastics in the freshwater diving beetle *Cybister japonicus*: Effects on predacious behavior. *Environmental Pollution*, 242: 839–844.

Koshida C, Katayama N (2018) Meta-analysis of the effects of rice-field abandonment on biodiversity in Japan. *Conservation Biology*, 32: 1392–1402.

永幡嘉之 (2016) マルコガタノゲンゴロウをとりまく諸問題．昆虫と自然，51 (7): 9–14.

Nakanishi K, Nishida T, Kon M, Sawada H (2014) Effects of environmental factors on the species composition of aquatic insects in irrigation ponds. *Entomological Science*, 17: 251–261.

中島　淳 (2013) 過去から現在における水生甲虫相の変遷〜福岡県での事例〜．昆虫と自然，48 (4): 16–19.

緒方　健 (2000) プラストロン呼吸を行う水生昆虫に対する界面活性剤の影響．環境毒性学会誌，3 (2): 83–86.

Ohba S, Terazono Y, Takada S (2022) Interspecific competition amongst three species of large bodied diving beetles: is the species with expanded distribution an active swimmer and a better forager? *Hydrobiologia*, 849: 1149–1160.

大庭伸也・渡辺黎也 (2023) アメリカザリガニによる水生昆虫類への影響とその防除．日本環境動物昆虫学会誌，34: 17–23.

小野田晃治・西原昇吾 (2016) 採集圧が水生昆虫に及ぼす影響と，法規制の下における今後の保全のための調査研究．昆虫と自然，51 (7): 20–23.

Wang L, Liu L, Feng S (2024) The water-exiting behavior and survival of predaceous diving beetles in responses to lambda-cyhalothrin, chlorantraniliprole, and thiamethoxam. *Aquatic Toxicology*, 267: 106812.

Watanabe R, Ohba S (2022) Comparison of the community composition of aquatic insects between wetlands with and without the presence of *Procambarus clarkii*: a case study from Japanese wetlands. *Biological Invasions*, 24:1–15.

渡辺黎也・上田尚志 (2024) 兵庫県豊岡市におけるスジゲンゴロウ・マダラシマゲンゴロウの記録および生息環境の変遷．日本環境動物昆虫学会誌，35 (2): 23–29.

（中島　淳）

[6] 減少要因

―― コラム ❸

マルコガタノゲンゴロウの保全

発見からオオクチバスの駆除まで

　2020年10月に，山形県新庄市泉田でマルコガタノゲンゴロウ *Cybister lewisianus* の生息地を発見した際に，一面がジュンサイに覆われた池に浮かんでいるオオクチバス *Micropterus salmoides* を見てしまった。特定の外来魚の放流でゲンゴロウ類が消えることは，現在では周知の事実になっているが，私はそれに気づいた第一世代の一人だと思う。鳥取県でゲンゴロウ類を調査していた1994年，生息地に隣接しているのになぜかゲンゴロウ類がまったくいない池があり，そこにブルーギル *Lepomis macrochirus* とオオクチバスが浮かんでいたことで，その関係に気づいた。

　新庄市のマルコガタノゲンゴロウも個体群は孤立しており，傍観はできなかった。当時，オオクチバスを駆除した話は報道等で伝え聞いていたが，何もかもが手探りだった。ゲンゴロウ類を守るために水を抜いたのは，おそらく私が最初だろう。その経緯は永幡（2007）に簡単に書いたが，所有する農家全員の許可を得て池の堤防に泊まり込み，1カ月近くかけて水を抜いた。多くの協力者には感謝しつつも，当時の苦労は書く意味がない。20代の後半はそれだけで秋が過ぎていったが，「オオクチバスは水抜きで駆除できる」という前例はできた（図1）。私が3年かけて確立した駆除方法は，その後，西原昇吾氏によって石川県で応用され，「山

図1　4メートルほどの水を抜いてオオクチバスを駆除した（2005年11月10日）

V. ゲンゴロウ類の減少

  コラム

図2 オオクチバスの駆除を経て再生していた溜池が集中豪雨で決壊した（2024年7月27日）

形方式」と呼ばれていたという。

駆除の結果，マルコガタノゲンゴロウはこの池には2024年まで多数生息していたが，7月の線状降水帯による豪雨によって堤防が決壊し，水とともに消えた（図2, 3）。周囲に広く生息していた2000年以前なら隣接して複数の生息地があったので絶滅は回避できたのだが，外来種の拡散によって，すでに孤立が進んでいた。

保全をめぐる社会的な構図

　駆除の技術や溜池の生態系について，本書でも多くの人が書くだろう。しかし，保全をめぐる社会的な課題を俯瞰して整理できる人は多くない。したがって，今回はその部分に絞って書こうと思う。

■まず，水の所有者かつ管理者である地域社会との関係。溜池の水は稲作に必要であり，使う権利が細かく定められていることから，たとえ稲作期間外であっても，事前に水を抜く了解を得なければならない。重要なのは，地域社会では物事は多数決ではなく，全員一致でなければ進めることができない点だ。例外として，市町村行政が主導する場合には合意が得られやすいが，それは日常的に深い関係があり，不測のことが起こった際にも補償が可能だからである。水を抜いてもよい時期は，北日本では稲刈りの終了後から降雪までの1カ月に限られるし，管理者は個人，土地改良区などさまざまで，こうした地域の決まりごとを知らなければ，溜池の水を抜くことはできない。私は地域社会のなかで育ったので手順は理解していたが，東北地方の方言で話せないことが大きな壁になりつづけた。

■次に，行政を巻き込んで実施することは当初から頭にあったが，実現しなかった。2001年当時は県の自然保護課も「ゲンゴロウとブラックバスでは，後者のほうが好きな人が多い。県は，県民のなかで多いほうの意見を聞く必要がある」と回答する時代で，社会的な問題意識が追いついていなかった。外来種の駆除が公益性の維持につながることが社会的に認知されるまでには，その後なお十余年を要した。

■あわせて，種の保存法の指定種になった（2011年3月）前後での変化も整理しておく。

[6] 減少要因

コラム ❸

① 深刻な採集圧は低減され，採集者が踏んでは泥をすくい上げることで池岸の植物群落が大きく破壊されていた場所も，景観的には元に戻りつつある。
② しかし，外来種の拡散は止まっていないため，指定時に知られていた生息地の48％が指定後の5年間で絶滅し，41％では外来種が直近まで迫り，安定していたのは3地点で

図3　決壊した溜池の水たまりで高温により死んだシナイモツゴを食べにきたマルコガタノゲンゴロウ．その後、分散して見られなくなった（2024年8月2日）

あった（西原ら，2017）。その後も生息地は発見されているものの，ほぼ出尽くしており，外来種の拡散を止める積極的な対策を行わない限り，今後も絶滅が同じ速度で進んでゆく。
③ 指定前には国の複数の省庁や県は「保全したいが今は関わる根拠がない。指定さえされれば，外来種の駆除も公共事業でできるし，生息地での開発も一切止められる」と雄弁だったが，指定後には「できることは何もない」と，協議さえ拒否する状態に変化した。

■生物多様性の保全の現場に横たわる，根本的な問題にも触れておく。行政や大学・企業などの組織が保全に関わる場合には，新しい場所で着手するのではなく，これまで一定の成功を収めた場所に人や資金を投資するため，非意図的に「地域の自然保護団体や個人の成功事例の上前をはねてまわる」構図が生じる。関係者全員が善意で協力体制を築いていても，結果として関わる人の分断につながる場面が見受けられる。具体的には，
① 外来種の駆除や環境の維持がボランティアで進められてきた現場に，組織が関わるようになると，報道など，投資の代償としての見返りを求める価値観が持ち込まれること。
② 保全に対する責任感が消失すること。初期に個人や自然保護団体がボランティアで始めるうちは，保全は救急医療と同じで，尽くせる限りの手を尽くすことが前提になっているが，協議会のような組織になると，「予算がないから仕方がない」「絶滅しても我々に責任はない」という意見が幅を利かせることがあり，保全の目標自体が迷走を始める。それでも最善を尽くすべきだと主張する個人が「協調性がない」と批判される場面を少なからず見てきた。

V. ゲンゴロウ類の減少

3 コラム

私自身がこの 25 年間，国や県の行政担当者から「皆さんが確実に成功する方法を（ボランティアで）確立した上で，費用対効果を明示してもらわない限り，行政は事業化できない」と繰り返し言われてきた経験からも，それぞれの地域で孤軍奮闘してきた方々の心情を代弁する必要性を，特に強く感じている。

長期的な見通し

ウシガエル *Lithobates catesbeianus* やアメリカザリガニ *Procambarus clarkii* の駆除は，個人ではとてもこなせない次元の作業である（永幡，2016）。社会的には生物多様性の保全が叫ばれて，掛け声だけは大きくなったようにみえる。しかし，誰が最初に着手して軌道に乗せるのか。その部分はまったく解消されていない。マルコガタノゲンゴロウ（図 4）は日本からの絶滅を回避する最終局面にさしかかっており，絶滅してしまう前に，現状が認識できている人だけでも前に進めてゆかねば間に合わない。

図 4 マルコガタノゲンゴロウ

ここ数年は数名の仲間とともに，駆除が困難なウシガエルとアメリカザリガニが侵入していない「ホワイトエリア」を，国内にいくつ残せるかという最終手段に注力している。この考えは，私が 2022 年の春に国からの有識者ヒアリングで提言して以来，ことあるごとに提唱してきた結果，近年では行政関係者への周知も進んできた。マルコガタノゲンゴロウの生息地が，まだメタ個体群を形成する状態で残っている地域は，すでに国内に 3 カ所しかない。そこに外来種の侵入が起これば，もう打つ手はなくなる。少なくとも数 km から 10 km 以上手前で防衛ラインを築き，そこで毎年の駆除し続けることを，戦略的に継続できるかどうか。

計画は細部まで描いているが，すでに与えられた誌面を超えた。官民を超えた，国を挙げた対策が必要なことは言うまでもないが，わずかな予算で「できる範囲の対応を」とお茶を濁すのでなく，真剣になれるだろうか。ここで問われているのは研究の進み具合ではなく，社会の成熟度である。時間はあまり残されていない。

〔引用文献〕

永幡嘉之 (2007) ひとつのため池をとりまく問題．遺伝，61 (3): 48–53．
永幡嘉之 (2016) マルコガタノゲンゴロウをとりまく諸問題．昆虫と自然，51 (7): 9–14．
西原昇吾・永幡嘉之・古川大恭・小野田晃治・北野　忠・苅部治紀 (2017) 東北地方の止水域における複数の侵略的外来種の分布拡大と水生昆虫への影響．日本生態学会 64 回大会講演要旨，P2–G–245．

（永幡嘉之）

[6] 減少要因

コラム ❹

スジゲンゴロウ・マダラシマゲンゴロウの減少要因

　筆者は 2023 年度，兵庫県の豊岡市立コウノトリ文化館において自然解説指導員として週1日勤務していた。本館には，「豊岡の絶滅危惧昆虫」と題して，タガメ *Kirkaldyia deyrolli* やナミゲンゴロウ *Cybister chinensis* などとともにスジゲンゴロウ *Hydaticus bipunctatus*（スジ：環境省レッドリスト　野生絶滅）およびマダラシマゲンゴロウ *Hydaticus thermonectoides*（マダラシマ：同レッドリスト　絶滅危惧ⅠA類）の標本が何気なく1個体ずつ展示されていた（口絵①i, j, 図1）。本館の指定管理団体である NPO 法人コウノトリ市民研究所の上田尚志代理事より，「豊岡市のスジの正式な記録はされていないから，貴重な標本だと思う。国内最新の標本かどうか調べてくれないか。」と依頼を受けたのが研究の始まりである（渡辺・上田，2024）。標本ラベルにはスジは 1976 年，マダラシマは 1968 年採集と記されていた。過去の採集記録を丹念に調べたところ，スジの国内記録は 1973 年の三重県津市美杉町における灯火採集個体以降，途絶えていたため（生川ら，1989；西原ら，2006），1976 年の記録は国内で最も新しい記録であった。豊岡市はコウノトリ *Ciconia boyciana* の国内最後の生息地として有名であるが，スジにとっても国内最後の生息地であったのである。一方，マダラシマの兵庫県における記録は神戸市の 1955 年が最新とされていたため（森，2012），1968 年は県内最新記録であった。ただ採集記録を報告するだけでは勿体無いと感じ，地域個体群の減少要因（生息環境の変遷）を詳細に記録することで，他地域での保全に役立てられないかと考えた。

　そこで両種の減少要因を探るため，さまざまな情報を収集した。まず，採集の経緯や当時の環境について採集者や関係機関への聞き取り調査を行った。採集の経緯は共通しており，採集者の出身高校にて課された夏休みの宿題「昆虫類または植物の標本を作製し，提出すること」であった。宿題によって収集された標本の大部分は高校の火事により焼失しており，残りの標本も保存状態が悪く，大半は劣化・損傷していた。こ

図1　豊岡市産のスジゲンゴロウおよびマダラシマゲンゴロウの標本（渡辺・上田（2024）を改編）

V. ゲンゴロウ類の減少

コラム ④

の状況を見かねた上田氏が収蔵標本の一部を預かり，コウノトリ文化館にて展示するに至った。本事例は，学校の授業で地域の自然史標本を収集することの重要性を示すモデルケースといえる。ただし，両標本ともに奇跡的に保存されていたが，失う可能性があったことも事実である。そのため，早急に公的な標本の保管場所を整備する必要があるだろう。

　スジの採集地は標高 5.0〜13 m の低地に水田が優占する地域である。土地利用図を比較した結果，1976 年と 2021 年の間に大きな差異はみられず，生息環境となる水田の割合がわずかに減少した程度であった（図2）。一方，航空写真をみると 1976 年の水田は圃場整備実施前であった。そのため，多くの水生昆虫類の減少要因として指摘されているように（西原ら，2006），圃場整備事業による乾田化や水田と用排水路間の連続性の消失などが本種の生息に負の影響を及ぼした可能性がある。

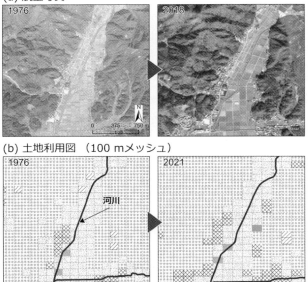

図2　スジゲンゴロウの採集地における採集当時と現在の環境
（渡辺・上田（2024）を改編）

表1 我が国の水田において使用されてきた主要な殺虫剤（JCPA農薬工業会, 2023）
豊岡市の水田においても，概ねこれらの薬剤が使用されてきた

年代	主要な殺虫剤
1950~1960	有機塩素系殺虫剤，有機水銀系殺菌剤
1960~1970（スジ・マダラシマの採集当時）	有機リン系殺虫剤，カーバメート系殺虫剤
1980	ピレスロイド系殺虫剤，BT剤
1990	ネオニコチノイド系殺虫剤
2000	ジアミド系殺虫剤

　豊岡市では2004年から，コウノトリの餌動物に配慮した「コウノトリ育む農法」という環境保全型農業が導入され（西村・江崎, 2019），本地域においても同農法の無農薬・減農薬水田がまとまって存在する。また，休耕田を湛水したビオトープが3筆存在する。本地域の水田やビオトープにおいてスジは確認できなかったが，シマゲンゴロウ *Hydaticus bowringii* やマルガタゲンゴロウ *Graphoderus adamsii*，クロゲンゴロウ *Cybister brevis* などの生息が確認された。他のゲンゴロウ類の生息状況から，現在の水田ではスジも生息可能であると思われるが，コウノトリ育む農法が普及される以前の農薬使用等の影響によって個体数が減少したものと推察された（表1）。

　マダラシマの標本は，採集者の自宅の灯火に飛来した個体である。採集地（標高135 m）は，河川上流に面し，周囲は森林に囲まれており，本種の生息環境と思われる水田は直線距離100 mほど下流に存在する。航空写真および土地利用図を比較した結果，1976年に比べて2021年には水田の圃場数および面積がわずかに減少していた（図3）。現地調査の結果，かつての生息地と思われる水田のほとんどが耕作放棄されていた。近隣のビオトープではシマゲンゴロウやマルガタゲンゴロウ，クロゲンゴロウはみられたが，本種は確認できなかった。そのため，本種の減少には，水田面積の減少や耕作放棄による生息地の消失が影響したと思われる。

　スジの生息地である平野部の水田はほとんど網羅的に調査されており，47年間生息が確認されていないため，豊岡市から絶滅してしまった可能性が高い。一方，マダラシマは谷の最奥部の水田や貧栄養な池に生息し（森・北山, 2002），それらの環境は未調査の場所が多いため，現在でも生息している可能性がある。今後，本種の生息地が発見され，基本的な生活史の研究および保全活動が展開されることを期待したい。

V. ゲンゴロウ類の減少

4 コラム

(a) 航空写真

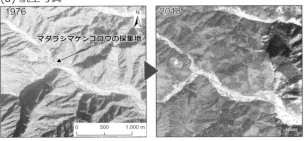

(b) 土地利用図（100 mメッシュ）

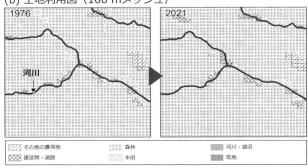

図3　マダラシマゲンゴロウの採集地における採集当時と現在の環境（渡辺・上田（2024）を改編）

〔引用文献〕

JCPA農薬工業会 (2023) 農薬に関する法律，指導要綱，社会的役割などについて．(2024/9/24閲覧)．URL: https://www.jcpa.or.jp/qa/a6_13.html．

森　正人 (2012) 兵庫県RDB改訂に関わる情報（甲虫）．きべりはむし，35: 21–30.

森　正人・北山昭 (2002) 改訂版　図説日本のゲンゴロウ．文一総合出版，東京．

生川展行・秋田勝巳・市橋　甫・今村隆一・久保田耕平・島地岩根 (1989) 平倉演習林の甲虫．ひらくら，33: 88–141.

西原省吾・苅部治紀・鷲谷いづみ (2006) 水田に生息するゲンゴロウ類の現状と保全．保全生態学研究，11: 143–157.

西村いつき・江崎保男 (2019) コウノトリ育む農法の確立―野生復帰を支える農業を目指して―．日本鳥学会誌，68: 217–231.

渡辺黎也・上田尚志 (2024) 兵庫県豊岡市におけるスジゲンゴロウ・マダラシマゲンゴロウの記録および生息環境の変遷．日本環境動物昆虫学会誌，35 (2): 23–29.

（渡辺黎也）

6 減少要因

ゲンゴロウもむかしはたくさんいた

1970年頃まで

　東京で国民学校の教師をしていた義父（故人）は，1944年空襲が激しくなった東京を離れ，児童を連れて山形県に疎開していた。その義父が，疎開先で空腹をうったえる児童らとナミゲンゴロウ *Cybister chinensis* を採集し調理して食べたと語っていた。東京育ちの義父がナミゲンゴロウが食用になることやその調理法を知っていたはずはなく，地元の人に聞いたのであろう。その頃山形県には多くのナミゲンゴロウが生息し，それを食べる食文化もあったと思われる。山形県だけではない。長野県の佐久地方にもナミゲンゴロウを食べる食文化があった。1970年頃のテレビのドキュメンタリー番組で，数十匹のナミゲンゴロウを鍋で調理しているシーンがあったのを覚えている。1970年頃までは，佐久ではナミゲンゴロウはごく普通の昆虫（食材）だったのであろう。

2000年頃まで

　1970年代初めまで使用されたパラチオンなどの農薬の影響を受け，ナミゲンゴロウの生息地や生息数は全国的に減少したが，1990年代までは西日本にもあちらこちらに生息地が残っていた。1997年，兵庫県丹波篠山市立村雲小学校の玄関に設置されたガラス水槽には，付近で採集されたナミゲンゴロウが展示されていた。同じ兵庫県内，播磨地方西部の山を削って播磨科学公園都市が造営され，1991年にたつの市側に長谷ダムがつくられた。ダム湖ができる前，ここにはため池がありナミゲンゴロウが生息していた。水族館に展示する個体もここで採集していたが，ダムの建設とともに姿を消した。1995年，兵庫県と隣接する鳥取県岩美町の里山のため池で，池の上に張り出した木の枝で，3匹のナミゲンゴロウが並んで日光浴をしていた。カメラを取り出してレンズを向けたら，ポトポトポトと池中に落ちた。当時この池には相当な数のナミゲンゴロウがいたに違いない。

　1990年頃から1990年代半ばにかけて，岡山県内の西から東までため池の調査を行った。1990年頃は美作市を中心に調査を行ったが，北部のため池でも中部のため池でもナミゲンゴロウが網に入った。1990年代半ばからは，岡山県西部の新見市から県境を越えて広島県東部を調査した。美作市と比べると，広島県庄原市や岡山県新見市ではナミゲンゴロウが生息するため池の数も生息数も多かった。

V. ゲンゴロウ類の減少

5 コラム

2000年以降

　2000年以降，西日本ではナミゲンゴロウの生息地が急速に減っていったが，長野県から新潟県，東北地方にかけては，まだ多くの生息地が残っていた。2003年の秋田県の調査では，大仙市のため池や棚田のひよせ（素掘りの溝）で，ナミゲンゴロウの成虫や幼虫が網に入った。大潟村の秋田県立大の無農薬水田脇の水たまり（図1）でナミゲンゴロウの終齢幼虫を確認したが，水田内にはたくさんいたに違いない。『オオクチバス駆除最前線』（杉山，2005）によると，秋田県で駆除したオオクチバス *Micropterus salmoides* の胃内からナミゲンゴロウが出てきている。その後の秋田県内の状況は不明だが，激減していないことを祈るばかりだ。

図1　秋田県立大無農薬水田，脇の水たまりにゲンゴロウ終齢幼虫が見られた

　2006年の新潟県の調査では，十日町市内の施設の敷地内の池で，オスのナミゲンゴロウがメスを追いかけている現場を岸から観察できた。メスは交尾する気がないようで，逃げ回った末に水底の枯葉の中に隠れた。近くのため池と休耕田で，ナミゲンゴロウ，クロゲンゴロウ *Cybister brevis* の成虫や幼虫も確認した。2011年にもこの付近に調査に行ったが，状況に変化はなく安心した。

　2012年の秋に，長野県佐久穂町に水田フナ養殖の調査に行った。稲刈

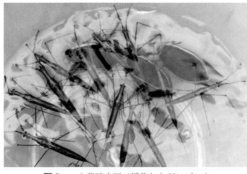

図2　フナ養殖水田で採集したゲンゴロウ

[6] 減少要因

コラム ⑤

り前に田の水を落とし，排水口に網を受けて成長した小ブナを収穫する作業を手伝った．排水口を開けると次々に小ブナが落ちてきた．この網の中に3匹のナミゲンゴロウと12匹のミズカマキリ *Ranatra chinensis* も落ちてきた（図2）．フナの収穫作業が終わったとき，田には数 cm の深さの水たまりがいくつも残っていたため，根気よく探せばゲンゴロウはもっといたに違いない．

マルコガタノゲンロウ，コガタノゲンゴロウ

1983年4月，美作市中部のため池でマルコガタノゲンゴロウ *Cybister lewisianus*（以下，マルコガタ）を採集した．峠から下る途中に多数のオオコオイムシ *Appasus major* が生息する小池があり，そこから流れ出た水が坂下の池に流れ込んでいた．まだ水が冷たくマルコガタの活性は弱かったようで，岸近くの茂みにかたまっていた．苦労もなく6匹ほどを採集できた．レッドリストがつくられる以前のことで，実を言うと，本種がそれほど貴重な種だと言うことを知らなかった．1985年にも行ったが，同じように採集できた．ところが1988年に行ってみると状況がまったく変わっていた．里山の雑木が切られ，観光りんご園がつくられていた．坂の途中の小池は埋められて駐車場に姿を変えていた．下の池を探ってみたがマルコガタは全く網に入らなかった．小池を埋めるときに多量の土砂が流入したのかも知れない．また，果樹には農薬が散布されただろうから，その影響もあったのかも知れない．その後数年続けて付近の池を調査したが，マルコガタの姿を再び見ることはなかった．中国地方でおそらく最後の生息地が消えた．

1990年代後半に鳥取県の調査をして，いくつかの池でコガタノゲンゴロウ *Cybister tripunctatus lateralis*（以下，コガタノ）を確認していたが，2000年秋に倉吉市でコガタノが高密度で生息する池を見つけた．コガタノが分布の再拡大を始める前，絶滅危惧Ⅰ類からⅡ類に変更になる前のことで

図3 マーキングしたコガタノゲンゴロウ

V. ゲンゴロウ類の減少

5　コラム

ある。継続して調査を行うことにした。2001年から2002年にかけて110匹のコガタノの前翅にルーターを使って背番号を書いた（図3）。この調査は数年続けるつもりで始めたのだが，2002年に鳥取県条例で本種が採集禁止になったので，調査の継続を自重した。2022年に本種は採集禁止種から外れたが，現在の生息状況はどうなっているのだろうか。

ナミゲンゴロウ，マルコガタノゲンゴロウ減少の要因は何か

　美作市のマルコガタが絶滅した原因はあきらかである。ため池を囲む里山の一部が伐採され，観光りんご園と駐車場が造成された結果，マルコガタが姿を消した。播磨科学公園都市敷地内にあった浅いゲンゴロウ池は，ダムの建造とともに消え，ナミゲンゴロウも姿を消した。中国自動車道は1983年に全線開通したが，高速道路沿いに工業団地やゴルフ場が里山を削って次々につくられた。ため池はなくなることはなかったが，コンクリート護岸化されたり，ゴルフ場内に取り込まれたりした。1990年に国から通達が出るまで，ゴルフ場は芝を虫の害から守るため強い農薬を使いつづけていた。数多くのゲンゴロウ池が姿を消したと思われる。

　鳥取県東部のゲンゴロウ生息地のナミゲンゴロウは，その後徐々に減少し，姿を消した。私が最初に調査に行った1990年代半ばに，付近の棚田では圃場整備事業が始まっていた。この地域におけるナミゲンゴロウの減少と圃場整備との間に，関連がないとは言えない。

　1993年，テレビの自然番組に協力して岐阜県郡上市の村間が池にゲンゴロウ関連の撮影に行った。人里離れた山奥の池で，池の周りの木々の枝には白いモリアオガエル *Zhangixalus arboreus* の卵塊が多数ついていた。岸辺にはコウホネ *Nuphar japonica* が群生しており，その茎には多数のナミゲンゴロウの卵が産みつけられていた。同じ池に2002年に調査に行ったが，ナミゲンゴロウの姿はなく，卵もなかった。9年前と比べて，周囲の環境に変化はなかった。この池はマニアによってかなり知られた池だったので，多くの採集者がやってきたに違いない。2017年に熊本県のタガメ *Kirkaldyia deyrolli* やナミゲンゴロウが生息する棚田に調査に行ったところ，採集禁止の看板が立てられていた。ここにも多くの人が調査や採集のためにやってくるに違いない。乱獲が減少の一因になっている可能性は大きい。

〔引用文献〕
杉山秀樹 (2005) オオクチバス駆除最前線：64-65．無明舎出版，秋田．

（市川憲平）

7 域内保全とは

ゲンゴロウ類の保全は，大きく生息域内保全と生息域外保全の2つに分けられる（図7-1）。この2つは補完的な関係にあり，絶滅の危険度が高いほど両方の取り組みが大切である。前者は，保全対象とする種や個体群をその本来の生息地で保全し，絶滅を回避する考え方である。保全対象とする種の個体数を減少させている要因を調査・特定し，その要因を取り除くか，その影響を小さくすることで，生息地を好適な状態に戻すことを目標とする。例えば，ゲンゴロウ類が生息する湿地の遷移が進んで，浅くなり，陸地化しそうであれば人為的に掘削工事をする必要があるだろうし，遷移を食い止めるために繁茂した水生植物を定期的に除去する場合もある。また，生息地に侵略的外来種が侵入しているのであれば，放っておくとゲンゴロウ類の多くは激減してしまうので，積極的にその外来種に対して捕獲圧をかけ，低密度にするか，可能であれば根絶するための手立てを講じる（たも網，トラップ，水抜きなどにより外来種を駆除する）。低密度または根絶が難しい場合は，外来種の影響を受けない場所に新たな生息地を造成することも一つの選択肢である。

次頁以降は国内の研究者が実践しているゲンゴロウ類の生息域内の保全事例を紹介する。生息域外の保全事例については，Ⅴ-11にて解説後に，それぞれの事例を紹介する。

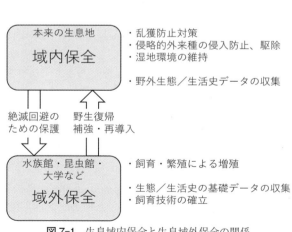

図7-1 生息域内保全と生息域外保全の関係

（大庭伸也）

V. ゲンゴロウ類の減少

8 域内保全の事例① 千葉（シャープゲンゴロウモドキ）

はじめに

シャープゲンゴロウモドキ *Dytiscus sharpi*（口絵①n）は体長3cmほどの大型のゲンゴロウ類であり，北方系で氷河期の遺存種である。ゲンゴロウモドキ属のうち，アジアでは南限に生息する。生息環境は河川の氾濫原，池沼，谷津田の湿田や休耕田，浅いため池などの湧水のある泥深い一時的止水域である。遺跡昆虫として知られ，かつては本州～九州に分布していた（太宰府市教育委員会，1993）。しかし，河川周辺の低地の氾濫原は河川開発，都市化などで戦前に消失し，中山間の里山に残存してきた。そこでも，ゴルフ場などの開発，圃場整備，農薬の使用，ペットとして種親としても利用されるための採集圧，侵略的外来種（アメリカザリガニ *Procambarus clarkii*，ウシガエル *Lithobates catesbeianus*，オオクチバス *Micropterus salmoides*），とくにニッチが重なるアメリカザリガニの侵入により，各地で激減した。その結果，環境省レッドリストで絶滅危惧ⅠA類，各都府県でも絶滅や絶滅危惧Ⅰ類に指定されている。2000年代以降には各地で保全活動が開始され，また，法規制として，2011年4月に種の保存法で本種は国内希少野生動植物種に指定され，捕獲，譲渡が禁止された。しかし，保護増殖事業・生息地等保護区へ生息地等保護区への指定は未実施である。一方，2023年にようやくアメリカザリガニが条件付特定外来生物に指定された。これらの保全策にもかかわらず，本種は国内最大の生息地であった石川県でも減少し，国内の生息地は10数地域となっており，絶滅のおそれがきわめて高い。さらに近年では，太陽光パネル建設，地球温暖化による植生遷移の進行・乾燥化も本種の減少を加速している。

本種は戦前の佐渡のトキ *Nipponia nippon* 幼鳥の胃内容からオスとメスの成虫が確認されるなど，一時的止水域のシンボル種である。新潟県佐渡市ですでに実施されており2026年には石川県能登地域でも実施予定のトキ放鳥に際して，生息環境の指標種として，その保全は重要である。

近年，各地で水生昆虫の保全が進められるようになったが，本稿では，20

[8] 域内保全の事例① 千葉（シャープゲンゴロウモドキ）

年以上にわたって進められてきた本種の千葉県における保全の取組みと，その課題，今後への展望について，域内保全を中心に述べる。本種の生態（西原，2019），各生息地の域内外保全（西原，2020）も参照していただきたい。

千葉県での保全の開始

　シャープゲンゴロウモドキ関東亜種は東京都，神奈川県では戦前に絶滅し，千葉県でも北総で絶滅し，残存した房総でも継続的・集中的な採集圧により激減し，2000年代には数カ所の生息地のみで，個体数もわずかとなった。その1つである中山間の生息地において，2003年2月に圃場整備計画が判明した。それに対し，当時の日本鞘翅学会から千葉県知事あてに要望書を提出し，副知事と面会し，本種の保全を求めた。その結果，計画は延期となり，付帯事業として隣接する放棄水田を再生し，代替生息地とするミティゲーションが図られた。あわせて，3月には有志で千葉シャープゲンゴロウモドキ保全研究会（以下，保全研究会）を立ち上げ，現地での保全活動を開始した（西原，2009）。

保全活動の実際

(1) 生息地（以下，保全地）の創出

　1970年代に耕作放棄された水田を重機で掘削し水域を再生した（図8-1）。

表8-1　保全に必要な生態学的知見と再生にあたっての具体的な対策と結果

生活史段階	生息に必要な条件	対策	現在
産卵（3〜5月）	産卵植物：セリ，ヘラオモダカ，ミクリ，カサスゲ	土壌シードバンクの活用 圃場整備のなされていない生息地脇の休耕田より土壌ごと移植	セリ，ヘラオモダカ，カンガレイ，ヒルムシロ，ミズオオバコ，トリゲモなどの様々な植生が繁茂
幼虫（4〜6月）	餌：ミズムシ，アカガエル幼生，サンショウウオ幼生	圃場整備のなされていない生息地脇の休耕田よりミズムシを土壌やリターごと移植。ミズムシの餌として周辺のリター導入。	ミズムシ増加 アカガエル卵塊増加 トウキョウサンショウウオ卵塊増加
	大型の魚類が生息しない一時的止水域	毎年秋〜冬の水域掘削による攪乱	
	アオミドロなどに覆われない比較的暗い環境，高水温に弱い。	比較的樹木に覆われた場所の掘削による水域の創出，板や木道による被陰。	
蛹（5〜6月）	土の岸辺	畦畔の補修 水域内で掘削した土を縞状に陸地化	上陸して蛹化
成虫（6月〜）	夏の避難場所となる水域 比較的暗い環境 高水温に弱い	夏でも水が溜れない深さ1m程の穴掘り 比較的樹木に覆われた場所の掘削による水域の創出，板や木道による被陰。	越夏し秋に活動

131

V. ゲンゴロウ類の減少

図 8-1 圃場整備の代替地としての生息地整備（2004 年 2 月）
越夏用の深い水域（2 m × 2 m ×深さ 1 m）を掘削し，掘削した土を用いて周辺に蛹化場所となる島状の陸地を配置した。

図 8-2 大水による畔の崩壊はカタストロフィックな変化となった（2006 年 2 月）

その際には穴の掘削，畔の設置，導水部，排水部の設置など，本種の生態的知見に則し，出来るだけ早期に有効と考えられる手法を用いた（表 8-1）。その結果を受け，2005 年冬に圃場整備が着工され，生息地整備が 2006 年夏まで行われた。整備にあわせ，多くの水生生物を移動させるとともに，セリなどの植生ごと土壌も移植した。一方で，工事に伴う大水によって保全地の畔が崩壊したため（図 8-2），県が補修を実施した。

(2) 保全地の維持管理

現地に倉庫を設置し，農機具などを置いた。保全研究会には機械に詳しい者や設備に詳しい者など多様な会員がおり，さまざまな作業が進んだ。三つ手鍬，スコップによる水域の耕起と開放水面の維持を年に数回（図 8-3），とくに翌春の繁殖前に植生の回復が間に合うような，気温の低下した秋に継続した。富栄養化により繁茂しすぎたカンガレイ *Schoenoplectiella triangulatus* やオオアカウキクサ類は選択的に除去した。保全用の穴では，たまった泥をくみ上げ，バケツリレーで外へ運び出した。イノシシ *Sus scrofa* や豪雨による畔の損壊に対する数百個の土嚢やブルーシートによる補修には労力がかかり，大きく崩壊した場合には，地元保全団体（以下，守る会）と協働でブルーシート，土

[8] 域内保全の事例① 千葉（シャープゲンゴロウモドキ）

図8-3　a：耕起前，b：耕起後。数人で1時間ほどの耕起による掘削で，10 m × 10 m 程度は再生可能である

嚢で排水部を固め，護岸として板を打ち込んだ。2022年には県が蛇篭を用いて川岸の畔を大規模に補修したが，蛇篭の一部が抜けており，今後の補修が検討されている。草刈りは主に守る会が年2～3回実施してきた。保全地の水量確保は最重要であり，導水部が詰まらないように水路の泥上げを毎月実施した。保全地に沿った道路脇では，U字溝を泥上げし，泥よけの板を設置した。2013年には，周囲の木の成長が進み一部が暗くなったため，水面に張り出した木の伐採と枝打ちを実施した。

（3）採集圧対策

初期には水域の外周にイネ *Oryza sativa* を植え，採集者の立ち入りを心理的に困難にさせた。また，看板，監視カメラ，侵入防止ネットの設置，警察によるパトロール，地元による監視を続けた。2011年の法規制以前には，採集者の侵入やトラップの設置が確認されており，結果的には，2009年～2010年に設置したイノシシ用の侵入防止柵による物理的な侵入防止が採集圧対策に効いた。ただし，その後も柵のメンテナンスは必須である。

（4）モニタリング

本種は春季の幼虫期，秋期の成虫期の調査でモニタリングを実施する。成虫のマーキング調査の結果，個体数の変動や移動，寿命が把握された（図8-4）。一部個体の数十～300 m の水域間の移動が確認され，中には3～4

V. ゲンゴロウ類の減少

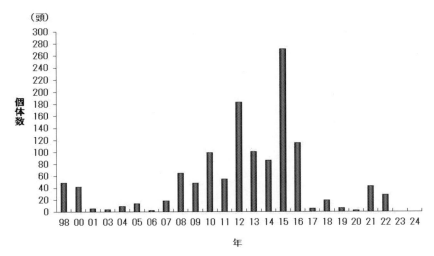

図 8-4 生息地 A における新規成虫個体数の年変化
1998 年から 2000 年までは（猪田ら, 2000），2001 年は猪田私信，2003 年以降は千葉シャープゲンゴロウモドキ保全研究会のデータ。2001 年以降の減少後に生息地の保全と再生を行い，復田した 2004 年以降に個体数は徐々に増加した。圃場整備後，大水の 2006 年には激減した。アメリカザリガニ排除，法整備，創出地の整備後に増加したが，2017 年以降に激減した。

km の移動が確認されたものもあった。寿命は多くが 1 年であり，一部個体が 2 年生存した。

(5) メタ個体群の維持

メタ個体群の観点から，最低でも数カ所の生息地の維持が，危機的状況の回避に欠かせない。そのため，保全地周辺の水域の掘削を年数回実施し，一時的止水域を好む本種が毎年利用出来るようにした。

(6) 環境教育

本種保全への地元による理解を得るため，2004 年から地元小学校で 6 月を主とする自然観察会，授業を開始した。小学生から家庭を通じ地域への理解が進み（西原, 2008），2009 年の守る会の立ち上がりにつながった。小学生

8 域内保全の事例① 千葉（シャープゲンゴロウモドキ）

からは県知事への本種保全を願う手紙が出され，地域では農家を継ぐ者や獣害を研究対象とする者も現れた。以後も，2012年の小学校の統廃合を経て，毎年1〜2回の観察会を継続しており，コロナ禍で一時的にオンラインとなったが，現在では現地で再開している。小学校のさまざまな取組は紹介・表彰され，地元の自然は文化とともに子どもたち，学校，地域の誇りとなっている。

（7）行政との協働

千葉県では，全国で初となる県版の「生物多様性ちば県戦略」を2008年に策定し，それにもとづく本種の回復計画を2010年に作成し，ヒメコマツ *Pinus parviflora*，ミヤコタナゴ *Tanakia tanago* とともに保全のモデル生物とした。県では自然保護課生物多様性センターが中心となって，保全を推進している。県との協議や地元との座談会が続けられた結果，県からの保全への予算づけがなされるようになった。地元を含む各主体から構成される「シャープゲンゴロウモドキ保全協議会」は2008年より年1〜3回継続されている。回復計画は2015年，2023年に改訂され，2019年には再導入計画が策定された。

（8）域外保全個体による補強，再導入

域内と域外の双方による保全は，近年の危機的状況の中で欠かせない。保全研究会では複数の生息地個体の域外保全を継続しており，鴨川シーワールドに譲渡し増殖を図った。域外保全でも必要な餌生物であるアカガエル幼生を増殖させるために，湛水化や掘削による水域の拡大を実施してきた。鴨川シーワールドでも，近隣で農家と協働で放棄水田を湛水化している。その他数カ所の施設で域外保全を実施し，補強，再導入に備えている。

■ その後の変化への順応的な対策

（1）アメリカザリガニの侵入と根絶

2005年に保全地に近接する休耕田でアメリカザリガニの侵入が確認されたため，水域の一部を深く掘削しアメリカザリガニを一網打尽にし，また，泥をビニールシートに上げて夏季の高温で殺した。圃場整備は大きな土地の改変となり，アメリカザリガニは根絶された。しかし，2008年10月に保全

V. ゲンゴロウ類の減少

地への侵入が初めて確認されたが，ほとんどが大型個体のため嫌がらせの密放流が疑われた．直ちにアナゴかご，塩ビ管，柴漬け，たも網の各手法を併用し駆除した．2011年6月を最後に確認されなくなり，根絶となった（苅部・西原，2011）．8枚の水田での根絶は世界的にも稀である．千葉県はストップザリガニという啓発ポスターを作成し，当該地域の小学校に配布した．以後も，アナゴかごを用いたモニタリングを毎年実施しているが，確認されていない．

(2) 重機を用いた効果的な掘削による自然再生

保全地の一部では手作業に加え，数年に1回は重機による掘削を実施した．一方，保全地から数百mの距離にある，守る会の所有する放棄水田を2009年秋に重機で掘削した．深さ1m，長さ10mの水域3カ所を創出し，掘削した土をその脇に盛った（図8-5）．その結果，翌春には大量のミズムシ *Asellus hilgendorfi* とともに本種幼虫も確認された．その後，最盛期には100頭ほどの新成虫が発生する程となり，夏季の渇水前に保全地へ移動させた．しかし，創出から7年ほどで本種は確認されなくなった．現在，水域の再掘削を実施している．

(3) 気候変動による大規模災害への対策

本種の生息地は中山間にあるため，豪雨による災害の影響は大きく，温暖

図8-5　a：2009年11月に守る会が中心となって行われた休耕田の掘削．
　　　　b：2010年4月には本種の繁殖が確認された

8 域内保全の事例① 千葉(シャープゲンゴロウモドキ)

図8-6 a:保全地の山側の崖が崩落し,土砂と木が道をふさいだ。
b:守る会による土砂排出(2013年11月)

化による集中豪雨被害は年々増加している。保全地脇の道路では,2013年の台風により崖が崩落し,守る会が重機を用いてトラック10台分ほどの土砂を除去した(図8-6)。2019年には豪雨による用水の詰まりのため,圃場整備後の水田のすべてが耕作できなくなった。そのため,圃場整備以前の元来の生息地周辺での湛水化,掘り上げの維持を守る会とともに実施し,本種の生息も確認された。

■ その他の生息地における保全

上述の保全地とその周辺を生息地A,それ以外の生息地をそれぞれB,Cとする。

(1) 県有地化

生息地Bは千葉県の土木事業における残土処理で埋め立てられるおそれがあったため,県が用地を購入し県立自然公園とした。生息地の一部が残土で埋め立てられ,その代わりに深さ1m,長さ20mほどの水域が掘削されたが,埋め立て部分からの流出と考えられる砂が流入し浅くなった。また,斜面の森林は伐採により湛水力が低下し,水域全体の水位は低下し,本種は2018年を最後に確認されなくなった。その後は水域の維持を続け,今後の域外保全個体を用いた再導入を検討中である。

V. ゲンゴロウ類の減少

(2) 再導入

　生息地 C では，環境の大きな変化はなかったが，1990 年代の採集圧による影響が大きく，本種は 2000 年代に確認されなくなった。その後，2013 年に生息地を整備し，餌生物，産卵植物を確認した。水域再生後も周囲からの個体の飛来がないことから，地域絶滅と判断された。その後，2019 年 2 月に県の再導入計画にもとづき生息地を再整備し，域外保全個体の遺伝的な問題が無かったため，保全協議会で再導入が了承された。2019 年春に保全研究会，鴨川シーワールドで域外保全された 240 頭の幼虫が計 4 回にわたって放逐され，以後，幼虫期，成虫期のモニタリングを続けている。その結果，卵，幼虫，成虫が確認されており，定着したと判断され，個体を補強せずに経過観察中である。本事例は，現地の個体を 20 年にわたって域外保全し再導入に至った，トキ，コウノトリ *Ciconia boyciana* を上回るものである。その後は，草刈り，耕起，排水部の土嚢による水位調節により，夏に水位を下げ，秋に水位を上げるという一時的止水域の維持管理を行っている（口絵⑧ c, d）。また，周辺部の放棄水田を地元とともに湛水化した。一方，周辺部の池に侵入したアメリカザリガニは，アナゴかごによる捕獲，水位を下げた管理で分布拡大を抑えている。

◼ 近年の課題

　2017 年以降に個体数が激減したが，温暖化，冬季の降水量減少により，メスの卵巣発育への影響や春季の植生が成長できず産卵不可能となり産卵数が減少したためと考えられた。緊急の対策として，保全協議会で若齢幼虫の捕獲による域外保全が決定し，開始されている。今後，生息地の再生・創出とあわせた，域外保全個体の短期間の飼育による補強，再導入が必要である。
　2023 年以降の地球沸騰化は北方系の本種に致命的な影響を及ぼしており，現在では，湧水のある暗く温度上昇しない水域でしか本種は生存出来ない。そのため，過去に生息していた可能性のある，より標高の高い潜在的生息地の再生・創出による，高温への対策が必要である。東京大学とともに 2005 年に試験的に掘削していた場所において，2024 年より重機を用いた掘削を再開した。

[8] 域内保全の事例① 千葉（シャープゲンゴロウモドキ）

■ 今後に向けて

　現在では，航空写真からかつての水田跡を探索できるようになっており，地元での聞き込み，ドローンを用いた調査の上，新規生息地を踏査している。そのうち，条件のよい場所では試験的掘削を開始している。今後，域外保全個体による補強，試験的再導入の必要性が高まっている。これらは，設立後20年を経過した保全研究会の中でも，新たな若い会員が中心となって進めており，今後に向けての力となっている。

〔引用文献〕

太宰府市教育委員会 (1993) 太宰府市の文化財 20：太宰府・佐野地区遺跡群. 109–110, 115　太宰府市，福岡県

猪田利夫・都築裕一・谷脇晃徳 (2000) 千葉県産シャープゲンゴロウモドキの除去法による個体数推定. 月刊むし, (347): 2–4.

苅部治紀・西原昇吾 (2011) アメリカザリガニによる生態系への影響とその駆除手法. エビ・カニ・ザリガニ：淡水甲殻類の保全と生物学. 生物研究社，神奈川. 315–327.

西原昇吾 (2008) 守ってのこそう！　いのちつながる日本の自然 1　よみがえれゲンゴロウの里. 童心社，東京.

西原昇吾 (2009) シャープゲンゴロウモドキの生息現状と保全. 昆虫と自然, 44(1): 25–29.

西原昇吾 (2019) シャープゲンゴロウモドキの生息現状と生息域外保全. 昆虫と自然, 54 (2): 17–20.

西原昇吾 (2020) シャープゲンゴロウモドキの生息地再生による継続的な保全. 昆虫と自然 2020 年 9 月増刊号　特集　ビオトープによる昆虫の保全：13–17.

（西原昇吾）

V. ゲンゴロウ類の減少

9 域内保全の事例② 兵庫県におけるナミゲンゴロウの保全事例

　関西地方のゲンゴロウ（ナミゲンゴロウ）*Cybister chinensis* の生息地はそのほとんどが消滅の危機に瀕している（滋賀県では絶滅，奈良県では絶滅危惧Ⅱ類，それ以外の府県では絶滅危惧Ⅰ類）。兵庫県では絶滅寸前種（Aランク）に位置づけられているが，2010年の夏に県内のとある場所のY池にてクロゲンゴロウ *Cybister brevis* の3齢幼虫くらいの大きさのゲンゴロウ属 *Cybister* の幼虫を採集した。この地域では15年以上タガメ *Kirkaldyia deyrolli* の調査をする中でナミゲンゴロウの記録はなかったため，最初はクロゲンゴロウかと思ったが，頭部形態の違和感から，クロゲンゴロウではないのではないか？　という直感が働いた。気になったので持ち帰って飼育していたところ，なんと，もう一度脱皮をして更に大きな幼虫となった。クロゲンゴロウ3齢であれば，次のステージとして上陸して蛹になるはずなので，脱皮をしてそれ以上に大きくなるゲンゴロウ属幼虫は本州ではナミゲンゴロウ以外にない。ナミゲンゴロウの生息を確信した瞬間であった。ここはおそらく関西地方では最後のタガメとナミゲンゴロウの2大水生昆虫が生息する場所であろう（市川・大庭，2015）。それから，その場所での調査を始めたのだが，愛好家には知られていた場所だったようで，時々採集者が来ている形跡（ため池の植生がタモ網でなぎ倒されているなど）も見られた。個体数が少ない状況で採集圧がかかると絶滅する恐れがある。そこで，2012年よりこの場所でのナミゲンゴロウやクロゲンゴロウ，タガメの保全をしながら，野外調査を開始した。例会として3～11月に月1回の調査，草刈りなどの保全地の維持活動を現在も行っている。ここではこれまでの活動から得られた失敗や成功（と思われる）点について紹介したい。

◼ 保全地を造る

　まずは地主への聞き取りを行うと希少な水生昆虫の存在を認識したことはなく，また採集の許可を得て来ている人間はこれまでにいないということであった。そこで，採集圧と動物よけのため，保全地にする場所の全面を金属

9 域内保全の事例② 兵庫県におけるナミゲンゴロウの保全事例

メッシュの柵で囲うことと，池や湿地を造成した。完成したばかりの保全地は草木も生えない湿地だったが，徐々にさまざまな水生昆虫や植物が確認されるようになり，ナミゲンゴロウの繁殖も確認できるようになった。表 9-1 にそれぞれの年に標識をつけた個体数を示す。湿地造成の効果もあり，2016 年にかけて徐々に増えていることがわかる。しかし，2017 年からは終わりなき戦いが続いている。

表 9-1 保全地で年ごとに新規標識されたゲンゴロウ類とタガメの個体数

	2012	2013	2014	2015	2016	2017	2018	2019	2020	2021	2022	2023	2024
ナミ	54	50	40	51	67	48	22	13	8	6	1	1	11
クロ	標識せず	271	227	200	181	159	87	78	169	156	130	168	256
タガメ	30	43	54	51	96	70	47	19	37	38	26	20	30

ナミ：ゲンゴロウ，クロ：クロゲンゴロウ。

■ まさかのアメリカザリガニ侵入

この保全地から 1 km 圏内にアメリカザリガニ *Procambarus clarkii*（以下，ザリガニ）が高密度で生息する湿地群がある。この湿地のザリガニが保全地に入っては大変なことになると思っていたが，そのまさかが起こってしまった。ザリガニ侵入による水生昆虫への影響は甚大なものである（Watanabe & Ohba, 2022）。2015 年 3 月，5 cm ほどのザリガニが保全地の一角の池で 7 匹見つかったのだ。何かの間違いであろうと思いつつ，網を入れるもののそれ以外には捕獲されなかった。それから毎月ザリガニの捕獲を試みた。2015 年は季節の進行とともに徐々にザリガニの捕獲個体数が増えていき，夏以降は繁殖した個体がいたようで，小型のザリガニが頻繁に取れるようになった。タモ網，トラップ設置で対応してもなかなか減らせないということで，2016 年 3 月に池の縁を重機で切り，水抜きをして水域面積を小さくした。これにより，格段にザリガニの捕獲効率は上がったものの，根絶には至らない。そこで，ポンプで残りの水を吸い出し，可能な限り在来種を救出した後に，残留性が少ない次亜塩素酸ナトリウムを散布した（大庭ら, 2022）。この方法ではザリガニの個体数は減らせるものの，時間が経てば小型のザリガニが増え，さらに時間が立つと再び元の数に戻ってしまうのであった。そうこうしているうちに，あろうことか，2017 年 12 月に保全地の中心に位置する湿地で小

V. ゲンゴロウ類の減少

さなザリガニが複数見つかってしまった。この事実には心底落胆した。これ以上，他の水域に拡がらないように 2018 年のうちにザリガニ侵入湿地の周囲を波板で囲った(図 9-1a)。しかし，その努力も虚しく，2018 年の秋にはその湿地の下流側の湿地にもザリガニが分散してしまった。梅雨末期の大雨で増水した際に波板の上を水が流れたようであった。更に 2019 年には上流の湿地にもザリガニが侵入した。波板の下にはザリガニやモグラが開けたような穴(図 9-1b)がいくつもあり，波板の下を掘りくぐって拡散してしまうようである。侵入した先には，トラップを常時仕掛けて毎月の活動の際に引き上げてザリガニと混獲される在来種の回収を行うことに加え，更にザリガ

図 9-1 保全地での活動
ザリガニ除けのための波板設置 (a)，波板の下に見られたザリガニの巣穴 (b)，ザリガニ侵入湿地の水抜き工事 (c, d)。

9 域内保全の事例② 兵庫県におけるナミゲンゴロウの保全事例

ニが侵入した湿地6筆を囲うように波板の範囲を拡張した。

2020年春，ザリガニが侵入した湿地より上流側にあるザリガニ未侵入の湿地の遷移が進んで水面が見えなくなっていたので，3筆の湿地を広げる工事を行った（口絵⑧a, b）。すると，その年からクロゲンゴロウやタガメは増加に転じた。しかし，ナミゲンゴロウはなかなか増えてくれないことが気がかりだった（図9-2）。また，せっかく新たに造成した最下段の湿地にもザリガニが侵入してしまい，上の湿地へと拡がる最悪の事態を想像した。波板で囲っても万全ではないし，守りたい水生昆虫が安定して増える湿地が年々減っている。防戦一方で明るい兆しがなかった。水生昆虫のためにも湿地は必要だが，同時にザリガニが一旦侵入すると，爆発的に増えてしまう。水を溜めるとそこがザリガニの供給源になってしまうのだ。そこでこれ以上，ザリガニが繁殖できないようにすることと，毎回の駆除作業の負担軽減を目指し，2021年秋にザリガニが入ってしまった湿地6カ所と排水路を重機で掘り下げて，水が溜まらないようにした（図9-1c, d）。この工事により，2023年以降は捕獲されるザリガニは激減し（図9-2），駆除作業の負担も少なくなった。

ナミゲンゴロウが減っている

2016年秋をピークにナミゲンゴロウの個体数は減り続けた（図9-2）。浮きを入れずに設置したザリガニ捕獲用トラップ（アナゴ胴）に混獲されて中で窒息死する事故もあった。2021年，2022年には成虫がほとんど採れなくなったことに加え，幼虫の姿を確認できず，保全地内では繁殖していないようであった。そこで，2021年に域外保全による系統保存に着手した。2021年に捕獲できたメス2個体を長崎大学に持ち帰り，野外の個体数を減らさないために域外保全で増やした2個体の未交尾メスを現地にリリースした。持ち帰った2個体は野外採集なので交尾済みであることを期待したが，この年は産卵しなかった。そして，2022年春にまたしても捕獲できたメス1個体を持ち帰ったが，この個体も産卵しなかった。保全地の密度が下がり，雌雄が出会いにくくなったのだろう。探せど探せどオスも見つからず，そして最も新成虫の個体数が増えると期待される2022年9月と10月の調査でも新成虫は確認されなくなった。保全グループのメンバーから『この地を保全す

V. ゲンゴロウ類の減少

る意味がなくなる』という声が聞かれるほどであった。2022年10月の例会後の暗い話し合いのあと，落胆して帰途についたが，保全地より下流にあるY池が目についた。ここは最初にナミゲンゴロウ幼虫を確認した池である。池に近づき植生があるところを，何気なくタモ網ですくったところ，なんとナミゲンゴロウのオスが採れた！　この時ほどナミゲンゴロウを採って感動したことは（今のところ）ない。しかも，新成虫のようにきれいな個体である。この個体を域外保全中のメスと同居させれば，きっと幼虫が出てくるはずだ！　2023年春まで慎重に慎重に飼育し，繁殖期が訪れるのを待った。野生復帰を目的とするための域外保全であることから，野外に近い環境で飼

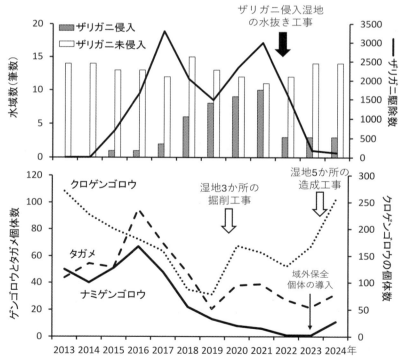

図9-2　保全地でのザリガニ駆除数と侵入水域の変動（上）および新規標識したゲンゴロウ類とタガメの個体数（下）

9 域内保全の事例② 兵庫県におけるナミゲンゴロウの保全事例

育するため，半野外条件にて広めの衣装ケースで飼育を開始した．そして，2023年5月に1匹の幼虫が無事に孵化しているのを確認し，心底感動したのであった．その後，孵化幼虫の個体数も徐々に増えて行った．野生復帰を目指すことから，ある程度野生下でも生きていける強い個体を残さなくてはならないと考えた．『丁寧すぎず，粗放的でもない屋外環境下での幼虫飼育』を念頭に置き，1齢幼虫には等脚目ミズムシ *Asellus hilgendorfi* や大学構内で発生させたボウフラ（大庭ら，2023）を与え，2齢幼虫以降は冷凍コオロギを中心に与えて飼育した．その結果，2023年8～9月に合計54匹（26オス，28メス）の新成虫を保全地内のS池へ，幼虫3個体をその下の浅い湿地へとリリースすることができた．『うまく定着してくれ』そう願わずにはいられなかった．

■ ナミゲンゴロウが増えてきた？

　2024年春から前年度の域外保全で増やした個体が毎月の調査で確認され，幼虫も出現するようになった．そして秋には新成虫も11個体が新規に標識できた（図9-2）．さらに，これまでの保全地と同じ谷筋で，直線距離で500mほど離れ，ザリガニが侵入しないような場所にY池と休耕田がある．この休耕田を活用して2023年冬に新規に湿地5カ所を造成した（図9-2）．保全地からY池への標識個体の移動は何度も確認していたので，ナミゲンゴロウが自力で移動できる範囲である．その池の上流に造成した新湿地での2024年のナミゲンゴロウの繁殖は確認されなかったものの，2023年夏に保全地のS池にリリースした域外保全由来の2個体の成虫が確認されたのである．リリースした保全地のS池から，自力でここまで飛んできたようで，飛翔能力も備えた個体を野外導入できたことに少し安堵した．そして，2024年11月の調査では新成虫の1オスと1メスが見つかり，この湿地にやってきてくれたようである．2025年以降，この新しい保全地で安定して繁殖できることを期待したい．

■ 今後の野望

　これまではここで紹介した保全地とその近隣の新規保全地での保全を続け

V. ゲンゴロウ類の減少

てきた。しかし，この場所には立入禁止の看板があるのにもかかわらず，採集者が池の中に入ったり，近傍でライトトラップをしたりする姿が地元の方に度々目撃されており，予断を許さぬ状況である。またザリガニの侵入の恐れもあり，別の場所で新規に保全できる場所を確保すべきであろう。そこで90年代まで生息が確認されていた近隣の谷を次の保全地候補として，準備を進めている。具体的には2022年11月にコイ Cyprinus carpio が生息していた池の水を抜き，コイを根絶した。その結果，池の水生植物や水生昆虫の多様性や個体数が徐々に増えてきた。この場所であれば，ため池と水田がモザイク状に配置され，ナミゲンゴロウの生息地として適切であると睨んでいる。この場所でナミゲンゴロウの野生復帰・定着が筆者らの次なる野望である。

謝辞

本活動には著者ら以外にもたくさんの方々，自治会の方々にお力添えをいただいた。特に徳田幸夫さん，中村哲也さん，中村浩也さん，関口祐司さんほかの林田にタガメの里をつくる会のみなさんにご協力いただいた。ここに記して謝意を述べたい。また，第26, 27, 30期プロ・ナトゥーラ・ファンド助成，環境省生物多様性保全推進支援事業（令和2年度，令和5年度）により，活動や研究にかかわる支援を頂いた。

〔引用文献〕

市川憲平・大庭伸也 (2015) 兵庫県西部におけるタガメとゲンゴロウが繁殖する池と水田の水生昆虫相．日本環境動物昆虫学会誌，26: 89–93.

大庭伸也・大浦ひなた・林田 玲・平石直樹 (2023) 長崎大学教育学部生物学教室で行われているコオイムシ類の飼育法．長崎大学教育学部紀要，9: 21–36.

大庭伸也・渡辺黎也・福岡太一・久保 星・田邑 龍・吉岡裕生・依田剛明・市川憲平 (2022) 希少水生昆虫類が生息する湿地の保全維持活動とアメリカザリガニの駆除．自然保護助成基金成果報告書，27: 93–100.

Watanabe R, Ohba S (2022) Comparison of the community composition of aquatic insects between wetlands with and without the presence of *Procambarus clarkii*: a case study from Japanese wetlands. *Biological Invasions*, 24: 1033–1047.

（大庭伸也・渡辺黎也・久保 星・福岡太一・市川憲平）

10 域内保全の事例③ 南西諸島

◼ はじめに

　国内のゲンゴロウ類の多くは危機的状況にある（NPO法人野生生物調査協会・NPO法人Envision環境保全事務所, 2023）。その減少要因は多様であるが，1960年代から使用が本格化した強力な殺虫剤（パラチオンなどの有機リン系農薬）による打撃が嚆矢となった。これは，化学物質による初めての大規模な生態系破壊であり，戦前はごく普通に見られたという代表的な大型水生昆虫であるタガメ *Kirkaldyia deyrolli*，ナミゲンゴロウ *Cybister chinensis* などが全国から姿を消す事態となった。この時の打撃はすさまじく，とくに影響が大きかった低地部ではその後の個体群の回復は見られないまま経過している。これらの薬剤は，人間にも大きな健康被害を与えたことで強毒性の薬剤の規制が進み，農薬による環境影響は軽減されたが，この危機を生き延びた個体群もその後もさまざまなダメージを受けてきた。大規模な開発や農地改変の進行に伴う池沼の埋め立てや護岸，水田の乾田化，水生外来種の捕食圧の影響は深刻で，オオクチバス *Micropterus salmoides*，ブルーギル *Lepomis macrochirus* などの外来魚，アメリカザリガニ *Procambarus clarkii* などが代表となる。とくにアメリカザリガニは，雑食で，水深の浅い湿地まで広域に侵入するため，影響を受けたゲンゴロウ類も多岐にわたる。アメリカザリガニの国内導入さえなければ，現在の日本の水域ははるかに多くの生物が生残していたものと考えられる（苅部・西原, 2011）。

　近年水生昆虫に大きな影響を与え問題になっているのが，1990年代半ばから普及したネオニコチノイド系農薬の影響である。過去のものとなったはずの農薬禍を再度経験するとは思ってもみなかったが，その影響は非常に深刻で，とくにトンボ類での研究が進展している。筆者らの研究でも，本薬剤は北海道から沖縄まで農地周辺では基本どこでも検出される状況にある。ネオニコチノイド系農薬は土壌に吸着され長期間維持される特性と，水溶性であるため地下水に溶出することが影響を加速する要因である。なお，本農薬は水田でのアカトンボ類の激減要因として有名になったが，その使用範囲は

V. ゲンゴロウ類の減少

水稲に限らず，多くの畑地，例えば南西諸島のサトウキビ畑でも大量に使用されている（苅部ら，2023）。

このような各種要因で劣化が急速に進行した結果，内地ではシャープゲンゴロウモドキ *Dytiscus sharpi* やスジゲンゴロウ *Hydaticus bipunctatus*，コガタノゲンゴロウ *Cybister tripunctatus lateralis*，シャープツブゲンゴロウ *Laccophilus sharpi* など低地に生息地の主体があったものが多大な影響を受け激減した。シャープゲンゴロウモドキ以外の種は，本州中部以南に広域に分布したが，九州中部以北のほとんどの産地から絶滅し，とくにスジゲンゴロウは1970年代には国内から絶滅したものとされる（中島ら，2020）。こうした中，南西諸島は比較的近年の1990年代までは，健全な状態が継続しており，国内ではゲンゴロウ類の先行きの心配が少ない地域と考えられていた。

急速に進行する劣化

南西諸島での地域絶滅が目立つようになってきたのは，2000年代後半くらいからと考えられる。それまでは，本州ではほぼ絶滅したコガタノゲンゴロウはごく普通に見られ，ヒメフチトリゲンゴロウ *Cybister rugosus*，トビイロゲンゴロウ *C. sugillatus*，オキナワスジゲンゴロウ *Hydaticus vittatus* などの中大型種も各地の池沼や水田に普通に見られた。とくに水田に生息する種は多産しており，状況の良い水田や休耕田では一網で数えきれないような個体数のゲンゴロウが見られた。

状況が一変したのは，2010年代に入った頃からで，各地で普通に見られた種が激減をはじめ，あっと言う間に姿を消していき，上記のようなゲンゴロウ類の多産は現在では「昔話」になってしまった。南西諸島でもとくに減少が目立つのは，大型種とケシゲンゴロウ属 *Hyphydrus*，ツブゲンゴロウ属 *Laccophilus* などで，過去の記録地を調査すると「島絶滅」状態が進行している種が多くある。

筆者は，国内各地で絶滅危惧種保全のために，生息水域の創出・再生や外来種駆除などの環境管理を継続し，保全対象種のモニタリングで成果を評価しながら実践してきている。南西諸島においても複数個所で同様の活動を継続してきたが，このような管理下にある一部の池では保全対象種の維持を継

続してきたが，取り組みの中で南西諸島ならではの課題があることがわかってきた。

南西諸島ならではの課題

まず，南西諸島の位置が亜熱帯気候にあるため，内地の保全地と異なり冬季が存在しない。そのため繁茂スピードや成長量が桁違いである。これは次に述べる外来植物だけではなく，在来種も同様である。例えば，池の埋土種子から発芽したイヌクログワイ Eleocharis dulcis は，当初大切に見守っていたが，あっと言う間に池面全体に拡大して水域を閉塞してしまい，今では定期的な間引きが必須となっている。内地と同頻度の管理では維持できない難しさがある。

外来植物管理では，内地でも問題になるホテイアオイ Eichhornia crassipes は通常浮葉状態で水面を被覆することで水中の暗黒化，腐植質の急速な供給による底泥のヘドロ化などの水質悪化をもたらす。ところが南西諸島では湿地にも生育し，着底したホテイアオイは同種と思えないほど巨大化し葉長は1 mを超え，駆除作業も物量が比較にならない。

なお，南西諸島では水辺ビオトープが造成された実績がほとんどないため，これまで侵略性が認識されていなかった外来種が問題になることが多くある。既存の知見がないため現地の状況を見ながら，リスクのありそうな種を監視，必要に応じて管理することになる。現在筆者らが直面している外来種としてはパラグラス Urochloa mutica があり，見た目はツルヨシ Phragmites japonica のように見えるイネ科の草本だが，その侵略性は極めて高く，他種を駆逐しながら拡大して純群落を形成する。もともと牧草利用のために導入された種であり，刈り取り管理をしても速やかに再生し，草刈り時の断片からも節部分から発根して再生する非常に厄介な種である。湿地を好んで繁茂するが，岸辺植生としてだけではなく浮遊する茎で解放水面にまで進出し浮葉状態となり，被覆によって他の植物を枯らしていくことも明らかになった。この種は，種子が微少で服や道具に付着して移入されやすいところも厄介な性質である。このような既知の知見外の新たな生態系被害を内在している侵略的外来種は他にも存在する可能性がある。

V. ゲンゴロウ類の減少

　水生外来動物では，内地と異なる種が生息し，とくに侵略性の高い外来魚は問題が大きい。これらは，グッピー *Poecilia reticulata* やソードテール *Xiphophorus hellerii* のような飼育熱帯魚起源のもの，ティラピア類 *Oreochromis* spp. のような食用魚として導入されたもの，マラリア対策で導入されたカダヤシ *Gambusia affinis* など導入目的が多岐にわたり，各地に放流，再生産している。一方，これらの種の環境影響は知見が少なく，環境影響に応じて駆除管理をすることになる。筆者らの調査では，上記の種の中では，ティラピアやソードテールが多産する池では，中大型のゲンゴロウはほとんど生息せず，その捕食影響は大きいものと考えられる。また，カダヤシは小型水生甲虫やコマツモムシ類 *Anisops* spp. の生息に大きな影響を与えることもわかってきた

　また，2023 年に条件付き特定外来生物に指定されたアメリカザリガニも，筆者らの調査では，奄美大島，徳之島，与論島，沖永良部島，沖縄本島，石垣島など琉球列島の多くの島々に定着している。沖縄本島では南部市街地の公園だけでなく，ヤンバル地区の複数のダムにも既に定着しており，今後の拡散が危惧される状況にある。

　さらに，近年の気候変動の中で，干ばつや異常出水が頻発するようになってきているが，南西諸島も例外ではなく注意が必要である。2014 年には八重山で記録的少雨が観測され，多くの地域で給水制限が実施された。この時には，それまでヒメフチトリゲンゴロウなどが安定生息していた生息地が長期間干上がり，この池から絶滅した。その後，水位は回復したが，未だに復活せず，おそらくこの島内から絶滅したものと考えられる（図 10-1）。

図 10-1　2014 年の干ばつで完全に干上がった池

10 域内保全の事例③ 南西諸島

■ 新たな手法としての「保全池造成」

　長年南西諸島での生息池管理をしてみて痛切に感じるのが，「農地周辺に位置する池沼の環境再生は問題解決が困難で，中長期の維持管理は困難である」ということである。過去には水田やそれをとりまく水辺環境がゲンゴロウ類の生息に好適な環境を創出し，維持されてきた経緯があるが，現在の農地周辺では常に散布される宿命にある農薬汚染から逃れることは困難である。農薬が過去の直接流入のリスクから地下水汚染もあるネオニコチノイド系農薬に変わったことで，さらに広範なエリアが汚染源となっている。また，里地では水生の外来生物が近隣の水域に生息しており，そこからの侵入や放流のリスクを常に抱えている。

　このような課題を解決するために，それまでの「既存の池や湿地を管理したり再生したりする」ことから発想を変えて，「できるだけ環境リスクが少ない地点を選択し，新たな池を造成してはどうか？」というアイディアに至った。

　まずは，そのような造成が可能な場所を選定していった。ある程度の規模の池を想定していたので，下記の条件を満たす場所を探すことになる。1)地権者に許可を得て掘削を行える，2)湧水が豊富で雨水に頼らずにすむ，3)農地が周辺になく農薬汚染のリスクがない，4)外来種が極力少ない。これらの条件を満たす場所を地域の方の協力を得て探索し，理想的な場所に出会うことができた。

　筆者はこれまで各地で池や湿地の掘削を継続してきたが，これらは人力によるもので，大きさも深さも大規模なものは造成が不可能だった。今回は規模感から人力の掘削ではなく，重機（ミニユンボ）による掘削を模索した。上記の条件を満たす場所として，休耕して長年月が経過した水田跡があり，湿地状態が維持されているため，重機による作業が可能か危惧されたが，地域に湿地の作業に慣れた方がおられたことで実現できた。

■ 造成の実際

　造成は，重機オペレータとの事前打ち合わせでイメージを伝え，施工時は現場で細かく指示をする形で進めた。池の概形を造成したあと，できる

V. ゲンゴロウ類の減少

図 10-2　重機による湿地掘削

図 10-3　一年後の保全池
植生は急速に繁茂。池周辺のイネ科草本がパラグラスで白く見えるのが刈り取った草

だけ複雑な形状を目指し、部分的な深み（干ばつ時の避難場所）、浅いかけあがりなど、細かい地形の多様性を確保するように掘削を進めた。人力で掘削した場合だと数時間かかるような作業が、重機だと2かきくらいの作業（数分）で終わってしまうのは衝撃を受けた。今回は二カ所で掘削を実施し、15 m × 20 m 程度の大きさを確保した。掘削は2020年3月に竣工し、まもなく4年を迎える（図10-2, 10-3）。

成果

掘削後からの水生昆虫相の推移をモニタリングしてきた。ここでは、中大型種（オキナワスジゲンゴロウ（以下オキ）、トビイロゲンゴロウ（トビ）、コガタノゲンゴロウ（コガタ）、ヒメフチトリゲンゴロウ（ヒメフチ）、コガタガムシ *Hydrophilus bilineatus cashimirensis*（コガガム）の個体数の推移を紹介する（表10-1）。掘削1カ月後は、オキ1個体、トビ4個体から始まったが、8カ月後には、オキ47、トビ93、コガタ15、ヒメフチ15、コ

10 域内保全の事例③ 南西諸島

ガガム 38 と急増し，以降も多少の増減はあるものの，多産状態を保っている（図 10-4）。農薬，外来種から逃れることで，理想的な水域を創出できることを実証できたと言えよう。

表 10-1　保全池の中大型ゲンゴロウの個体数推移

	2021/4/23	2021/12/7	2022/12/10
オキナワスジゲンゴロウ	1	47	93
トビイロゲンゴロウ	4	93	64
コガタノゲンゴロウ		15	10
ヒメフチトリゲンゴロウ		2	1
コガタガムシ		38	68
総計	5	195	236

図 10-4　モニタリング時の中大型ゲンゴロウ類
昔を彷彿させる多産状況

V. ゲンゴロウ類の減少

■ 管理作業

　造成した池は，順調に成長したといえるが，前出のように植生管理が想定をはるかに超える作業頻度が必要になった。造成一年後までは除草はほとんど必要なかったが，二年目からさまざまな植物の過剰繁茂が目立つようになり，数カ月に一度は除草管理が必要になった。とくにパラグラスが侵入してから，管理頻度はさらに上がっている。パラグラスについては駆除法も確立していなため試行錯誤中である。当初は刈り取り後放置していたが，すぐに再生繁茂することがわかり，現在では刈り取った草を集草処理し，できるだけ根茎を掘削してダメージを与えることで抑制が進みつつある。また場所によっては遮光シートを利用しての抑制も始めた。

　また，南西諸島では毎年激しい降雨があり（台風時や前線停滞時に数日で600 mmの降雨が記録されることもある）この影響は大きく，堤体の維持のために排水菅を設置した。土砂の流入も急速で，内地のビオトープでは想定されないほどの流入が生じるため，排水ポンプを利用した泥排除にも着手した。

■ まとめ

　現在南西諸島では，この池のように高密度で多数のゲンゴロウが生息する水域はほとんど消滅してしまった。今回の成果から事前に好適な立地を選択肢して，ある程度の規模の池を造成することは個体群保全に極めて有効と言える。ただし造成池は，こまめなメンテナンスが必須であり，いろいろな環境変化を捉えて，適切な処置を行わないと劣化が急速に進行してしまうことは注意が必要である。

　また，残念ながら保全池として立ち入り不可の警告をしているにも関わらず，池での密漁も複数回あった。水生昆虫を後世に伝えるために造成した池で，懸命な管理作業でなんとか維持しているところを心無い人によって大量捕獲がなされるのは，きわめて残念である。

　南西諸島においても，良好な産地はほとんど破壊されてしまったなか，こうした保全池が果たしている重要な役割を認識していただきたいし，保全池以外でも現在は多くの種が産地が局限され，昔のように採集を思うままにやってよい状況ではなくなっていることは理解すべきである。保護種につい

ての法の順守は当然のことだが，ゲンゴロウ類は，局限された水域という環境に生息する昆虫であることを念頭に，彼らとの今後の付き合い方を考えていただきたい．

謝辞
　本稿を終えるにあたり，多くの方のご協力をいただいた，とくに南西諸島の現場作業にご参加いただいた下記の方々に大変お世話になった．深謝する（敬称略，あいうえお順）．加賀玲子，北野　忠，金城嵐太，古見用介，佐野真吾，城野裕介，新城　任，相馬健晟，高相徳志郎，瀧澤　陸，竹中康進，冨坂峰人，富永　篤，仲吉将一，林　正美，前泊　集，福地壮太．

〔引用文献〕
苅部治紀・亀田　豊・加賀玲子・藤田恵美子 (2023) 国内の絶滅危惧トンボ類生息地におけるネオニコチノイド系農薬汚染の実態．*TOMBO*, 66: 13–24.
苅部治紀・西原昇吾 (2011) アメリカザリガニによる生態系への影響とその駆除手法．エビ・カニ・ザリガニ　淡水甲殻類の保全と生物学: pp. 315–328, 生物研究社，東京．
中島　淳・林　成多・石田和男・北野　忠・吉富博之 (2020) ネイチャーガイド日本の水生昆虫，361 pp., 文一総合出版．
NPO法人野生生物調査協会・NPO法人Envision環境保全事務所 (2023) 日本のレッドデータ検索システム．（2023/1/17閲覧）．URL: jpnrdb.com.

（苅部治紀）

V. ゲンゴロウ類の減少

⑥ コラム

ゲンゴロウ類を保全する米作り

　大学と地域が協働して，絶滅危惧種であるゲンゴロウ類の保全に取り組む米作りを紹介する。

　2015年度から，京都府京丹後市大宮町三重・森本地域において，地域農業の活性化を目的に，龍谷大学と地域団体「三重・森本里力再生協議会」が協働事業を開始した。この地域では，コウノトリも飛来する圃場整備済みの水田で農業法人や生産組合が特別栽培米や飼料米などを生産している。大学生約20名は，実習系授業やゼミ活動の一環として年間4回程度この地域を訪れ，田植え，生き物調査，稲刈り，地域住民との話し合いなどに参加している（口絵⑧f）。

　活動初年度の2015年には，地域資源探しと称して特別栽培の水田において広範囲にわたり水生生物を調査した。しかし，圃場整備済みの水田やコンクリート水路では，驚くほど生き物が少なかった。ゲンゴロウ類ではコシマゲンゴロウ *Hydaticus grammicus* やハイイロゲンゴロウ *Eretes griseus* が確認されたが，アカトンボ類のヤゴはほとんど見られなかった。農家に聞いたところ，特別栽培ではネオニコチノイド系農薬が箱処理剤として使用されていた。中山間地のありふれた水田において，まさに「沈黙の春」を彷彿とさせるような一年目であった。

　二年目の2016年は，コウノトリが頻繁に飛来する水田で調査した。その結果，中干し期でも水が残る水はけの悪い湿田だけで，クロゲンゴロウ *Cybister brevis*, マルガタゲンゴロウ *Graphoderus adamsii*, ヒメゲンゴロウ *Rhantus suturalis*, ガムシ類5種，コガシラミズムシ，アカトンボ類のヤゴ，コオイムシ *Appasus japonicus* などが数多く確認できた。さらにこの水田では直播により飼料米が生産されており，ネオニコチノイド系農薬も使われていなかった。中干し期に水が残る環境や農薬の使用状況が，水生生物相に大きな影響を与えることを実感した。

　これらの水田の水生生物の本来の生息地は，河川周辺の氾濫原や後背

図1　ゲンゴロウ郷（さと）の米

10 域内保全の事例③ 南西諸島

コラム ❻

湿地だと言われている。しかし，稲作が伝来して以降，これらの自然湿地は次々と農地へと転用された。その結果，水田，水路，ため池が，失われた自然湿地の代替湿地として，水生生物の重要な生息地になっていることを農家に伝えた。

2017年度から，ゲンゴロウ類の保全と代替湿地としての水田の価値向上を目指す生きものブランド米「ゲンゴロウ郷（さと）の米」の生産を地域の協力を得て始めた（図1）。それ以来，大学生と地域が農法や販路について毎年話し合いを重ね，取り組みを改善するとともに交流の輪を広げてきた。また，三重・森本里力再生協議会の下には，農家主体の組織「農法委員会」が新たに結成された。この農法委員会が決定したゲンゴロウ郷の米の農法には，コシヒカリの特別栽培，素掘りの退避溝「ひよせ」の設置，中干しの延期，ネオニコチノイド系農薬の不使用，さらに農家自身による水生生物調査が含まれている。農家が自ら水生生物を調査できるよう，写真付き生き物調査シートと記録用紙を大学生が主体となって作成した。

ゲンゴロウ郷の米の農法の成果としては，中干し期でもひよせには，ゲンゴロウ類の幼虫，ガムシ類，コオイムシ，オタマジャクシ，ドジョウ Misgurnus anguillicaudatus などが多く確認された。また，新たにシマゲンゴロウ Hydaticus bowringii が見つかり，近年その個体数が増加している。さらに，ひよせには，オモダカ Sagittaria trifolia，ガマ Typha latifolia，コナギ Monochoria vaginalis，セリ Oenanthe javanica などの植物が生育し，イチョウウキゴケ Ricciocarpos natans も確認された。これまでにいくつかのひよせを調査したが，植物の多様性が高い場所ほど，水生生物の多様性も高い傾向があった。

ゲンゴロウ郷の米の農地拡大にはいくつかの課題もある。ひよせの作成や維持，周辺の草刈りなどの手間が増えることである。しかし，京都府ではひよせ設置が環境保全型農業直接支払交付金の対象になっておらず，これに伴う掛かり増し費用が農家負担となっている。そのた

図2 大学生がゲンゴロウ類の見分け方を小学生に解説

V. ゲンゴロウ類の減少

 コラム

め，補助金がインセンティブとして機能せず，ゲンゴロウ郷の米を特別栽培米よりも高価格で販売する必要がある。現在，ゲンゴロウ郷の米は地域農家の直売所やインターネットを通じて販売されており，京丹後市のふるさと納税の返礼品としても認定されている。しかし，さらなる販路拡大が今後の課題である。

地域での保全活動の広がりとしては，2023年度からは地域の小学校5年生がゲンゴロウ水田の生き物調査に参加し大学生が指導している（図2）。2024年度からは，ゲンゴロウ郷の米の認知度向上を目的に，地域主催で田植え・生き物調査・稲刈りの3回の消費者向けイベントを開催するようになった。これにより，ゲンゴロウ郷の米を通じて，地域内外の関係人口が増加している（口絵⑧e）。

ゲンゴロウ郷の米の取り組みにより，非灌漑期に乾田化が徹底される圃場整備済みの水田でも，ひよせのような恒常的水域は水生生物の効果的な生息地となることがわかった。何より，農家の意識が害虫以外の生物へと広がった。風前の灯火であったゲンゴロウ類をシンボルとして，農家が水田生物に目を向け，減農薬やひよせの設置に積極的に関わるようになったことは，大きな変革であった。

さらに，地域住民が新たに作成した地域再生計画には，ゲンゴロウ類をはじめとする地域の生物多様性保全が盛り込まれた。ゲンゴロウ水田は，地域内外の多世代が交流し共に学びあう場となり，多様な生き物と再び共に暮らす水田生態系の未来の姿でもある。

（谷垣岳人）

11 域外保全とは

はじめに

　Ⅴ－⑥で触れられているように，ゲンゴロウ類の多くは減少が著しい。絶滅を回避するにはその減少要因を取り除く必要があり，熱心な愛好家や研究者ら，それに加えて地権者の理解と地方行政の協力のもと，実際に生息環境の維持・復元や外来生物の侵入防止・低密度管理等は一部の地域で実践されている。しかし，多くの地域では何も対策がなされないままで，良好な生息環境は質の悪化が進行，もしくは消失し，侵略的外来生物は分布を拡大するばかりである。手をこまねいている間にも地域ごと，場合によっては種ごとの絶滅は確実に進行している。このような状況の際に，絶滅を回避する最後の手段が域外保全（＝生息域外保全）である。

域外保全とは

　域外保全とは，安全な施設に生物を保護し，人間による飼育・成育下での人工的な手法によって種を絶滅から防ぐ方法である（プリマック・小堀, 2008）。ただし，単に飼育下で個体数を増やすだけではなく，最終的には増やした生物を生息地に戻す野生復帰の取り組みも必要である（Ⅴ－⑦の図7-1も参照）。したがって，域外保全は域内保全の補完として位置づけられる手法であり，本来は生息環境を改善する域内保全が優先されるべきである。なお，域外保全の一般的な考え方や注意点，他の分類群の国内での事業成果については環境省のサイト[註1]に詳しく書かれているので参照されたい。

域外保全の意義

　ゲンゴロウ類に限ったことではないが，域外保全のもっとも重要な意義は，当然のことながら絶滅を回避できることである。飼育下での繁殖・飼育技術が確立できれば，野生集団よりも効率的に増殖させることが可能となり，野生下で絶滅もしくは絶滅に瀕した場合でも，野生復帰させることで個体数を

■ V. ゲンゴロウ類の減少

　回復させられる可能性がある．また，野外では調査が困難でも，飼育時に成長過程や行動を詳細に観察できるほか，実験的手法で生態学的な知見を明らかにすることも域外保全で得られる意義の1つといえる．それらは単に対象種の生物学的知見となるだけではなく，効率的かつ簡易的な飼育方法の確立にもつながり，結果的には域外保全にフィードバックすることができる．

　このほか域外保全を実践している施設が，ゲンゴロウ類の展示や解説をすることによって，一般の方々が少しでもゲンゴロウ類を身近に感じ，保全について考えるよい機会になることが期待できる（北野・渡部, 2016）．これは直接的な保全ではないが，長期的に見た場合，保全活動に対する好意的な意識の醸成や，新たな担い手を育てる意味での役割は大きいものと考えられる．

　本章では，昆虫館・水族館・大学というそれぞれ異なる組織・施設ならではの工夫や利点，問題点などを挙げながら，ゲンゴロウ類の域外保全の実践例を紹介する．

〔註〕
（註1）生息域外保全について http://www.env.go.jp/nature/kisho/ikigai/index.html

〔引用文献〕
北野　忠・渡部晃平 (2016) 絶滅を回避する最後の手段・生息域外保全．昆虫と自然，51(7): 24–27.
プリマック RB・小堀洋美 (2008) 生息域外保全戦略．保全生物学のすすめ 改訂版: pp.202–215. 文一総合出版，東京．

（北野　忠）

12 域外保全の事例① 石川県ふれあい昆虫館の取り組み

　石川県ふれあい昆虫館（以下当館と記す）は，1998年にオープンした日本海側最大級の昆虫館である。当初は「博物館類似施設」としてスタートしたが，2010年に「博物館相当施設」となった。標本だけではなく多くの生体を展示しているため，業務の大半を飼育が占めている。

　展示種の多くは希少種ではないが，筆者が担当している水生昆虫の多くに希少種を含む。当館で生息域外保全を実施している（あるいは過去にしていた）日本産ゲンゴロウ科は，マルコガタノゲンゴロウ Cybister lewisianus，ナミゲンゴロウ C. chinensis，ヤシャゲンゴロウ Acilius kishii，シャープゲンゴロウモドキ Dytiscus sharpi（図12-1）の4種である（北野・渡部，2016）。いずれも種の保存法に指定されており，絶滅の危機に瀕している。本稿では，当館の取り組みに焦点を当てて，その一部を紹介したい。

　当館ではオープンした1998年からシャープゲンゴロウモドキの飼育に取り組み，2000～2001年には累代飼育に成功した（富沢，2001）。これは当時本種の飼育を担当した富沢氏の努力の賜物であり，同氏は1997年より飼育に着手されていたようだ（富沢，2011）。その後も累代飼育を継続していたものの，2006年に孵化した幼虫が全て死んでしまい，累代飼育が8世代で途絶えたことが記されている（富沢，2011）。2007年に野外個体を採集（富沢，2011），2012年に一度ファウンダーを追加し，現在まで累代飼育が続いている。筆者は2015年より同種の飼育に携わっている。

　シャープゲンゴロウモドキの生息域外保全の問題について，富沢（2011）は累代飼育が続かない点を挙げている。具体的には，卵にミ

図12-1　累代飼育を重ねているシャープゲンゴロウモドキ

V. ゲンゴロウ類の減少

ズカビが発生して幼虫が孵化しないこと，孵化した幼虫が姿勢を保てず餌を食べることなく死んでしまうことなどが発生した(富沢, 2011)。この問題については，成虫に十分な餌を与えることで解決しており，筆者が飼育を担当して10年間は同様の問題が発生していない。

本種の幼虫の餌には，これまでヤマアカガエル *Rana ornativentris* のオタマジャクシが使用されてきた(富沢, 2001, 2011)。飼育を引き継いだ際は筆者も同じ餌を用いて飼育してきたが，実際に飼育してみると本当に恐ろしい量のオタマジャクシを消費することがわかった。本種の幼虫1匹が成虫になるためには約300匹のオタマジャクシを捕食し(Inoda *et al.*, 2009)，当館の調査では平均329匹というデータもある(富沢, 2001)。餌に使用するオタマジャクシは，敷地内のビオトープに生息するヤマアカガエルを使用していた。しかし年々オタマジャクシの個体数が減少し，餌の確保が困難になった。希少種を保全するという目的のためであったとしても野外個体群に影響を与えてしまうのではいけない。なにより，この方法を続けていても未来はなく，持続可能ではないと考えた。熟考を重ねた結果，養殖した代替餌のみを使用することで，野外資源を損なわない域外保全を目指すことにした。実験の結果，養殖したミズムシ *Asellus hilgendorfi*，小赤(金魚)，フタホシコオロギ *Gryllus bimaculatus* が餌として利用でき，幼虫の成育パフォーマンスにも問題がないことが確認された(Watanabe & Sumikawa, 2023)。代替餌の登場により，現在は飼育時間さえ確保できれば飼育は安定している。

マルコガタノゲンゴロウは2002年から飼育を開始し，幼虫の餌にはミズムシ，ボウフラ，アカムシ，ヤゴなどの生体を野外から採集していた(富沢, 2011)。餌の大量確保が難しいという問題から，毎年羽化させるマルコガタノゲンゴロウは20〜30頭に制限された(富沢, 2011)。筆者も餌の大量確保という点が本種の飼育の足枷になっていると感じ，また大量に野外資源を浪費したくないとの想いから，ゲンゴロウ属の代替餌の研究に取り組んだ。その結果，マルコガタノゲンゴロウとナミゲンゴロウの幼虫の餌に養殖したフタホシコオロギだけを使用しても，幼虫の死亡率が低く，野外個体と同程度の体長の成虫が羽化することがわかった(Watanabe *et al.*, 2021)。今は養殖したフタホシコオロギを使用することで野外採集に頼らない飼育を実現している(渡部，2023a・b・c)。

12 域外保全の事例① 石川県ふれあい昆虫館の取り組み

　2014〜2016年度に域外保全を担ったヤシャゲンゴロウの幼虫飼育も，餌に大きな課題があった。本種の幼虫はミジンコやボウフラなどの小さな餌を利用するため，非常に多くの餌が必要である。養殖が容易なミジンコであっても幼虫の消費量の方が多く，苦戦を強いられた。この問題も代替餌を使用することで解決した。養殖したフタホシコオロギの幼虫と，効率的に適した大きさの個体を集めるための手法『ハーモニカ法』により安定した飼育を実現することができ，効率的な飼育方法を論文として発表した（渡部ら，2017）。

　このように複数種のゲンゴロウ科の生息域外保全を経験してきたが，累代飼育を続けるには膨大なスペース，時間，労力が必要であり，当然ながらすぐに頭打ちとなる。さらに最近の研究により，近交弱勢による絶滅リスクを軽減させるため，飼育個体の遺伝的多様性にも配慮する必要があることもわかってきた（加藤ら，2021；中濵ら，2022）。実際に，生息域外保全がなされていたオガサワラシジミ Celastrina ogasawaraensis では，世代を減るごとに遺伝的多様性が減少したことが近交弱勢に繋がり，最終的に飼育個体は耐えてしまった（Nakahama *et al.*, 2024）。当館の飼育個体は長年ファウンダーを加えていないことから，近交弱勢が進んでいることが予想される。希少種の野生個体群が危機的状況に陥った場合には，生息域外保全個体を用いた野外への補強や再導入の必要性が検討される可能性があるが，近交弱勢が進んでいる可能性のある個体を使用するのはデメリットの方が大きいと考えられる。将来的に起こりうる生息域内保全への実用に耐えうる生息域外保全の実現のためには多くの課題が残されており，引き続き努力を続けたい。

　最後に，本書のほか渡部（2023a・b・c）でも類似した内容を紹介しているので興味があればご覧いただければ幸いである。

〔引用文献〕

Inoda T, Hasegawa M, Kamimura S, Hori M (2009) Dietary program for rearing the larvae of a diving beetle, *Dytiscus sharpi* (Wehncke), in the laboratory (Coleoptera: Dytiscidae). *The Coleopterists Bulletin*, 63: 340–350.

加藤雅也・中濵直之・上田昇平・平井規央・井鷺裕司（2021）複数施設の生息域外保全による国内希少野生動植物ヤシャゲンゴロウの遺伝的多様性の保持効果．保全生態学研究，26: 157–164.

北野　忠・渡部晃平（2016）絶滅を回避する最後の手段・生息域外保全．昆

163

V. ゲンゴロウ類の減少

虫と自然, 51 (7): 24–27.

中濱直之・安藤温子・吉川夏彦・井鷺裕司 (2022) 国内希少野生動植物種における保全遺伝学研究の基盤としての遺伝情報. 保全生態学研究, 27: 21–29.

Nakahama N, Konagaya T, Ueda S, Hirai N, Yaho M, Yaida AY, Ushimaru A, Isagi Y (2024) Road to extinction: Archival samples unveiled the process of inbreeding depression during artificial breeding in an almost extinct butterfly species. *Biological Conservation*, 296: 110686.

富沢 章 (2001) シャープゲンゴロウモドキの累代飼育. どうぶつと動物園, 53 (8): 4–7.

富沢 章 (2011) シャープゲンゴロウモドキとマルコガタノゲンゴロウの累代飼育. とっくりばち, (79): 2–11.

渡部晃平 (2023a) 日本のゲンゴロウを極めたい. グリーン・エージ, (587): 46–49.

渡部晃平 (2023b) 石川県ふれあい昆虫館の展示活動への工夫. ぎょぶる, (11): 64–69.

渡部晃平 (2023c) 水生甲虫を対象とした自主的な生息域外保全. 昆虫と自然, 58 (7): 11–15.

Watanabe K, Inoda T, Suda M, Yoshida W (2021) Larval rearing methods for two endangered species of diving beetle, *Cybister chinensis* Motschulsky, 1854 and *Cybister lewisianus* Sharp, 1873 (Coleoptera: Dytiscidae), using laboratory-bred food prey. *The Coleopterists Bulletin*, 75 (2): 440–444.

渡部晃平・須田将崇・福富宏和 (2017) 生息域外保全を見据えたゲンゴロウ類の効率的な飼育方法―ヤシャゲンゴロウを中心として―. さやばねニューシリーズ, (27): 6–12.

Watanabe K, Sumikawa T (2023) Larval prey options for the endangered species *Dytiscus sharpi* (Coleoptera: Dytiscidae: Dytiscinae) for sustainable ex-situ conservation. *Journal of Insect Conservation*, 27: 895–905.

（渡部晃平）

13 域外保全の事例② アクアマリンいなわしろカワセミ水族館におけるゲンゴロウ類の域外保全事例

🔲 水族館での水生昆虫の展示の重要性
〜ゲンゴロウから見る種の多様性〜

　(公社)日本動物園水族館協会に加盟している水族館は，現在50館(2024年11月7日現在)で，加盟していない水族館を合わせると100以上ある。動物園や水族館は，「種の保存」，「教育・環境教育」，「調査・研究」，「レクリエーション」の4つの役割を兼ね備えている[註1]。筆者の所属するアクアマリンいなわしろカワセミ水族館(以下AIKA)は，『湖沼群を通して人と地球の未来を考える』をメインテーマに，県内の水生生物を中心に展示をしている。2015年(公財)ふくしま海洋科学館で猪苗代町の指定管理を受けて，AIKAを立ち上げた。その1つのコーナーとして水生昆虫をメインとしたエリアを作った。「おもしろ箱水族館・生物多様性の世界」というコーナーで20セン

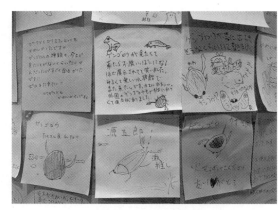

図13-1　来館者の感想を付箋に書いてもらい壁面に掲載している

図13-2　域外保全コーナー

165

V. ゲンゴロウ類の減少

チキューブ水槽にゲンゴロウ類を中心に水生昆虫だけで40〜50種を展示した（口絵⑨a）。「種の多様性」を広く一般の方に知ってもらえるように，まるでケーキのショーケースを眺めるかのような空間を提供している。来館者からは，ゲンゴロウに多くの種類があることを初めて知ったと驚きの感想を現場で耳にすることができている（図13-1）。このコーナーを作ったことで，ゲンゴロウの仲間に「種の多様性」があるということを認知する一定の効果があったと考える。2018年7月には，隣接するエリアに60 cm水槽6基を配した「域外保全の生き物たち」のコーナーを増設した（図13-2）。この頃より本格的にゲンゴロウ類の域外保全を見据えた飼育に力を入れるようにした。本稿では，AIKAでのゲンゴロウ類の域外保全の取り組み・経緯について紹介したい。

AIKAでの域外保全種

AIKAではゲンゴロウ類の中でも，2010年からマルコガタノゲンゴロウ *Cybister lewisianus*（以下，マルコ）の累代飼育を続けている。また2020年6月にはコロナウイルスによる緊急事態宣言により，東海大学湘南キャンパスで飼育されているフチトリゲンゴロウ *Cybister limbatus*（以下，フチトリ）を系統保存継続の危機があるため，環境省の許可を得てAIKAでも危険分散のための飼育を開始した（図13-3）。2021年11月からは関東産のシャープゲンゴロウモドキ *Dytiscus sharpi*（以下，シャープ）の域外保

図13-3　東海大学から搬入されたフチトリゲンゴロウ

13 域外保全の事例② アクアマリンいなわしろカワセミ水族館におけるゲンゴロウ類の域外保全事例

全のための飼育を行っている。これらの種は国内希少野生動植物種に指定されており，捕獲等，陳列・広告，譲渡し等が原則禁止のため，AIKA では，教育普及活動を目的とし，それぞれ環境省に許可申請して飼育を継続している。また 2020 年に特定第二種国内希少野生動植物種に指定されたヒメフチトリゲンゴロウ Cybister rugosus（以下，

図 13-4　オウサマゲンゴロウモドキ（オス）

ヒメフチ）も昨今の急速な生息状況の悪化などを鑑み，2018 年から独自に沖縄本島産の累代飼育を積極的にはじめている。そのほかにも外国産のゲンゴロウとして，2019 年 11 月から現存しているゲンゴロウの仲間のうち，世界最大種のオウサマゲンゴロウモドキ Dytiscus latissimus（以下，オウサマ）の飼育を開始している（図 13-4）。本種は，国際自然保護連合（IUCN）のレッドリストで絶滅の恐れのある危急種（日本のレッドリスト基準では絶滅危惧Ⅱ類に相当）とされており，ラトビア共和国のラトガレ動物園（Latgale Zoo）との生物交流の一環として，日本にやってきた。このうち国内の昆虫館（石川県ふれあい昆虫館，北杜市オオムラサキセンター）と AIKA の 3 館で本種幼虫がトビケラを主食とする餌資源となる人工餌料の開発を目的とし，協働で累代飼育をすることになった。

▌AIKA での域外保全種①　～マルコガタノゲンゴロウ～

　2010 年 6 月県内で池沼調査をしていたところ，仲間が遠くの方で叫んでいるのが聞こえた。何を言っているのかわからず，そのまま調査を継続していると，携帯が鳴り響きマルコが獲れたと連絡が入った。この記録（吉井ら，2011）により，東北地方で唯一マルコが発見されていなかった福島県

■ V. ゲンゴロウ類の減少

図 13-5　マルコガタノゲンゴロウ

からも記録されることになる。その年すぐに水族館で繁殖を試みた。

繁殖には Inoda & Kamimura, 2004 を用いて掛け流しのシステムを採用し，茶漉しで幼虫を 1 頭ずつ個別管理した。当時いわき市にあるアクアマリンふくしま（以下，AMF）勤務であった筆者は，本種の展示を開始した（図 13-5）のが累代飼育の始まりである。

▮ 東日本大震災を経て

多くの方の心に刻まれているであろう東日本大震災では，AMF も大きな被害を受けた（図 13-6）。その最中，2011 年 4 月 1 日に絶滅の恐れのある野生動植物の種の保存法が施行され，これには 5 種の生物が追加，うち本種を含むゲンゴロウ 3 種（シャープ，フチトリ，マルコ）が追加された。マルコは前年に採集し十分な個体数を繁殖させていた。そのため大きな不安はなかったが当時は館の復興を最優先していた時期であり，この年は本種の繁殖に構うことはままならない状況であったことは覚えている。その後累代飼育を継続し，2015 年 4 月に AMF で展示していた個

図 13-6　東日本大震災で甚大な被害を受けたアクアマリンふくしま

13 域外保全の事例② アクアマリンいなわしろカワセミ水族館におけるゲンゴロウ類の域外保全事例

体のうち8匹(オス4匹,メス4匹)をAIKAに移動し展示を開始した(図13-7)。累代飼育は現在もAIKAで継続しているが,AMFでは本種の重要度は低く翌年には別の希少種の展示に変わっていた。これは担当者の展示する生き物への考え方の違いからで,国内希少野生動植物種であってもこれだけさまざまな種が指定されていると水族館での昆虫類の位置付けは,注目している職員がいなければ優先順位としては低く継続することは難しいのが現状であると言える。

図13-7 展示水槽内で魚の死骸に群がるマルコガタノゲンゴロウ

AIKAでの域外保全種② 〜フチトリゲンゴロウ〜

2018年夏ゲンゴロウとタガメに焦点を当てた企画展を開催した際に,東海大学の北野忠教授の協力を得て,初めてフチトリの展示を行った。域外保

図13-8 フチトリゲンゴロウの展示水槽

図13-9 機関紙で生息域外保全を紹介

V. ゲンゴロウ類の減少

図 13-10　循環式幼虫飼育管理システム（全景）

図 13-11　循環式幼虫飼育管理システム（近景）

全の中には教育普及要素も含み，当時の展示では広く一般の来館者に普及するため，本種の置かれている現状を知ってもらうことを第一の目的で展示し周知を試みた。その後，コロナ禍の影響から日本動物園水族館協会事務局からフチトリの受け入れ施設を募集していることを知り，北野教授と連絡をとり，2020年6月新たに飼育を開始した。教育普及を第一の目的とすることは変わりなかったが，合わせて生息域外保全（累代飼育）を視野に入れ飼育を開始することになった（図13-8）。これは，継続して維持することで種の保存を図るとともに，野生復帰に必要な飼育技術の確立，生態などの科学的知見の集積を行うこととなった。合わせて，AIKAの取り組みの一つとして機関紙（図13-9）や広報などでも情報の発信に努めている。飼育には東海大学での飼育方法や，Watanabe *et al.*（2023）を参考に飼育管理するための装置を作成し運用した（図13-10，13-11）。それまで，大型種の繁殖種数もマルコの系統管理がメインであったためプリンカップでの飼育で事足りていた。

13 域外保全の事例② アクアマリンいなわしろカワセミ水族館におけるゲンゴロウ類の域外保全事例

■ 環境省絶滅危惧昆虫の生息域外保全モデル事業への参画

　環境省では2018年度より3種の絶滅危惧昆虫を対象に「生息域外保全モデル事業」を行っている。このモデル事業では，全国昆虫施設連絡協議会（以下全昆連）に加盟する昆虫館，対象種に関する知見や技術を有する専門家，地元団体などの協力を得て，「野生復帰を視野に入れた飼育・繁殖技術の開発」，「知見の集積」，「複数施設による連携体制の構築」を進め，これに必要な支援を環境省から受けた上で進めている（環境省絶滅危惧昆虫の生息域外保全モデル事業成果集より抜粋）（環境省，2023）。当館はこれまで全昆連に加盟していなかったが，モデル事業への参加を勧められたことがきっかけとなり，2021年度より水族館として初めて全昆連に加盟することになった。すでに2020年度から3カ年計画で始まっていたフチトリのモデル事業では，上述の目標の中，実施園館として伊丹市昆虫館とAIKAの2館が，関係機関として東海大学北野研究室，観音崎自然博物館が参加し，2023年度まで実施されその成果として成果集が環境省によって取りまとめられた。

■ 人員不足による問題点

　1種の繁殖が始まると繁殖目標値にもよるが概ね2〜3カ月もの間，幼虫飼育期間は休日返上となる。1種であると負担はそれほどでもないが，これが複数種扱うとその難易度は極端に上がる。これはゲンゴロウ類の飼育を行っていると1度は直面する課題の1つだ。弱齢個体や小型・中型種であればなおさらで，その1日を捻出できないと極端な話全滅ということもおきうる。そのため交代要員（サポートメンバー）がいないと飼育すること自体成立しない。また寿命が短い昆虫では1度のミスで種を絶やしかねない。その対策として，2021年度から2023年度までの3年間は環境省で実施している地域における生物多様性の保全・再生に資する活動を支援する「生物多様性保全推進事業」に応募した。「フチトリゲンゴロウ生息域外保全事業」として，飼育に必要な経費の一部を補助金で補い，飼育環境の整備をするで，飼育人材の確保を行った。飼育人材の確保は最低限のスタートラインで，問題解決ということではないが，そこに確実に人を割くということが重要である。しかし昆虫だけに限らず,飼育にはそのきめ細やかさやその生き物の本質，バッ

V. ゲンゴロウ類の減少

クグラウンドを知る知らないでも，個人差はどうしても生じてしまう．また，そのほかにも水族館での飼育にはさまざまな生物管理をする中でのあくまで作業の一つなので，完全オートメーション化を成立させることも重要な役割の一つである．また，大きな問題点としてこの事業は 3 年間だけで，本質的にその種の事業をその後永続的に継続することは事業主の理解があればこそで，予算等によっては継続困難になることも事実である．幸い今のところ AIKA では，継続して行う環境を与えてもらっているだけである．マルコの章でも記述したが，ゲンゴロウ類の展示の重要度を水族館としてどう考えるかによって系統は簡単に途絶えてしまう現状があることは知ってもらいたい．

AIKA での域外保全種③ 〜オウサマゲンゴロウモドキ〜

本種の幼虫は餌としてトビケラの仲間を好むという特異な食性を持つことが知られている．しかし，大量のトビケラを現地で集めることは非常に困難である．もし，日本で代用食を開発することができれば，本種の域外保全に大きく貢献できるほか，生態解明に関する基礎研究を行う機会が増え，ヨーロッパ各国において飼育繁殖のハードルを下げられることなどが期待できる．このような背景の中で，本種が現存するラトビアと日本のゲンゴロウ研究者が協力した結果，ゲンゴロウ類の優れた飼育繁殖技術を持つ石川県ふれあい昆虫館，北杜市オオムラサキセンターに加え AIKA にも声がかかり 3 館で域外保全を開始することになった．2019 年 11 月 3 館で手分けして試行錯誤の飼育が始まった．

トビケラ主食の幼虫飼育

オウサマは，ゲンゴロウモドキ属に属し 11 月を過ぎて水温が 15 ℃を下回ってくると交尾を開始（口絵⑨b），交尾をするとメスには本属に特徴的な交尾栓（図 13-12）をつけた個体を確認することができる．ゲンゴロウモドキ属のシャープでは冬季低温に晒すことが必要であることが知られている（Inoda et al., 2007）．3 月に入る頃石川県ふれあい昆虫館で最初の産卵が確認された．本種の産卵床には，当初 AIKA ではスゲ属 Carex を準備していた（図

13 域外保全の事例② アクアマリンいなわしろカワセミ水族館におけるゲンゴロウ類の域外保全事例

13-13)．しかし産卵をなかなか確認できず，入手しやすいセリ Oenanthe javanica も導入してみたがこちらも反応は得られなかった。情報は3館で共有していたため，その後リュウキンカ Caltha palustris，エンコウソウ C. palustris var. enkoso に AIKA でも産卵が確認された (図 13-13, 13-14)。この時期猪苗代は雪で覆われておりリュウキンカの芽吹きが4月中旬のため，1月に事前に温室で蓄養・育成したものを使用した。2館からは4月中旬を過ぎた頃孵化の吉報が入った。当館でも孵化はまだかとヤキモキしていたが，5月1日に無事最初の孵化を確認できた。先行していた2館からは，トビケラ類の摂餌確認の報告があり当館でも準備

図 13-12 オウサマゲンゴロウモドキメスについた交尾栓

図 13-13 左から産卵床として導入したリュウキンカ，セリ，スゲ属

を進めていたところ，流水性のトビケラが容易に個体数を確保できそうであったためこちらを事前準備していた。しかし，給餌を試みるもどうもオウサマの幼虫が襲われる事例が頻発した。孵化個体の状態が芳しくないのかと考え，トビケラの脚を切断し，1匹ずつピンセットで給餌したが，摂餌状況も良くない上に死亡することが頻発した。この辺りも情報を共有したところ，他館でも同様の結果を聞くことになった。ヨーロッパではキリバネトビケラ属 Limnephilus spp. の幼虫を捕食することが知られていたが (Johansson &

V. ゲンゴロウ類の減少

図 13-14　リュウキンカに産卵するオウサマゲンゴロウモドキ

図 13-15　キリバネトビケラの仲間を捕食するオウサマゲンゴロウモドキの3齢幼虫

Nilsson, 1992; Scholten *et al.*, 2018; van Kleef *et al.*, 2018），各館でも想定できるものを積極的に準備し適正種を探る試みをしていた中での事案であった。結果適正種はわずかであったが，全齢期共通で，非常に摂餌意欲が高かったのはキリバネトビケラの仲間（図 13-15）であった（渡部ら，2020）。AIKAでは2年目以降産卵数を十分に確保できず，2館からの幼虫の分配協力もあり次世代を最低限つなげることで手一杯となっている。途絶えてしまうと研究継続ができなくなるため，現在も3館で代用食等の飼育研究は継続中である。

世界最大のゲンゴロウの羽化

AIKAでは飼育開始年が最大200匹を超える幼虫が得られ，2館にも幼虫

13 域外保全の事例② アクアマリンいなわしろカワセミ水族館におけるゲンゴロウ類の域外保全事例

を分配し最低限の数をギリギリ羽化させることができた(図13-16)。国内種同様，AIKAでは直径10 cm，高さ15 cm，深さ12 cmほどピートモスを入れた容器に上陸させた。上陸から脱出期間は気温にも左右されるが，20〜30日程度であった。2024年飼育は5年を経過し，国内におけるオウサマの普及啓発や，生息域外保全技

図 13-16 羽化まもないオス

術の向上は，3館一体となって継続している。安定的な繁殖は非常に困難を極めているが，多くの知見の集積を続けられるよう使命を果たしたい。

水族館での域外保全の現状とこれから

　AIKAでの域外保全の現状等について紹介してきたが，動物園水族館の役割の一つにもある「種の保存」には，現場の絶え間ない努力や，その置かれている環境によって左右されることがある。昆虫という分野に力を注ぐことが許される環境は，哺乳類，鳥類，両生爬虫類，魚類などと比較すると動物園水族館の役割の中での重要度はどうしても低い。その中でできる環境がある現状を最大限に活用しながら，一般来館者の心に響く魅力ある展示をつくり，「種の保存」の重要性，ゲンゴロウ類のおかれている現状について知ってもらう展示を続けることで，一定の役割を果たしているのではないかと考えている。

　国内希少野生動植物種は2030年までに700種指定を目標としている中で，指定された種に割かれる予算は限りなく少なく，継続性がないことも事実である。その上で域外保全は，現場の絶え間ない努力や奉仕の上で成り立つ綱渡りの状態であるとも言える。これからも目標値のために増え続けるだけの指定種とならないように，その先を見据えた仕組みづくりを国は真剣に考え

■ V. ゲンゴロウ類の減少

ていかないと，採集や販売などを規制するだけでは，生き物たちに安息の未来はやってこない。それ以上に指定する生き物たちの生息地が守られた上での指定になっていないため，開発で押し寄せる波からどう保全対策を講じていくべきなのかも考えた上での指定種とする時期に来ているのではないだろうか。

謝辞

　水族館での昆虫類の域外保全種の展示を行うにあたって筆者の考えを寛容に受け止め理解をいただいている AMF の古川健理事長，安倍義孝前理事長，AIKA の安田純館長，累代飼育をするにあたり戸倉渓太氏，永山駿氏，石井桃子氏，齋藤ちひろ氏，齋藤ほのか氏，竹内和雄氏，阿部昌一氏，馬目友美氏をはじめ AIKA 職員の皆様，マルコの県内調査に同行いただいた，福島虫の会の吉井重幸氏，三田村敏正博士，髙橋明子氏，故髙橋真希氏，フチトリの飼育には東海大学の北野忠教授，伊丹市昆虫館の田中良尚学芸員，観音崎自然博物館の佐野真吾学芸員，シャープの飼育にはシャープゲンゴロウモドキ保全研究会会長の西原昇吾氏をはじめとした研究会の皆様，これら種の保存法に関わる種の飼育許可等には環境省各事務所，福島県自然保護課，千葉県生物多様性センター，一般財団法人自然環境研究センター，ヒメフチ収集にご協力いただいた加藤雅也氏，オウサマの輸入にご尽力いただいた Latgale Zoo の Valērijs Vahruševs 博士と小野田晃治氏と，本種の共同研究を行った石川県ふれあい昆虫館の渡部晃平学芸員，北杜市オオムラサキセンターの冨樫和孝館長，文献をご恵与いただいた渡部晃平学芸員に深謝申し上げる。

〔註〕

（註 1） 日本動物園水族館協会ホームページより：（公社）日本動物園水族館協会の 4 つの役割．[30, December, 2024]．URL: https://www.jaza.jp/about-jaza/four-objectives

〔引用文献〕

Inoda T, Kamimura S (2004) New open aquarium system to breed larvae of water beetles (Coleoptera: Dytiscidae). *The Coleopterists Bulletin*, 58: 37–43.

Inoda T, Tajima F, Taniguchi H, Saeki M, Numakura K, Hasegawa M, Kamimura

S (2007) Temperature-dependent regulation of reproduction in the diving beetle *Dytiscus sharpi* (Coleoptera: Dytiscidae). *Zoological Science,* 24: 1115–1121.

Johansson A, Nilsson AN (1992) *Dytiscus latissimus* and *D. circumcinctus* (Coleoptera, Dytiscidae) larvae as predators on three case-making caddis larvae. *Hydrobiologia*, 248: 201–213.

環境省 (2023) 環境省絶滅危惧昆虫の生息域外保全モデル事業成果集．［30, December, 2024］．URL: https://www.env.go.jp/content/000122166.pdf

Scholten I, van Kleef HH, van Dijk G, Brouwer J, Verberk WCEP (2018) Larval development, metabolism and dietare possible key factors explaining the decline of the threatened *Dytiscus latissimus*. *Insect Conservation and Diversity*, 11: 565–577.

van Kleef H, van Dijk G, Scholten I, Schreurs E, Brouwer J (2018) Habitateisen van brede geelgerande water-roofkever ontrafeld door af te dalen langs de voedselketen. *De Levende Natuur*, 119: 195–199.

渡部晃平・平澤　桂・冨樫和孝 (2020) 日本におけるオウサマゲンゴロウモドキの生息域外保全への挑戦．さやばねニューシリーズ，(29): 1–7.

Watanabe K, Saiki R, Sumikawa T, Yoshida W (2023) Rearing method for the endangered species *Dineutus mellyi* Réginbart, 1882 (Coleoptera: Gyrinidae), *Aquatic Insects*, 44(3): 195–204.

吉井重幸・三田村敏正・平澤　桂・高橋真希・高橋明子 (2011) 福島県初記録のゲンゴロウ2種，ふくしまの虫，(29): 25–26.

（平澤　桂）

V. ゲンゴロウ類の減少

> 14 域外保全の事例③
> 東海大学教養学部人間環境学科北野研究室の取り組み

■ 当研究室での取り組み

　私の研究室は，専任講師として着任した翌年度の 2006 年 4 月に発足した。生物系の学部・学科ではなく，文理融合である環境系の学科であることから，純粋な生物の生理・生態学，もしくは分類学的な研究を表立って進めるのではなく，「人間活動と生物とのかかわり」をテーマに掲げたうえで，研究室での具体的な研究活動として取り上げたのが「生物の保全」である。さらに，学生時代に水産学を専攻していたことで培った水族の飼育技術を応用して，特に力を入れてきたのが「域外保全（＝生息域外保全）」である。

　これまで，フチトリゲンゴロウ *Cybister limbatus*，マルコガタノゲンゴロウ *C. lewisianus*，シャープゲンゴロウモドキ *Dytiscus sharpi* といった種の保存法における国内希少野生動植物種を優先としながら，ヒメフチトリゲンゴロウ *Cybister rugosus*，オキナワスジゲンゴロウ *Hydaticus vittatus* といった特定第二種国内希少野生動植物種の指定種，ゲンゴロウ類ではないがリュウキュウヒメミズスマシ *Gyrinus ryukyuensis* やタイワンタイコウチ *Laccotrephes grossus*，魚類のウシモツゴ *Pseudorasbora pugnax* といった希少な水生生物においても域外保全を継続している。このほか，かつては開発事業における緊急的な依頼に応じて，陸上昆虫であるカワラハンミョウ *Chaetodera laetescripta* を手掛けたこともある。

■ 当研究室での域外保全の具体的な事例

　ここでは，当研究室におけるゲンゴロウ類の域外保全の中でフチトリゲンゴロウとシャープゲンゴロウモドキについての具体的な事例を簡単に紹介したい。

（1）フチトリゲンゴロウ

　フチトリゲンゴロウは南西諸島最大のゲンゴロウであり，国内ではトカラ

14 域外保全の事例③ 東海大学教養学部人間環境学科北野研究室の取り組み

宝島以南から与那国島まで記録がある（苅部ら，2015）。本種は生息が確認されていた多くの島で絶滅し 2010 年以降に本種が確認された地点はごくわずかであった。このような状況から，2011 年 4 月には環境省による種の保存法の国内希少野生動植物種に指定され，原則として採集や譲渡，飼育などが禁止となった。しかし，国内希少野生動植物種に指定された後も，本種の生息状況は改善されることなく，国内では事実上「野生絶滅」か，それに極めて近い状況にある。

私の研究室では，「野生絶滅」の状況になることを見越して，2007 年より飼育下での繁殖に取り組み始め，2025 年現在に至るまで南西諸島 2 島の個体群を由来とした生息域外保全を継続している（口絵⑨e）。それと同時に，学生の卒業研究・修士研究として繁殖または越冬時の水温，産卵基質，幼虫期の餌といったさまざまな好適な飼育環境を明らかにしてきた。また，幼虫期における水替え不要の飼育装置を作製したり，孵化幼虫を効率よく回収するために産卵基質である水草の交換頻度を調べたりと，簡易的かつ効率的な飼育方法のノウハウを学生とともに蓄積してきた（図 14-1，口絵⑨f）。これらの成果が実を結び，また毎年熱心に担当してくれる研究室の学生たちの努力によって，年によって増減はあるものの近年は毎年 100 個体を超える個体を得ることに成功している（北野，2021；北野・佐藤，2023）。

このほか，危険分散を目的として，2019 年からは環境省の許可を得たうえで伊丹市昆虫館，観音崎自然博物館，アクアマリンいなわしろカワセミ水族館の 3 館に譲渡した。いずれの館においても繁殖に成功している

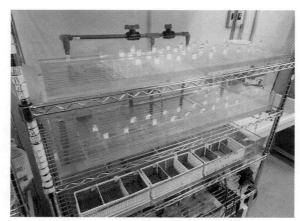

図 14-1 飼育装置を用いたフチトリゲンゴロウ幼虫の域外保全の様子

V. ゲンゴロウ類の減少

ことからも，飼育下における絶滅のおそれはとりあえず免れることができたといえる。しかし，域外保全はそれで完結ではなく，野外での生息環境を整えたうえで野生復帰させることが重要である。本種に関しても地権者や環境省との事前の打ち合わせを済ませたうえで試験的に野生復帰させており，わずかながらではあるものの成果が出始めている。

(2) シャープゲンゴロウモドキ

シャープゲンゴロウモドキは日本固有種であり，本州日本海側および関東から関西の十数都府県に分布するゲンゴロウである（西原ら，2015）。もともと産地は限られていたが，近年は多くの地域で絶滅もしくは激減傾向にあることから，フチトリゲンゴロウと同様に 2011 年 4 月には環境省による種の保存法の国内希少野生動植物種に指定された。しかし，各地で熱心な域内保全が実践されているものの（Ⅴ-⑧参照のこと），大きな回復傾向を示すまでには至っていない。

私の研究室では，2007 年より千葉県産の個体の繁殖に取り組み始め，2025 年現在に至るまで域外保全を継続している。本種においては，すでに飼育方法のノウハウが蓄積されており（例えば Inoda, 2011; Inoda et al., 2007），当研究室ではそれらの知見を参考にしながら，研究室に所属したばかりの 3 年次生が中心となって域外保全を実施している。やはり年によって増減はあるものの，近年は毎年 50 個体ほどを得ることに成功している。

本種においては，すでに石川県ふれあい昆虫館や鴨川シーワールドといった昆虫館・水族館でも域外保全を実施しているが（北野・渡部，2016），当研究室で飼育している個体に関しても，危険分散を目的として，2022 年からは環境省の許可を得たうえで観音崎自然博物館や本種の保全団体であるシャープゲンゴロウモドキ保全研究会に譲渡した。しかし本種においても，域外保全で完結させるのではなく，野外での生息環境を整えたうえで野生復帰させることが重要である。なお私が主体となっているわけではないので本稿では割愛するが，現在その計画が進んでいる。

14 域外保全の事例③ 東海大学教養学部人間環境学科北野研究室の取り組み

研究室における域外保全の事情と工夫

　私が在籍している学科では3年次からゼミの所属が決まるため，学部時代に2年間研究室に所属することになる。ゼミ所属の人数は年によって多少異なるものの例年1学年10名程度であり，これに数名の大学院生を含め，毎年20数名が私の研究室に在籍している。1人の教員が指導する研究室の学生の人数としてはかなり多いと考えられ，この人数を聞くと大変に驚かれる方も多い。域外保全においては年間を通して毎日欠かさずの世話が必要なうえ，一度のミスも許されず死んでしまったらすべての苦労が水の泡となってしまうため，時間・労力・精神的な負担を学生に強いることとなるが，所属学生の人数が多いことで活動内容を分担することができ，それらの負担を軽減している。

　大学の研究室の特性としては，当然のことながら毎年度メンバーの入れ替わりが激しいことが挙げられる。それによって，飼育のノウハウが次の世代にうまく伝わらないことがあるばかりか，時には誤った飼育方法が伝わっていることもある。そこで，主だった種においては飼育マニュアルを作成することで，最低限の飼育技術を次の世代に伝える工夫をしている。ただし，生き物の飼育はマニュアル通りにやればうまくいくわけではなく，最終的には個人の責任感や観察力によるものが大きいのも事実である。

　最後に，技術的な面の工夫についても紹介したい。学生の負担を軽減させるためにも，簡易的もしくは効率的な飼育方法の確立は重要である。当研究室では，循環式ろ過装置を備え，さらにヒー

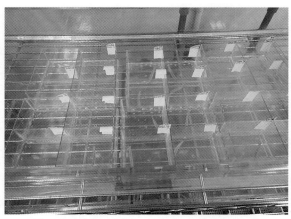

図14-2　幼虫は共食いが激しいために個別で飼育する

■ V. ゲンゴロウ類の減少

ターとクーラーを取り付けることで，水質の悪化を防ぐとともに一定の水温で飼育することを可能とした，幼虫期における飼育装置を作成した。また茶こしやスリットのあるプラスチック容器で個別に飼育することで多数の個体の飼育を可能とするとともに共食いを防止するなどの工夫をしている（図14-2, 口絵⑨g）。

■ 大学での域外保全の課題と意義

　大学での域外保全においては課題も多い。まず挙げられるのが継続性である。どこの大学でも教員に課せられる事務的な雑務は年々増えてきているのが現実であり，本学も例外ではない。それにより，研究・教育にかけられる時間は年々さらに削られてきているのが現状である。また本学では一人の教員が一つの研究室を運営するが，これは教員が退職した際に，その研究室そのものが完全になくなることを意味する。私が無事に定年での退職を迎えられた場合でも2037年度には私の研究室はなくなり，それまで私が域外保全を手掛けていたとしても，その時点で確実に途絶することが決まっている。昆虫館や水族館における域外保全においても，館の理解もさることながら，そこに在籍しているスタッフ個人の熱意と責任感によるものが大きいのではないかと思われる。個人の熱意や責任感に任せるのではなく，より計画的・組織的で中・長期的な域外保全を可能にするシステム造りが必須であるといえる。

　継続性という点では，費用の確保も大きな問題である。域外保全には飼育設備代やエサ代など費用がかさむ。現在は，いくつかの委託業務や競争的資金の獲得によって何とか賄えているが，今後も確保できる見込みがあるわけではない。

　このほか，当然のことながら学生の素養は個人によって全く異なる。熱意と責任感と生き物に対する観察力によって，こちらが同じように指導しても域外保全の成果は年によって大きく異なる。

　私の研究室では，すでに200名近い卒業生が社会に巣立っていった。卒業生の中には，これらの経験を積んだうえで，水族館や昆虫館，博物館のほか環境系のNPO等に就職し，展示のための生物の繁殖や，希少生物の保全活

14 域外保全の事例③ 東海大学教養学部人間環境学科北野研究室の取り組み

動に従事する者もいる。学生時代の経験が職場で活かされているということは，教育の場に在籍している身として大きな励みとなっている。とは言え，私が在籍している学科は生物系の学科ではないこともあり，正直なところ，所属学生がみな生物に強い関心を持っているわけではなく，卒業生の多くは生物とは無関係の職に就いていることも事実である。しかし，だからこそ，ともに現場に出かけて野生生物が置かれている厳しい現状を見せ，域外による生物の保全を実践することは，「環境学」を学ぶ本学科において意味があるものと考えている。さらに言えば，生物の一生を世話するという体験は，社会人にとって必要な「自分が任された仕事を最後まで責任もって取り組む」という素養の醸成につながるものである。加えて，自然やそこに住む生き物たちとの乖離が大きくなっている若者にとって，成長や繁殖といった生物の営みを直接観ることは，「生命の連続性」という生物の最も基本的な生命観を陶冶することにつながるものであり，教養教育としての効果も大きいと私は考えている。

謝辞

　本報告における成果の一部は，独立行政法人環境再生保全機構における環境総合研究推進費（テーマ名：危機的状況にある奄美・琉球の里地棲希少水生昆虫類に関する実効的な保全・生息地再生技術の開発，サブテーマ名：奄美・琉球の里地棲の希少水生昆虫類に関する生息域外保全技術の開発），および科学研究費助成事業における学術変革領域研究（A）（課題番号 22H05242）の助成によるものである。

　また域外保全において連携させていただいている猪田利夫，佐野真吾，田中良尚，平澤桂，山﨑駿の各氏をはじめとした方々，"域外"に限らず，水生昆虫の保全において現場の最前線でともに活動している荒谷邦雄・苅部治紀・永幡嘉之・西原昇吾の各氏，お名前の紹介は差し控えるが，これまで私たちの研究室で域外保全に熱心に取り組んでくれた卒業生，今また取り組んでくれている在学生，本業務に関われた環境省の保護官およびアクティブレンジャーの方々ほか関係諸氏にも深く感謝したい。

V. ゲンゴロウ類の減少

〔引用文献〕

Inoda T (2011) Reference of oviposition plant and hatchability of the diving beetle, *Dytiscus sharpi* (Coleoptera: Dytiscidae) in the laboratory. *Entomological Science*, 14: 13–19.

Inoda T, Tajima F, Taniguchi H, Saeki M, Numakura K, Hasegawa M, Kamimura S (2007) Temperature-Dependent Regulation of Reproduction in the Diving Beetle *Dytiscus sharpi* (Coleoptera: Dytiscidae). *Zoological Science*, 24: 115–121.

苅部治紀・北野　忠・中島　淳・丸山宗利 (2015) フチトリゲンゴロウ．レッドデータブック 2014―日本の絶滅のおそれのある野生生物―5　昆虫類，p 26．ぎょうせい，東京．

北野　忠 (2021) 絶滅危惧水生昆虫の生息域外保全の現状と課題．昆虫と自然，56 (10): 14–17.

北野　忠・佐藤翔吾 (2023) フチトリゲンゴロウの生息域外保全．昆虫と自然，58 (7): 6–10.

北野　忠・渡部晃平 (2016) 絶滅を回避する最後の手段・生息域外保全．昆虫と自然，51 (7): 24–27.

西原昇吾・苅部治紀・丸山宗利 (2015) シャープゲンゴロウモドキ．レッドデータブック 2014―日本の絶滅のおそれのある野生生物―5　昆虫類，p 27．ぎょうせい，東京．

（北野　忠）

15 ゲンゴロウ類の保全遺伝学

ゲンゴロウ類の危機と保全

　ゲンゴロウ類には多くの絶滅危惧種が含まれている。Hayashi et al.(2020)によると，ゲンゴロウ科128種のうち，22種(いずれも亜種含む)が環境省の絶滅危惧ⅠA類，絶滅危惧ⅠB類，絶滅危惧Ⅱ類のいずれかに選定されており，昆虫の中でもとくに絶滅危惧種の多いグループだといえる。この要因の一つとして，ゲンゴロウ類は池沼や水田などの平地の止水域に生息する種が多いことが挙げられる。こうした平地の止水域は開発や農薬，侵略的外来種の影響を受けやすい。すでにスジゲンゴロウ Hydaticus bipunctatus は国内では1979年の記録を最後に絶滅したと考えられており(渡辺・上田，2024)，これ以上の種の絶滅を防ぐためにも，ゲンゴロウ類の保全は喫緊の課題といえる。

　絶滅危惧種の保全の際に，遺伝情報は非常に重要であり，こうした遺伝的な視点から生物多様性保全に貢献する学術分野は保全遺伝学と呼ばれている。ここでは，まず保全遺伝学の基礎知識について簡単に紹介した後に，国内で研究が実施されたヤシャゲンゴロウ Acilius kishii の例に触れてみたい。

保全遺伝学の基礎

　保全遺伝学において重要な単語が，遺伝的多様性(註1)である。聞きなれない読者も多いかもしれないが，生態系の多様性や種の多様性とともに，生物多様性を構成する要素の一つである。絶滅危惧種の保全においては，この遺伝的多様性の維持が非常に重要となる。なぜだろうか。それは，集団の存続に遺伝的多様性が大きく関与するからである。

　遺伝的多様性が減少した場合の最も大きなリスクが，近交弱勢である。近交弱勢とは，個体数が減少した場合に近親交配や遺伝的浮動(無作為に生じる対立遺伝子頻度の変化)により遺伝的多様性が減少することで，生存や繁殖に有害な影響を及ぼす突然変異が発現し，適応度が減少することを指す。ゲンゴロウ類をはじめとする多くの野生生物は，潜在的に膨大な数の有害突

V. ゲンゴロウ類の減少

然変異を保有している。近交弱勢を通してこれらの有害突然変異が発現すると，繁殖や成長がうまくいかず，集団があっという間に絶滅してしまうことも珍しくない（Nakahama et al., 2024）ことから，特に個体数の少ない絶滅危惧種の場合，遺伝的多様性を維持しつつ近交弱勢をできる限り避けることが保全上重要となる。

　もう一つ重要な概念は，空間遺伝構造である。野生生物は，近距離の生息地間を適宜移動しつつも，それぞれの生息地において長い時間を経て世代交代をしている。そのため，多くの野生生物はその生息地に応じて遺伝的に分化している（これを空間遺伝構造があると表現する）。そのため，もし仮に，

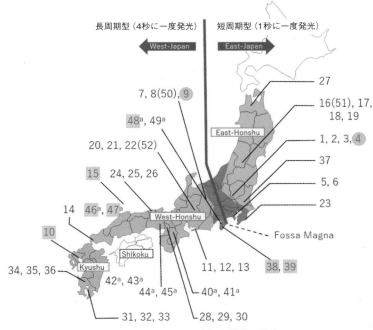

図 15-1　ゲンジボタルにおける遺伝的撹乱の報告（Kato et al., 2020 を一部改編の上転載）
灰色丸で囲った番号は，本来の生息地から遠く離れた地域に放流された個体を示し，灰色四角で囲った番号は，遺伝的撹乱を起こしている可能性のある個体を示している。

保全のために生息地間を人為的に移動させる必要が生じたとしても，移動は同一の遺伝的なグループの範囲内（保全単位）でのみ実施するべきである。もし保全単位の外で人為的な移出入を行った場合，それは遺伝的撹乱につながるリスクが大きい。実際，キタノメダカ *Oryzias sakaizumii* やミナミメダカ *O. latipes* においては，ペット由来の放流などによって，日本国内で深刻な遺伝的撹乱が生じていることが報告されている（中尾，2017）。また，ゲンジボタル *Nipponoluciola cruciata* においても，日本国内の各地で本来の生息地から遠く離れた地域に放流された個体や，それに伴う遺伝的撹乱が報告されている（Kato *et al*., 2020）（図 15-1）。

保全遺伝学に用いられる解析手法

こうした遺伝的多様性や空間遺伝構造は，生物の表現型のみでは判断が難しいことから，集団遺伝解析[註2]が実施されることが多い。2010年代前半まではサンガーシーケンシングやマイクロサテライト解析など，数座〜数十座といった少数の遺伝マーカーに基づく解析が多かった。しかし，次世代シーケンサーの開発と普及によって超低コストでDNA配列決定ができるようになった現在では，ゲノムから縮約して多型のある遺伝子座を解析に用いる縮約ゲノム解析（ddRAD-seq，MIG-seq，GRAS-Diなど）や，全ゲノムリシーケンスによる研究事例が増えてきた。これらにより，一部の遺伝子領域ではなく，よりゲノム全体を正確に反映し，かつ解像度の高いデータが得られるようになってきた（中濱ら，2022）。今後，ゲンゴロウ類に限らず多くの絶滅危惧種において，ゲノムレベルでの遺伝的多様性や空間遺伝構造が明らかになることで，こうした遺伝情報に配慮した保全戦略の策定が可能となると期待されている。

ヤシャゲンゴロウの研究事例

しかし，実際にはゲンゴロウ類において保全遺伝学的研究が実施された例は非常に少なく，これまでに国内で実施された例はヤシャゲンゴロウ（図15-2）のみである。ここでは，ヤシャゲンゴロウの事例について紹介したい。なお，本種における保全遺伝学的研究については，加藤ら（2021）や加藤・中

V. ゲンゴロウ類の減少

図15-2 ヤシャゲンゴロウの成虫
（写真提供：平井規央博士（大阪公立大学））

濱（2024）において報告されているため，詳細はそちらを参照してほしい。

ヤシャゲンゴロウは，福井県と岐阜県の県境に位置する夜叉が池にのみ生息するゲンゴロウ科昆虫である（中島ら，2020）。北海道から中部地方にかけて分布するメススジゲンゴロウ *Acilius japonicus* に極めて近縁とされるが，夜叉が池は現在知られているなかで最も地理的に近いメススジゲンゴロウの生息地から100 km以上離れており，両種が同所的に生息する場所は存在しない。その希少性及び絶滅リスクの大きさから，現在は環境省レッドリスト（環境省，2020）で絶滅危惧ⅠB類と評価されているだけではなく，種の保存法により国内希少野生動植物種に指定されており，生息域内・生息域外保全が実施されている。2015年当時は福井県自然保護センター，越前松島水族館，石川県ふれあい昆虫館など，複数施設で生息域外保全が実施されていた。これらの生息域外保全集団及び，野生集団の遺伝的多様性の健全性を明らかにした。

マイクロサテライト解析による結果，ヤシャゲンゴロウの遺伝的多様性は近縁種のメススジゲンゴロウと比較して非常に低かった（図15-3a）。通常，遺伝的多様性が低い場合には，もともとから個体数が少ないために長期間遺伝的多様性が低い状態が続いているか，もしくは何らかの要因により近年個

15 ゲンゴロウ類の保全遺伝学

体数が急減した結果，遺伝的多様性が減少した可能性が考えられる。後者の場合，有害突然変異の発現によって近交弱勢に陥りやすいため，注意が必要である。そこで，種の保存法による規制前に採集された1960～90年代の標本が残されていたため，これらの標本から過去の遺伝的多様性を推定した。結果的には，過去（1960～1990年代）と現在（2010年代）では遺伝的多様性はほとんど変化がなかった（図15-3b）。つまり，ヤシャゲンゴロウは過去数十年で遺伝的多様性に影響を及ぼすほどの個体数の減少が起こっておらず，かなり前から遺伝的多様性が低い状態で維持されてきたと考えられる。

また，3施設の生息域外保全集団においては，いずれの施設においても野生集団よりも遺伝的多様性が低かったものの，仮想的に3施設の集

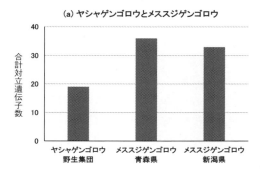

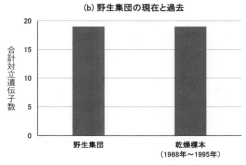

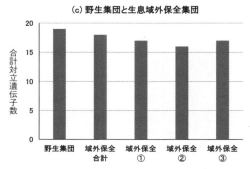

図15-3 ヤシャゲンゴロウ及びメススジゲンゴロウの遺伝的多様性

縦軸はそれぞれ，マイクロサテライトマーカーの合計対立遺伝子数。(a) ヤシャゲンゴロウとメススジゲンゴロウの野生集団。(b) ヤシャゲンゴロウの野生集団の過去（1960～90年代）と現在（2010年代）。(c) ヤシャゲンゴロウの野生集団と生息域外保全集団。生息域外保全集団は，域外保全①：石川県ふれあい昆虫館，域外保全②：越前松島水族館，域外保全③：福井県立自然保護センターを示す。

団を混合した場合，野生集団とほぼ同等の遺伝的多様性にまで達することが示された（図15-3c）。生息域外保全集団は，外部から個体を導入しない限り，遺伝的浮動によって遺伝的多様性が減少していくことが知られている（Frankham *et al.*, 2010）。これを防ぐためには，より多くの個体を繁殖に参加させる必要があるが，通常は生息域外保全を実施できる個体数は限られていることから，無制限に飼育個体を増やすのは現実的ではない。ヤシャゲンゴロウのように各施設で分散的に飼育を行った場合，各施設の生息域外保全集団では世代を追うごとに対立遺伝子は少しずつ失われていく。しかし，失われる対立遺伝子が遺伝的浮動によるものであれば，失われた対立遺伝子は他の施設で保持されていることがあり，集団を再度混合した場合には結果的に遺伝的多様性をある程度回復可能と考えられる。

おわりに

一連の結果から，ヤシャゲンゴロウは近年も遺伝的多様性が大きく減少しておらず，また生息域外保全集団においても遺伝的多様性が維持されていることが明らかとなった。今後も定期的に遺伝的多様性を評価しておくことで，近交弱勢のリスクを明らかにできるだろう。また，冒頭で述べたようにゲンゴロウ類には多くの絶滅危惧種が含まれることから，本種だけでなく多くのゲンゴロウ類についても同様に保全遺伝学研究を実施し，それに基づいた保全戦略の策定が必要といえる。

〔註〕
（註1）遺伝的多様性：生態系の多様性，種の多様性とともに，生物多様性を構成する一つの要素。個体間や集団間での遺伝的な違いを示す。
（註2）集団遺伝解析：特定の生息地の集団に生息する複数個体を用いて，遺伝的な組成を比較する解析手法。

〔引用文献〕

Frankham R, Briscoe DA, Ballou JD (2010) *Introduction to Conservation Genetics, 2nd edn*: 644 pp., Cambridge University Press, Cambridge.

Hayashi M, Nakajima J, Ishida K, Kitano T, Yoshitomi H (2020) Species diversity of aquatic Hemiptera and Coleoptera in Japan. *Japanese Journal of Systematic Entomology*, 26(2): 191–200.

環境省 (2020) 環境省レッドリスト 2020. 環境省自然環境局野生生物課,東京.
Kato Di, Suzuki H, Tsuruta A, Maeda J, Hayashi Y, Arima K, Ito Y & Nagano Y (2020) Evaluation of the population structure and phylogeography of the Japanese Genji firefly, *Luciola cruciata*, at the nuclear DNA level using RAD-Seq analysis. *Scientific reports*, 10(1): 1533.
加藤雅也・中濱直之 (2024) 遺伝情報に基づくヤシャゲンゴロウの保全. 昆虫と自然（昆虫と自然編集委員会編), 59(5): 30–34.
加藤雅也・中濱直之・上田昇平・平井規央・井鷺裕司 (2021) 複数施設の生息域外保全による国内希少野生動植物ヤシャゲンゴロウの遺伝的多様性の保持効果. 保全生態学研究, 26(1): 2032.
中濱直之・安藤温子・吉川夏彦・井鷺裕司 (2022) 国内希少野生動植物種における保全遺伝学研究の基盤としての遺伝情報. 保全生態学研究, 27(1): 2128.
Nakahama N, Konagaya T, Ueda S, Hirai N, Yago M, Yaida YA, Isagi Y (2024) Road to extinction: Archival samples unveiled the process of inbreeding depression during artificial breeding in an almost extinct butterfly species. *Biological Conservation*, 296: 110686.
中島　淳・林　成多・石田和男・北野　忠・吉富博之 (2020) ネイチャーガイド　日本の水生昆虫：351 pp., 文一総合出版, 東京.
中尾遼平 (2017) 3. 日本の野生メダカ集団における遺伝的攪乱の現状. 日本水産学会誌, 83(2): 235–235.
渡辺黎也・上田尚志 (2024) 兵庫県豊岡市におけるスジゲンゴロウ・マダラシマゲンゴロウの記録および生息環境の変遷. 日本環境動物昆虫学会誌, 35(2): 23–29.

（中濱直之・加藤雅也）

VI. 地球温暖化により増えるゲンゴロウ類

VI. 地球温暖化により増えるゲンゴロウ類

16 コガタノゲンゴロウの再発見・分布拡大

■ はじめに

　コガタノゲンゴロウ *Cybister tripunctatus lateralis* は 2011 年まで環境省レッドリストにて絶滅危惧 IA 類に指定という最も野生絶滅が危惧されていた，極めて珍しいゲンゴロウであった。和名に"コガタノ"とつくが，体長 2 cm を超える大型のゲンゴロウである。福岡県で生まれ育った私は，子どものころに祖父の所有する水田に行ってはコシマゲンゴロウ *Hydaticus grammicus* やミズスマシ類，タイコウチ *Laccotrephes japonensis*，ミズカマキリ *Ranatra chinensis*，マツモムシ *Notonecta triguttata* などを見かけてはいたものの，1990 年代前半までコガタノゲンゴロウは一度も見たことがなかった。しかし，2010 年に島根県の溜池にて，自分で初めて捕獲したのである。コガタノゲンゴロウはネットオークションやペットショップで販売されていたので，発見当初は放虫や飼育個体の脱走を疑っていたが，自然度の高い場所で見つかったことから，次第にその可能性は低いと考えるようになった。筆者以外の方でも，今まで採れていなかった場所で急にコガタノゲンゴロウが採れると，驚く方も多いようである。今でも時々『このゲンゴロウは何ですか？　珍しいですか？』といった写真とともに送られてくる問い合わせも後を絶たない。このような経緯から，私にとって否応なしに意識するゲンゴロウになった。

　コガタノゲンゴロウは南方系で南西諸島や九州南部，四国南西部に個体数が多かった。2011 年に宮崎県で学会があったのでそのついでに近隣の池を探ると，網を入れるたびに"ザクザク"と採れるほどたくさんいて，南九州のすごさに感銘を受けたほどであった。しかし，2000 年代後半から九州北部や本州西部での再発見，未記録地への分布拡大が示唆されている。それを受け 2012 年改訂の環境省レッドリストでは絶滅危惧 II 類へと下方修正されたし，地方版レッドリストでも下方修正や，レッドリストから除外する県も出てきている。2010 年には 30 年以上記録がなく，絶滅判定されていた兵庫県（大庭・稲谷，2010），2012 年には石川県（嶋田・富沢，2014）でも見つか

16 コガタノゲンゴロウの再発見・分布拡大

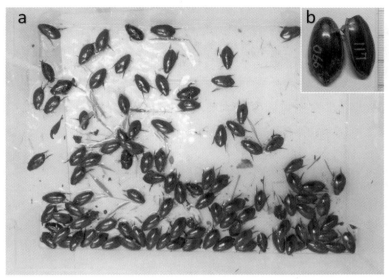

図 16-1　2013 年 11 月に長崎市内の湿地 1 カ所で捕獲されたコガタノゲンゴロウ（a）と，冬季に発見したきれいな死体（b）

るなど，発見されるとニュースになりやすい存在でもある。最近では毎年のように地方の同好会誌などに発見記録が掲載されている。なお，各都府県での記録をまとめたものとして，下野（2015）が大変詳しい。下野（2015）以降の記録は大阪府（鈴木・平井，2023），滋賀県（金尾，2021），和歌山県（秋田ら，2023），静岡県（難波・酒井，2021），神奈川県（佐野・亀岡，2023），千葉県（柳ら，2020），山梨県（太田ら，2020），富山県（澤田・岩田，2019）等の記録がある。海辺での採集記録（渡部，2020; 原本ら，2022）や船上でも捕獲された記録（細谷，2017）もあることから，自力で海を超えて分散していることも想定される。

　筆者の職場のある長崎市内でも小中学校のプール（大庭ら，2019）や少し郊外の溜池や湿地で見つけることができた（大庭，2014）（図 16-1a）。予期せず見つかると大型種ということもあり，嬉しくなるものであるが，なぜ，他のゲンゴロウ，特に水田に生息するようなゲンゴロウ類が減少傾向にある中で，本種が増えているのか？　純粋にこの謎を知りたくなった。そこで2013 年から筆者の研究室ではコガタノゲンゴロウと，近縁種のクロゲンゴ

VI. 地球温暖化により増えるゲンゴロウ類

ロウ Cybister brevis，ゲンゴロウ（ナミゲンゴロウ）C. chinensis の 3 種について生活史や行動形質などを比較することになった。ここではそれらの一連の研究を紹介したい。なお本稿は大庭（2022）をもとに，最新の知見を盛り込んだものである。

◼ さまざまな飼育温度による羽化率の比較と発育ゼロ点

コガタノゲンゴロウは暖かい地方で多く見られる種であり，東北地方や北海道での記録はない。クロゲンゴロウは九州本土〜本州，ナミゲンゴロウは九州本土〜北海道とその分布域が種ごとに異なる（中島ら，2020）。そこで分布域の異なるこれら 3 種に対して，さまざまな温度で卵から成虫になるまで飼育して発育ゼロ点（成長が止まる下限温度）を調べることにした（Ohba et al., 2020）。各種の成虫ペアがいる水槽にホテイアオイ Eichhornia crassipes を 1〜2 株入れ，産卵された株を取り出して 20，23，25，28，30 度の環境下で孵化するまでの日数を記録した。また孵化幼虫についても冷凍フタホシコオロギを毎日与えて，上記の温度で成虫になるまで飼育した。幼虫については原則として毎日の水替えと給餌，3 齢幼虫が餌に興味を示さなくなったら，蛹になる準備ができたものとして湿らせたピートモスを入れたカップの上に静かにおいた。ピートモスに自ら潜った日から，成虫になって蛹室から脱出・ピートモスの表面に出てきた日までの期間を蛹期間とみなした。

実に約 5 年を要した実験の結果，コガタノゲンゴロウは高温に適応した生活史を持つことがわかった。温度別の羽化率（孵化幼虫が成虫にまで育つ割合）を見ると，ナミゲンゴロウはどの温度でも一定の高い羽化率を示したのに対し，クロゲンゴロウは 23〜28 ℃で高かった。ところが，コガタノゲンゴロウは 20 ℃で最も低く，温度が上がるにつれて徐々に羽化率が高くなることがわかった（図 16-2）。そしてナミゲンゴロウとクロゲンゴロウの幼虫〜成虫になるまでの発育ゼロ点がそれぞれ 8.7 ℃と 11.1 ℃であったのに対し，コガタノゲンゴロウは 16.8 ℃と高温であった。北海道にも分布するナミゲンゴロウが最も低く，次に北海道には分布しないクロゲンゴロウ，コガタノゲンゴロウという順番であり，発育ゼロ点はその分布域を反映していた。産卵数に関して 3 種で比較してみると，産卵期の違いはあるものの顕著な違

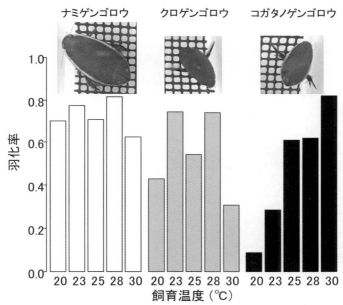

図 16-2　さまざまな飼育温度におけるゲンゴロウ類の羽化率
(Ohba et al., 2020 を改編)

いはなかった。コガタノゲンゴロウの産卵数が特段多いというわけではなさそうである。つまり，近年のコガタノゲンゴロウの増加と分布拡大は地球温暖化による繁殖期の気温の上昇が，その幼虫の生存率の向上と成長にプラスに働いている可能性が示唆される。

水中での行動の定量化

(1) 種ごとの行動の違い

　コガタノゲンゴロウが新たにやってくると他種に対してどのような影響をもたらすのか？　まずは Yee et al., (2009) の方法を参考にして，3 種の水中での行動について定量化することを試みた (Ohba et al., 2022)。衣装ケースに水草の密度が高いところと低いところを半分ずつ造成 (図 16-3 上) し，雌雄を 1 匹ずつ入れた時の行動を 2 分おきに 60 分間記録した。開始 30 分後に衣装

VI. 地球温暖化により増えるゲンゴロウ類

図 16-3 行動観察のために用いた容器（上），採餌の観察に用いた容器（下）

ケースの真ん中に冷凍赤虫を静かに落とし，その後の行動も観察した。行動データとしては，水草に触れている・いない，泳いでいる・いない，水草が多いところか少ないところにいるかといった項目を記録した。その後，それぞれの割合を前後半（餌なし，餌あり）に分けて計算し，主成分分析にかけて第一主成分（PC1）にあたる"大人しさの指標"を作出した。このように少々ややこしい手順をふむことになるが，こうすることでさまざまな行動特性を無駄なくデータとして解析できる利点がある（Ⅲ-3を参照）。行動観察と解析の結果，コガタノゲンゴロウが最も活発に泳ぎ回り，次にナミゲンゴロウ，クロゲンゴロウが続いた。コガタノゲンゴロウでは雌雄ともに活発に動くのに対して，ナミゲンゴロウとクロゲンゴロウではオスがメスよりも活発に動くことがわかった（図 16-4 左）。開始から 30 分後に餌を入れるとコガタノゲ

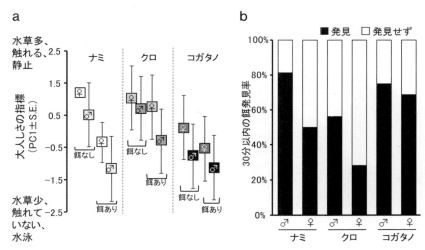

図16-4 水中での行動（大人しさ）の比較（a）と餌発見率（b）（Ohba *et al.*, 2022を改編）
a：全体的にコガタノゲンゴロウの値が低く、"大人しくない"ことが読み取れる。b：コガタノゲンゴロウは雌雄ともにエサを発見しやすいのに対し、ナミ、クロはメスよりもオスの方が餌を発見しやすい。

ンゴロウとナミゲンゴロウではオスがメスよりも餌を見つける割合が高かったが、クロゲンゴロウではそのような性差はなく、全体的に餌を見つける個体が他種よりも少ないことがわかった（図16-4右）。

（2）3種が同時にいた時に餌を発見する順位

3種が生息する場合、餌の奪い合いが起きないのか？ 餌にたどり着くまでの時間や順番を種間で比較するため、3種それぞれの雌雄1匹ずつ合計6匹を実験に用いた。衣装ケースの半分に水草の束を浮かべ（図16-3下）、3種のゲンゴロウたちが水草に止まって落ち着いてから、水草とは反対側に乾燥エビまたは煮干しを入れ、餌にたどり着いた種とその性別を記録した。その結果、3種のうち最も餌にたどり着きやすいのはコガタノゲンゴロウであり、次にナミゲンゴロウ、クロゲンゴロウと続いた。16回の試行のうち、コガタノゲンゴロウが13回最初に餌を見つけた（表16-1）。餌を投入してから餌に到達するまでの時間を計測してみると、こちらもコガタノゲンゴロウ

VI. 地球温暖化により増えるゲンゴロウ類

表 16-1 それぞれのエサと繰り返しごとのエサにたどり着く順位

エサ	繰り返し	エサにたどり着いた順位					
		1	2	3	4	5	6
煮干し	a	コガタノ♂	ナミ♀				
	b	ナミ♀	コガタノ♀				
	c	コガタノ♀	コガタノ♂	ナミ♀	ナミ♂		
	d	コガタノ♀	コガタノ♂				
	e	コガタノ♀	コガタノ♂				
	f	コガタノ♂	コガタノ♀	ナミ♂			
	g	ナミ♀	コガタノ♂	コガタノ♀	クロ♂		
	h	コガタノ♂	コガタノ♀	ナミ♂	ナミ♀		
乾燥エビ	i	コガタノ♀	コガタノ♂	クロ♀	ナミ♀		
	j	コガタノ♂	ナミ♂	ナミ♀	クロ♂	コガタノ♀	
	k	コガタノ♂	コガタノ♀				
	l	コガタノ♂	コガタノ♀	ナミ♂	ナミ♀	クロ♂	
	m	コガタノ♀	コガタノ♂	ナミ♂			
	n	クロ♂	コガタノ♂	コガタノ♀			
	o	コガタノ♀	コガタノ♀				
	p	コガタノ♂	コガタノ♀	ナミ♂			

(平均 617 秒)が最も短く，次にクロゲンゴロウ(平均 1577 秒)，ナミゲンゴロウ(平均 1830 秒)と続いた。また，これとは別の実験(Ⅲ-3参照)でわかったことだが，体サイズはナミゲンゴロウが最も大きいのにもかかわらず，驚くべきことに餌(乾燥エビ)を食べる量に関してはコガタノゲンゴロウ(平均 43.6 mg)が最も多いことがわかった(ナミゲンゴロウは平均 27.0 mg)。ちなみにクロゲンゴロウは平均 18.5 mg と最も摂食量が少なかった。

以上より，コガタノゲンゴロウ成虫は雌雄問わず活発に泳ぎ回り，餌を発見しやすい，餌をよく食べるという特徴をもつことが明らかとなった。つまり，近縁種よりも競争能力に長けているといっても過言ではない。上で述べた地球温暖化が追い風となり，成育しやすい気候条件になりつつあることと，コガタノゲンゴロウが元来持っている活発な行動，すなわち競争能力の高さが，西日本での分布拡大に影響していると考えられる。

越冬の可否

　コガタノゲンゴロウは南方系のゲンゴロウであり,寒さには弱いとされる。実際に2013年11月に長崎市内で多産地を見つけたものの(図16-1a),寒くなるにつれて徐々に個体数が減り,ほとんどの個体が春まで生存できなかったし,2月の調査ではきれいな死体を見かけた(図16-1b, 大庭, 2014)。同じような努力量ですくい取りをしても,2013年11月に105匹,12月29日には41匹,翌2014年2月25日には9匹,3月26日には4匹と急減したのである。石川県では9月以降に多く見つかることから,成虫が分散してくるものの冬季の寒さで生存できないのではないかと推測されている(渡部, 2021)。この越冬限界温度がコガタノゲンゴロウの分布拡大のカギを握っているかもしれない。この仮説を検証するため,2015年10月より山形,長野,兵庫,

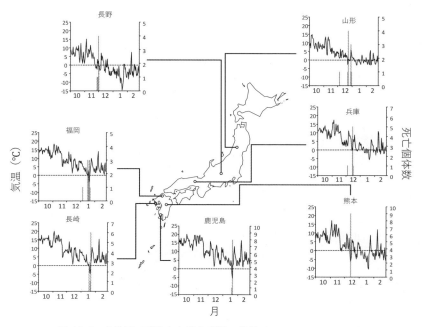

図 16-5　各地域で実施した越冬実験の結果（Ohba *et al*., 2023 を改編）
左縦軸は気温を,右縦軸はコガタノゲンゴロウの死亡個体数を示す。図中の破線は氷点下を示すラインである。

VI. 地球温暖化により増えるゲンゴロウ類

福岡，長崎，鹿児島の卒業生，親戚，友人，知人などに依頼して，屋外での飼育実験を行ってもらうことにした。同じ規格の衣装ケースに水草とともに，5ペアのコガタノゲンゴロウを入れて適度に餌を与えて飼育し，それぞれの地域で越冬できるのか，死亡するとしたらどの程度の温度のときなのかを調べることにした（Ohba et al., 2023）。その結果，山形では翌年1月4日に，長野では12月5日に，兵庫では12月20日に，福岡と長崎では翌年1月25日に，熊本では12月7日に全個体の死亡が確認された。そして，鹿児島では翌年1月24日に10個体中，9個体が死亡したが1個体は翌春まで生存した。死亡時の温度を調べると，氷点下に達するときに死亡が起こることもわかった（図16-5）。また，それぞれの地域の最寒月である1月の平均気温とコガタノゲンゴロウの生存日数には高い正の相関関係（相関係数は0.920）が認められたことから，暖かい地域ほど生存日数が長くなることがわかった。前年に行った長崎市の実験では，2014〜2015年の冬は全個体が生存できた（図16-6）。この冬は氷点下に達することなく春を迎えたので，本種の生存は同じ地

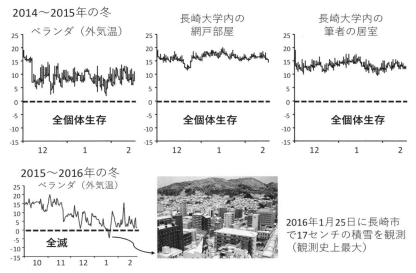

図16-6 長崎市で行った越冬実験時の水温の変化（Ohba et al., 2023を改編）
上段は2014〜2015年，下段は2015〜2016年の冬にそれぞれ行った実験。

16 コガタノゲンゴロウの再発見・分布拡大

域であっても冬季の水温に依存し，氷点下に達すると死亡するようだ。さらに，過去20年間に本種が確認される地域の気温データを調査すると，1月の平均最低気温が氷点下に達しなくなっていることもわかった。冬季の最低気温が氷点下に達しにくくなることが，本種の分布域の拡大の要因になっていると考えられる。やはりコガタノゲンゴロウは寒さに弱い種であることは間違いなさそうである。

飛翔しやすいコガタノゲンゴロウ

コガタノゲンゴロウは飛翔頻度が高いといわれている。そこで，他のゲンゴロウ類と飛翔頻度を比較することにした(Ohba et al., 2025)。ペアごとに飼育している水槽より，個体を追跡するように4～10月にかけて，毎月1回，水のないカップに入れたゲンゴロウ類が1時間以内に飛翔するかどうかを観察した。その結果，クロゲンゴロウは春に，コガタノゲンゴロウは春と秋に飛翔しやすくなった。ナミゲンゴロウはほとんど飛翔しなかった。予想した通り，コガタノゲンゴロウは3種の中で最も飛翔しやすいことが判明した（詳

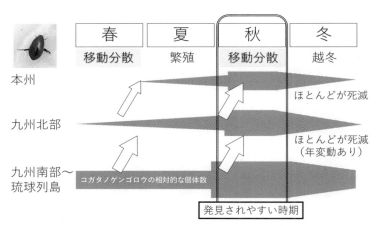

図16-7 コガタノゲンゴロウの生活史と分布拡大のイメージ図
越冬後の春と新成虫が増える秋に分散しやすい。越冬時に死亡しやすいため，気温が低い地域ほど越冬できる個体数は相対的に少なくなると予想される。

VI. 地球温暖化により増えるゲンゴロウ類

細はⅥ-⑱を参照）。そのため，図16-7のような季節的な分散もあり，新成虫が増える秋にコガタノゲンゴロウが各地で見つかる事例が増えているものと考えられる。冬季の気温が上昇すれば，春を超える個体が増え，より緯度や標高が高い地域での繁殖が可能となり，さらに北進と分布拡大は進むだろう。

まとめ

　ここで取り上げたコガタノゲンゴロウとナミゲンゴロウ，クロゲンゴロウの幼虫は昆虫を主に捕食している（Ohba, 2009a・b; Ohba & Inatani, 2012; Ohba & Ogushi, 2020, Ⅳ-⑤も参照）ため，同所的に繁殖した場合は幼虫同士で種間競争が生じる可能性がある。この問題は成虫と同様に，今後明らかにする必要があるだろう。コガタノゲンゴロウのような絶滅危惧種が増加することは稀なことであるが，その原因が人間活動に端を発する地球温暖化が追い風になっているとすると，喜ばしいことなのか深刻な環境問題なのか，複雑である。今後，コガタノゲンゴロウの増加は他種や水田や溜池といった水域の生物群集に対してどのような影響を与えるのか。また，どこまで本種の北進が続くのか。今後もその動向に注視したい。なお，近年明らかになりつつある野外での生活史や生息場所利用についてはⅥ-⑰を参照されたい。

謝辞
　本稿で紹介した研究は，高田尚，寺園康秀，平井祥子，福井瑞生（敬称略）が長崎大学の卒業研究で取り組んだ内容がほとんどであり，彼らの努力なしにはなし得なかった成果である。本研究の一部は科研費（25830152）を受けて実施された。

〔引用文献〕
秋田勝己・津田正太郎・柳　丈陽 (2023) 和歌山県におけるコガタノゲンゴロウの近年の記録について．さやばねニューシリーズ，(52): 46–48.
原本（尋木）優平・新田雄紀人・大川祐佳・大庭伸也 (2022) 汽水域および海水域におけるコガタノゲンゴロウの確認記録．*Niche Life*，9: 75–76.
細谷忠嗣 (2017) "フェリーとしま" の船上で採集されたゲンゴロウ科甲虫2種の記録．さやばねニューシリーズ，(25): 42–44.

金尾滋史 (2021) 滋賀県内におけるコガタノゲンゴロウの再発見と博物館の貢献．地域自然史と保全，43: 63–66.

中島　淳・林　成多・石田和男・北野　忠・吉富博之 (2020) ネイチャーガイド　日本の水生昆虫．文一総合出版，東京．

難波良光・酒井孝明 (2021) 南伊豆町におけるコガタノゲンゴロウの記録．東海自然誌，14: 63–65.

Ohba S (2009a) Ontogenetic dietary shift in larvae of *Cybister japonicus* (Coleoptera: Dytiscidae) in Japanese rice fields. *Environmental Entomology*, 38: 856–860.

Ohba S (2009b) Feeding habits of the diving beetle larvae *Cybister brevis* Aubé (Coleoptera: Dytiscidae) in Japanese wetlands. *Applied Entomology and Zoology*, 44: 447–453.

大庭伸也 (2014) 長崎市相川町ビオトープにおけるコガタノゲンゴロウ．長崎県生物学会誌，(74): 27–29.

大庭伸也 (2022) 西日本で増加しつつあるコガタノゲンゴロウの謎．昆虫と自然，57(4): 5–9.

Ohba S, Fukui M, Terazono Y, Takada S (2020) Effects of temperature on life histories of three endangered Japanese diving beetle species. *Entomologia Experimentalis et Applicata*, 168: 808–816.

大庭伸也・稲谷吉則 (2010) 兵庫県西部と島根県東部におけるコガタノゲンゴロウの記録．きべりはむし，33: 15–16.

Ohba S, Inatani Y (2012) Feeding preferences of the endangered diving beetle *Cybister tripunctatus orientalis* Gschwendtner (Coleoptera: Dytiscidae). *Psyche*, 2012: 3 pages (Aricle ID 139714).

大庭伸也・村上　陵・渡辺黎也・全　炳徳 (2019) 長崎県南部の学校プールに形成される水生昆虫類相の成立要因．日本応用動物昆虫学会誌，63: 163–173.

Ohba S, Ogushi S (2020) Larval feeding habits of an endangered diving beetle, *Cybister tripunctatus lateralis* (Coleoptera: Dytiscidae), in its natural habitat. *Japanese Journal of Environmental Entomology and Zoology*, 31: 95–100.

Ohba S, Ogushi S, Goto N, Watanabe R (2023) The overwintering ecology of *Cybister tripunctatus lateralis*: Do sub-zero temperatures during winter suppress range expansion? *Japanese Journal of Environmental Entomology and Zoology*, 34(9): 101–107.

Ohba S, Suzuki T, Fukui M, Hirai S, Nakashima K, Bae YJ, Tojo K (2025) Flight characteristics and phylogeography in three large-bodied diving beetle species: Evidence that the species with expanded distribution is an active flier. *Biological Journal of the Linnean Society*, 144: blae017.

VI. 地球温暖化により増えるゲンゴロウ類

Ohba S, Terazono Y, Takada S (2022) Interspecific competition among three species of large-bodied diving beetles: is the species with expanded distribution an active swimmer and a better forager? *Hydrobiologia*, 849: 1149–1160.

太田圭祐・山﨑　駿・冨樫和孝・岩田泰幸 (2020) 山梨県におけるコガタノゲンゴロウの記録．さやばねニューシリーズ，(40): 57–58.

佐野真吾・亀岡　譲 (2023) 神奈川県で約60年ぶりに採集されたコガタノゲンゴロウ．月刊むし，(623): 34–36.

澤田研太・岩田朋文 (2019) 富山県におけるコガタノゲンゴロウの再発見と既知記録総括．富山市科学博物館研究報告，43: 29–33.

嶋田敬介・富沢　章 (2014) コガタノゲンゴロウを石川県で初めて発見．石川県立自然史資料館研究報告，4: 1–2.

下野誠之 (2015) 山口県における近年のコガタノゲンゴロウの動向について．山口のむし，(14): 84–90.

鈴木真裕・平井規央 (2023) 大阪府におけるコガタノゲンゴロウの再発見と過去の標本情報．地域自然史と保全，45(2): 135–138.

柳　丈陽・髙野直也・中村　涼 (2020) 約30年ぶりの記録となる千葉県産コガタノゲンゴロウの記録2例について．月刊むし，(587): 22–23.

Yee DA, Taylor S, Vamosi SM (2009) Beetle and plant density as cues initiating dispersal in two species of adult predaceous diving beetles. *Oecologia*, 160: 25–36.

渡部晃平 (2020) 与那国島の砂浜で発見されたコガタノゲンゴロウの幼虫．西表島研究2019，東海大学沖縄地域研究センター所報: 31–34

渡部晃平 (2021) 石川県におけるコガタノゲンゴロウの定着状況．さやばねニューシリーズ，(41): 1–5.

（大庭伸也）

17 ゲンゴロウ属の棲み分け：コガタノゲンゴロウはいつどこで繁殖するのか？

■ 稲作水系に棲むゲンゴロウ属

　水田やそれらをとりまく側溝(註1)やため池といった稲作水系はゲンゴロウ属 Cybister の生息地となっている。西城（2001）は水田とため池における水生昆虫類の季節消長を明らかにした。この研究では，クロゲンゴロウ Cybister brevis（以下，クロ）とナミゲンゴロウ C. chinensis（以下，ナミ）は5月から8月に水田で繁殖し，水田が落水した8月以降に成虫がため池に集まるという生息地間の季節的な移動や利用が示唆された。九州以北にはこの2種の他にコガタノゲンゴロウ C. tripunctatus lateralis（以下，コガタノ）とマルコガタノゲンゴロウ C. lewisianus（以下，マルコガタノ）が生息している。コガタノもクロ・ナミと同様に水田や自然湿地で繁殖することが明らかとなっている（山内ら，2015; Ohba & Ogushi, 2020）。マルコガタノは水質の良い比較的大きなため池に生息し（環境省自然環境局野生生物課希少種保全推進室，2015），幼虫が水田で確認されていないことから同様のため池で繁殖すると考えられる。これらのゲンゴロウ属は同所的に見られる地域もあるが，野外における定量的手法に基づいた種間比較が行われていないことから，棲み分けの詳細は未解明である。

■ 北上するコガタノゲンゴロウ

　コガタノは環境省版レッドリストの絶滅危惧Ⅰ類に選定されていたが，2012年の第4次レッドリストでは絶滅危惧Ⅱ類に下方修正された（環境省自然環境局野生生物課希少種保全推進室，2015）。これは，2005年あたりから日本各地で記録が増え（下野，2015），一部の地域では個体数が著しく増加したり（國本，2011; 口木，2023; Watanabe et al., 2023），現在も北上傾向にあることなどが関係している（例えば，澤田・岩田，2019; 太田ら，2020; 柳ら，2020; 佐野・亀岡，2023）。コガタノは南方種ということもあり，幼虫の時に高温度条件下で高い生存率を示す（Ohba et al., 2020）。また，クロ・ナミと比較して飛翔頻度が高い（Ohba et al., 2025）。そのため，地球温暖化によって個体数

VI. 地球温暖化により増えるゲンゴロウ類

が増加し，高い飛翔能力によって分布が拡大していると考えられている（VI−⑯，⑱も参照）。さらに，他のゲンゴロウ属との種間競争による影響が懸念されている（渡部, 2021; Ohba *et al*., 2022）。Ohba *et al*.（2022）は成虫においてコガタノがクロ・ナミよりも活発に泳ぎ，餌を早く見つけ出し，採餌量が多いことを明らかにした。また，これら3種の幼虫はヤゴなどの水生昆虫類を主食としているため，餌資源を巡る競争が起きる可能性がある（Ohba, 2009a・b; Ohba & Ogushi, 2020）。はたして実際に，生息地ではゲンゴロウ属の種間競争は起こりうるのだろうか？

ここでは，鳥取県（Fukuoka *et al*., 2024）および石川県の稲作水系に生息するゲンゴロウ属の季節消長と生息地利用の研究を紹介するとともに，その類似・相違から起こりうる種間競争について考察する。

■ 水田と側溝における季節消長と生息地利用

鳥取県にはクロ，ナミ，コガタノの3種が生息している。コガタノはもともと個体数が少なかったことから，県の特定希少野生動植物に指定されていたが，2008年以降から徐々に個体数が回復し（國本, 2011），2022年には指定種から解除されるに至った[註2]。鳥取県において，個体数が増加したコガタノと県西部に広く分布するクロがどのように繁殖しているのかを明らかにするため，水田と隣接する2つの側溝（図17-1）で幼虫の季節消長と生息地利用を調査した。2021年6月から9月にかけて（水田から落水されるまで）お

図 17-1　鳥取県西部の稲作水系
（a）水田Aと隣接する側溝A，（b）側溝B。

17 ゲンゴロウ属の棲み分け：コガタノゲンゴロウはいつどこで繁殖するのか？

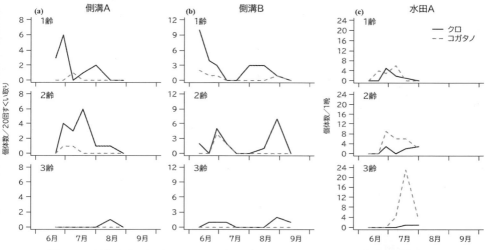

図 17-2 稲作水系におけるクロゲンゴロウとコガタノゲンゴロウの幼虫の季節消長
(a) 側溝 A，(b) 側溝 B，(c) 水田 A。

よそ 2 週間に 1 回の頻度で，側溝ではたも網を用いた 20 回のすくい取り，水田では夜間の目視観察によって幼虫の個体数を記録した。

側溝 A では，調査を開始した 6 月 21 日にはクロの 1 齢が既に出現していた。クロは 6 月下旬から 8 月中旬まで，

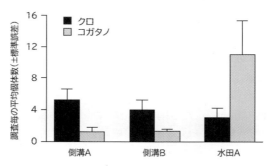

図 17-3 調査毎のクロゲンゴロウとコガタノゲンゴロウの幼虫の平均個体数の比較

コガタノは 6 月下旬から 7 月上旬まで確認された（図 17-2a）。側溝 B でも調査開始時にはクロの 1，2 齢が既に出現しており，6 月中旬から 9 月中旬まで，コガタノは 6 月中旬から 8 月下旬まで確認された（図 17-2b）。水田 A ではクロとコガタノは 6 月下旬から 8 月上旬まで確認された（図 17-2c）。調査期間

VI. 地球温暖化により増えるゲンゴロウ類

が短く，頻度が低いため顕著な傾向はとらえられなかったものの，側溝ではコガタノよりもクロの出現開始時期が早く，水田では重なっていることがわかった。また，側溝と水田で出現した幼虫の個体数を比較したところ，クロは側溝に，コガタノは水田に多いことがわかった（図 17-3）。

これらの結果は生息地の水温に起因していると考えられる。水田は側溝よりも水深が浅く，開放的な水域であるため，水温が上昇しやすい。コガタノは未成熟期（1 齢から成虫まで）の発育ゼロ点が高いことや（コガタノ：16.8 ℃，クロ：11.1 ℃），高温度で高い生存率を示すことから（**Ohba** *et al.*, 2020，Ⅵ－16 も参照），水田を繁殖場所として選択した可能性がある。クロはコガタノより低温でも成長できるため，比較的早い時期から側溝で繁殖できたと考えられる。このように，2 種は出現時期と生息地利用のわずかな違いによって棲み分けをしていることが示唆された。

ため池における季節消長

鳥取県の調査では水田と側溝に着目したが，ため池ではどのような動態を示すのだろうか？ 石川県では従来クロ，ナミ，マルコガタノ（註3）の 3 種が生息していた（石川県，1998; 山口・荒木，2001）。コガタノは 2012 年に初めて県内で記録され（嶋田・富沢，2014），個体数の増加，繁殖（渡部，2021; **Watanabe** *et al.*, 2023）や越冬（福岡・渡部，未発表）が確認されるようになった。そこで，これら 4 種の季節消長を明らかにするため，県北部（能登地域）のため池（図 17-4a）において 2023 年 2 月から 11 月にかけておよそ 1 カ月に 1～4 回の頻度で，たも網を用いたすくい取り調査を行った。幼虫は 4 月から 9 月にかけて（すべての幼虫が確認されなくなるまで），調査 1 回につき 40 回のすくい取りによって個体数を記録した。なお，4 種の幼虫は形態が酷似しているが（図 17-4b～e），渡部（2024）の示した形質を用いることで種および齢期の正確な同定が可能となった。成虫は 40 回のすくい取りでは評価できなかったため，1～2 人が 1 時間以上，ため池を 1 周しながら無作為にすくい取ることで個体数を記録した。そして，努力量を一定にするため，1 人が 1 時間あたりに捕獲した個体数に換算した。

幼虫について，クロは 5 月下旬から 8 月中旬まで確認され，1 齢は 6 月上

17 ゲンゴロウ属の棲み分け：コガタノゲンゴロウはいつどこで繁殖するのか？

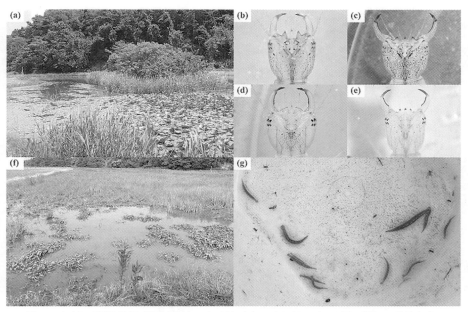

図17-4 (a) 石川県北部（能登地域）のため池，(b)～(e) ゲンゴロウ属4種の3齢幼虫 (b: クロゲンゴロウ，c: ナミゲンゴロウ，d: コガタノゲンゴロウ，e: マルコガタノゲンゴロウ)，(f) ため池のすぐ横にある休耕田と (g) そこで確認されたコガタノゲンゴロウの幼虫

旬，2齢は7月上旬，3齢は7月下旬にピークがあった。ナミは，5月下旬から7月中旬まで確認され，1齢は6月上旬，2齢は6月下旬，3齢は6月上旬・7月上旬にピークがあった。マルコガタノは6月上旬から8月中旬まで確認され，1齢は6月上旬，2齢は7月上旬，3齢は7月中旬・下旬にピークがあった（図17-5a）。コガタノは1齢が8月上旬に確認された（図17-5a）。このことから，ナミは出現ピークが比較的早くて出現期間が短く，追うようにしてクロとマルコガタノが出現することがわかった。一方で，コガタノは遅い時期に1個体が出現したのみであった。このため池では2022年の秋に4種の成虫を確認していたため，2023年の春にはすべての幼虫が出現するだろうと考えて当初は調査を行っていた。しかし，7月になってもコガタノの幼虫が出現しなかったことを疑問に思い，2023年7月1日にため池からわずか20mほど離れた休耕田（図17-4f）に網を入れてみたところ10個体以上

VI. 地球温暖化により増えるゲンゴロウ類

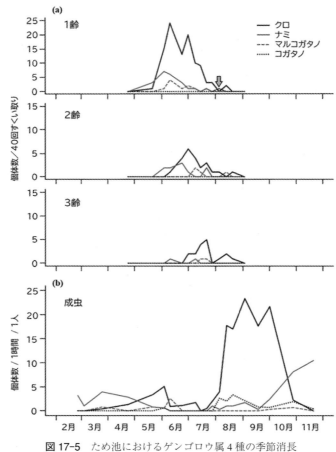

図17-5 ため池におけるゲンゴロウ属4種の季節消長
(a) 幼虫（矢印はコガタノゲンゴロウの幼虫のピークを示す），(b) 成虫。

のコガタノの幼虫が確認された（図17-4g）。休耕田では定量的な調査は行っていないが，個体数はコガタノ，クロ，ナミの順で多く，マルコガタノは確認されなかった。このことから，鳥取県の調査と同様にコガタノは水田・休耕田といった浅い水域で多くの幼虫が見られる傾向があり，繁殖地として選択されやすい可能性があることがわかった。また，休耕田では7月1日にコ

17 ゲンゴロウ属の棲み分け：コガタノゲンゴロウはいつどこで繁殖するのか？

ガタノの3齢が確認されたことから，6月中旬頃には1齢が出現していた可能性がある。一方，ため池では，8月上旬に1個体の1齢が確認されたのみで，個体数が少なく，出現時期も遅かった。石川県内のため池におけるコガタノの幼虫の確認時期は，8月27日〜10月28日と他のゲンゴロウ属3種と比べて遅いことからも（渡部, 2021; Watanabe *et al.*, 2023, 2025），繁殖環境により幼虫の棲み分けが生じている可能性が支持される。同じ地域の休耕田（または水田）とため池で幼虫の消長を調査・比較することにより，詳細な解明が期待される。

　成虫について，クロは6月上旬と8月下旬に，ナミは3月下旬と11月中旬に，コガタノは6月上旬と8月中旬に，マルコガタノは6月上旬にピークがあった（図17-5b）。4種は主に春と秋に出現する傾向がみられ，これは西城（2001）の結果と同様であった。このため池ではコガタノがほとんど繁殖していないことから，秋に確認された多くの成虫は周辺の水田・休耕田で育った個体が飛来してきたと考えられる。

コガタノゲンゴロウが引き起こす種間競争の懸念

　一連の調査から，同所的に見られるゲンゴロウ属の生態には，繁殖地選択や幼虫の出現時期などにおいて種間で違いが存在することが示唆された。ナミとマルコガタノは異なる地域で更なる調査が必要であるが，少なくともコガタノは側溝やため池よりも水田や休耕田といった浅い水域に依存した繁殖生態であると言える。そのため，コガタノが本来分布していない地域まで生息地を拡大させたり，個体数が増加することによって，水田に出現するクロやナミの幼虫との競争が生じうると考えられる。特に大きさが似ているクロとは同じサイズの餌資源を巡る競争，さらにはコガタノがクロを捕食するギルド内捕食[注4]も起きるかもしれない。成虫は腐肉食者であるため，捕食者である幼虫よりも餌資源競争が起こりにくい可能性があるが（Juliano & Lawton, 1990），その影響の評価もしていく必要があるだろう。

VI. 地球温暖化により増えるゲンゴロウ類

さいごに

今回紹介した能登地域の研究は季節消長の他に食性や移動性，越冬なども調査しており，筆者の福岡は2023年12月29日まで，渡部も12月3日まで調査地を訪れていた。最後の調査3日後に令和6年能登半島地震が発生した。当然ながら以降は調査どころではなく，毎週のように通った場所の被害状況を目の当たりにして深くショックを受けた。一刻も早い復興を，そして再び当地で調査ができることを心から願っている。

〔註〕
(註1) 水田に沿って造られた溝（明渠）で，用排水路や水田に入れる水を温める機能を持つ。地域によって「堀上」，「ひよせ」，「江」，「テビ」などさまざまな呼び名がある。
(註2) コガタノゲンゴロウは2022年まで鳥取県希少野生動植物の保護に関する条例に基づく特定希少野生動植物に指定されていたため，捕獲許可を得て調査を実施した（特定希少野生動植物捕等従事者証：第202100023337）。
(註3) マルコガタノゲンゴロウは種の保存法に基づく国内希少野生動植物種に，石川県ではふるさと石川の環境を守り育てる条例に基づく指定希少野生動植物種に指定されているため，捕獲許可を得て調査を実施した（石川県：第4-11-1号，第4-45-1号；環境省：第2206227，第2303313）。
(註4) 同一の栄養段階に属し，共通の餌資源を利用する生物群を「ギルド」と呼び，同一ギルド内の種間で捕食することを「ギルド内捕食」という。

〔引用文献〕
Fukuoka T, Tamura R, Ohba S, Yuma M (2024) Different habitat use of two *Cybister* (Coleoptera: Dytiscidae) species larvae in a paddy field water system. *Entomological Science*, e12595.
石川県 (1998) 石川県の昆虫．石川県環境安全部自然保護課，金沢．
Juliano SA, Lawton JH. (1990) The relationship between competition and morphology. Ⅱ. Experiments on co-occurring dytiscid beetles. *The Journal of Animal Ecology*, 59: 831–848.
環境省自然環境局野生生物課希少種保全推進室 (2015) レッドデータブック2014 —日本の絶滅のおそれのある野生生物— 5 昆虫類．株式会社ぎょうせい，東京．
口木文孝 (2023) 佐賀県におけるコガタノゲンゴロウの乾式予察灯での捕獲

虫数の年次推移．佐賀の昆虫，(58): 504–506．

國本洸紀 (2011) コガタノゲンゴロウの生態（その5）—個体数の増加とサイズの小型化および繁殖地の拡大—．ゆらぎあ，(29): 9–12．

Ohba S (2009a) Feeding habits of the diving beetle larvae, *Cybister brevis* Aubé (Coleoptera: Dytiscidae) in Japanese wetlands. *Applied Entomology and Zoology*, 44: 447–453.

Ohba S (2009b) Ontogenetic dietary shift in the larvae of *Cybister japonicus* (Coleoptera: Dytiscidae) in Japanese rice fields. *Environmental Entomology*, 38: 856–860.

Ohba S, Fukui M, Terazono Y, Takada S (2020) Effects of temperature on life histories of three endangered Japanese diving beetle species. *Entomologia Experimentalis et Applicata*, 168: 808–816.

Ohba S, Ogushi S (2020) Larval feeding habits of an endangered diving beetle, *Cybister tripunctatus lateralis* (Coleoptera: Dytiscidae), in its natural habitat. *Japanese Journal of Environmental Entomology and Zoology*, 31: 95–100.

Ohba S, Suzuki T, Fukui M, Hirai S, Nakashima K, Bae JB, Tojo K (2025) Flight characteristics and phylogeography in three large-bodied diving beetle species: evidence that the species with expanded distribution is an active flier. *Biological Journal of the Linnean Society*, 144, blae017.

Ohba S, Terazono Y, Takada S (2022) Interspecific competition amongst three species of large-bodied diving beetles: is the species with expanded distribution an active swimmer and a better forager? *Hydrobiologia*, 849: 1149–1160.

太田圭祐・山﨑　駿・冨樫和孝・岩田泰幸 (2020) 山梨県におけるコガタノゲンゴロウの記録　さやばねニューシリーズ，(40): 57–58．

西城　洋 (2001) 島根県の水田と溜め池における水生昆虫の季節的消長と移動．日本生態学会誌，51: 1–11．

佐野真吾・亀岡　譲 (2023) 神奈川県で約60年ぶりに採集されたコガタノゲンゴロウ．月刊むし，(623): 34–36．

澤田研太・岩田朋文 (2019) 富山県におけるコガタノゲンゴロウの再発見と既知記録総括．富山市科学博物館研究報告，43: 29–33．

嶋田敬介・富沢　章 (2014) コガタノゲンゴロウを石川県で初めて発見．石川県立自然史資料館研究報告，(4): 1–2．

下野誠之 (2015) 山口県における近年のコガタノゲンゴロウの動向について．山口のむし，(14): 84–90．

渡部晃平 (2021) 石川県におけるコガタノゲンゴロウの定着状況．さやばねニューシリーズ，(41): 1–5．

渡部晃平 (2024) 本州産ゲンゴロウ属（コウチュウ目，ゲンゴロウ科）幼虫

VI. 地球温暖化により増えるゲンゴロウ類

の同定形質の検討．ホシザキグリーン財団研究報告, (27): 147–155.

Watanabe K, Fukuoka T, Sakaki Y (2025) Late season record of *Cybister tripunctatus lateralis* (Coleoptera, Dytiscidae) larvae in Ishikawa Prefecture, Japan. *Bulletin of the Hoshizaki Green Foundation*, (28): 169–173.

Watanabe K, Sumikawa T, Fukutomi H, Nishijima Y, Hironaka M (2023) Current status of the northern population of the diving beetle *Cybister tripunctatus lateralis* (Coleoptera, Dytiscidae) in Ishikawa Prefecture, Japan. *Elytra, New Series*, 13: 195–202.

山口英夫・荒木克昌 (2001) マルコガタノゲンゴロウ石川県で記録（第1報）. 翔, (151): 1.

山内啓治・久松定智・山中省子・渡部温史 (2015) 愛媛県南西部の水田地帯におけるコガタノゲンゴロウの生息状況調査．愛媛県立衛生環境研究所年報, (18): 18–26.

柳　丈陽・高野直也・中村　涼 (2020) 約30年ぶりの記録となる千葉県産コガタノゲンゴロウの記録2例について．月刊むし, (587): 22–23.

（福岡太一・渡部晃平）

18 ゲンゴロウ属 *Cybister* の分子系統地理

はじめに

　ゲンゴロウ類(コウチュウ目 Coleoptera: ゲンゴロウ科 Dytiscidae)は，肉食の魚類が生息していない池沼の水生生物群集における重要な捕食者である(Cobbaert *et al*., 2010; Culler *et al*., 2023)。特に，ゲンゴロウ属 *Cybister* は，池，湿地，水田などの止水域に生息している体長 20 mm を超えるような大型の種群であり(Miller & Bergsten, 2016; 中島ら，2020)，止水域の生態系において重要な分類群であるといえる。また，日本列島からはゲンゴロウ属の種が 7 種記録されており，そのうちの 6 種は生息個体数の減少により環境省レッドリストに掲載されている(環境省, 2015)。

　その一方で，近年，西日本を中心にコガタノゲンゴロウ *Cybister tripunctatus lateralis* の再発見に関する報告が増加している(中島ら，2020; 下野, 2015)。日本列島におけるコガタノゲンゴロウの記録は，2010 年よりも以前は四国西部，九州南部，および琉球諸島に限られており，生息個体数も減少していた(西原ら, 2006)。このため，環境省レッドリストでも 2011 年まではコガタノゲンゴロウは「絶滅危惧ⅠA類」とされていた。しかし，他のゲンゴロウ属の種とは対照的に，この 10 年間でコガタノゲンゴロウは個体数を増やし，さらにはこれまで発見されていなかった地域においても発見されるほど分布域を拡大させている。これに伴い，環境省は 2012 年のレッドリストにおけるコガタノゲンゴロウのステータスを「絶滅危惧ⅠA類」から「絶滅危惧Ⅱ類」に変更した(環境省, 2015)。

　Ohba *et al*.(2020)では，地球温暖化がコガタノゲンゴロウの成長と生存率にプラスの影響を与える可能性があることを示している。その理由として，(1)コガタノゲンゴロウの発育ゼロ点(発育できる下限温度)は 16.8 ℃ と，近縁種であるクロゲンゴロウ *Cybister brevis*(11.1 ℃)やナミゲンゴロウ *C. chinensis*(8.7 ℃)よりも高いこと，(2)コガタノゲンゴロウの幼虫は水温 20 ℃ では生存率が低く，そこから水温 30 ℃ までは温度が上昇するにつれて徐々に生存率が高くなることを挙げている(Ohba *et al*., 2020)。さらに，コガ

VI. 地球温暖化により増えるゲンゴロウ類

タノゲンゴロウは近縁種のナミゲンゴロウ，クロゲンゴロウと比較して水中で動き回る頻度が高く，餌の探索時間も短い上に，食べる餌量も多いことから，近縁種間での競争において極めて有利であることが考えられる（Ohba *et al*., 2022）。また，定性的な報告ではあるものの，コガタノゲンゴロウは他の近縁2種（ナミゲンゴロウおよびクロゲンゴロウ）よりも分散力が高いことが示唆されており（森・北山, 2002），このような生態的特性が本種の分布域の拡大に寄与した可能性がある（VI-16も参照）。

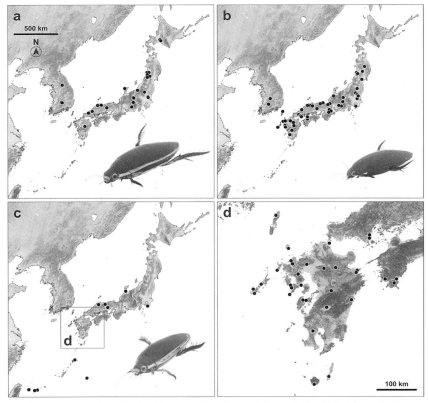

図 18-1　ナミゲンゴロウ（a），クロゲンゴロウ（b），およびコガタノゲンゴロウ（c, d）のサンプリング地点

このように，異なる生態的特徴をもつ上記のゲンゴロウ属の近縁3種は，特に分散力の違いが要因となって種間で異なる遺伝構造をもつことが予想される。実際に，先行研究では近縁種間で分散力に関連するような形態的特徴（翅の大きさ）や生息環境（流水性または止水性）の違いに着目し，近縁種間の生態的特徴と遺伝構造を関連付けた議論を展開している（止水性種の方が，翅が大きく，流水性種よりも分散力が高い傾向があり，地理的な遺伝構造が不明瞭になりがち ; Arribas *et al*., 2012; Takenaka *et al*., 2021）。しかし，こうした先行研究では，遺伝構造と翅の大きさや生息環境から分散力を推測しており，実際の飛翔頻度などと遺伝構造を比較した研究はない。そこで本研究では，コガタノゲンゴロウとその近縁種であるナミゲンゴロウおよびクロゲンゴロウの翅の大きさを比較することに加え，その飛翔頻度を比較した。その上で，各種の分布域広域から採集したサンプル（図 18-1）のミトコンドリア DNA COI（724 bp）および COII（600 bp）領域に基づく分子系統解析を実施し，遺伝構造と生態的特徴の関連性を追究することで，近年のコガタノゲンゴロウの分布拡大要因の解明に取り組んだ。

■ 飛翔頻度および体重に対する前翅重量の比率

　コガタノゲンゴロウ，ナミゲンゴロウ，およびクロゲンゴロウの季節ごとの飛翔頻度と種間差を明らかにするため，熊本県からナミゲンゴロウ（7ペア），クロゲンゴロウ（6ペア），コガタノゲンゴロウ（6ペア）の成虫を採集した。採集した各ペアは，体サイズに合わせて水槽で飼育した（クロゲンゴロウおよびコガタノゲンゴロウ：25 cm × 19 cm × 20 cm の水槽，ナミゲンゴロウ：35 cm × 22 cm × 26 cm の水槽を使用）。水槽には，砂利，流木，およびホテイアオイ *Eichhornia crassipes* を止まり木として設置した。水温と日照時間は屋外と同じ条件にするため，実験室の窓を開けて外気が入るようにした。また，餌として熱帯魚用の乾燥エビをクロゲンゴロウおよびコガタノゲンゴロウには2～3個ずつ，ナミゲンゴロウには3～4個ずつ，2日に1回与えた。

　飛翔頻度については，体表の水分を拭き取った各種の成虫を個別に水が入っていないプラスチックカップ（直径 129 mm，高さ 97 mm）に移して 25 ℃の条件下で夕方から夜（16:00～19:00）にかけて放置し，各個体が1時間以

VI. 地球温暖化により増えるゲンゴロウ類

内に飛翔するか否かを記録することで検証した。この実験は4月から10月まで毎月実施した。その結果，コガタノゲンゴロウ，ナミゲンゴロウ，およびクロゲンゴロウの飛翔率は月ごとに異なっていることが明らかとなった。

まず，ナミゲンゴロウについてはほとんど飛翔しなかった（図18-2）。クロゲンゴロウおよびコガタノゲンゴロウについては，春（4月と5月）に飛翔頻度が高い結果となった（図18-2）。Bilton（2023）によれば，ゲンゴロウの1

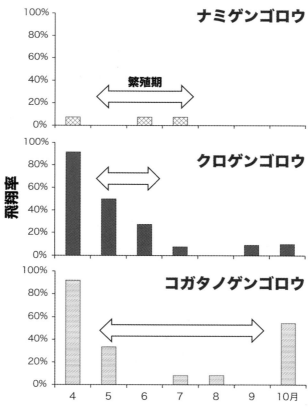

図18-2　ナミゲンゴロウ，クロゲンゴロウ，およびコガタノゲンゴロウにおける月ごとの飛翔頻度
矢印は各種の繁殖期を示す（Ohba *et al*. 2020を参照）．

18 ゲンゴロウ属 Cybister の分子系統地理

種（*Rhantus sturalis*）では，飛翔筋と卵巣の間にトレードオフがあり，飛翔筋が発達したメス成虫の卵巣は小さく，飛翔による分散が生じた後に飛翔筋が退縮して卵巣が発達する。また，西城（2001）が実施したクロゲンゴロウを対象とした野外調査においては，成虫が越冬後の5月に越冬地の池沼から水田へ移動して繁殖することが確認されている。本研究の飛翔頻度の実験結果と西城（2001）の野外調査の結果を組み合わせると，クロゲンゴロウは春に繁殖地へ移動分散し，その後，飛翔筋を退縮させて卵巣を発達させている可能性が高い。

一方で，コガタノゲンゴロウの飛翔頻度は繁殖期（5月から9月）の後に再び高くなった（図18-2）。コガタノゲンゴロウの発見記録は秋（9月から11月）に集中しており（下野，2015; 渡部，2021），本研究の飛翔実験もこの分散パターンを支持している。さらに，コガタノゲンゴロウは繁殖期に羽化した新成虫

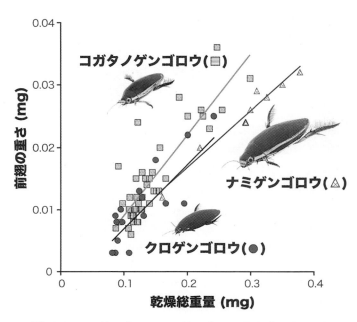

図18-3　ナミゲンゴロウ，クロゲンゴロウ，およびコガタノゲンゴロウにおける体重と前翅重量の関係性

221

VI. 地球温暖化により増えるゲンゴロウ類

が年間を通じて多く存在し、それらの個体が頻繁に分散している可能性もある。これらに加えて、地球温暖化によるコガタノゲンゴロウの繁殖適地の拡大が、本種の分布拡大の要因となっていることが予想される。

さらに、ゲンゴロウ類における長距離分散に関しては、Agabus paludosus において、前翅サイズ、後翅サイズ、および飛翔筋の量が関連していることが示されている(Bilton, 2023)。そこで本研究では、コガタノゲンゴロウ、ナミゲンゴロウ、およびクロゲンゴロウの乾燥重量に対する前翅重量の比率を算出し、種間の飛翔能力の差を推定した。その結果、コガタノゲンゴロウは他の2種よりも前翅が大きいことが明らかとなった(図18-3)。この結果についても、コガタノゲンゴロウが他の2種よりも高い分散能力をもつことを示唆するものであると考えている。

分子系統解析の結果

2008年から2021年にかけて、日本列島および韓国の全域でナミゲンゴロウを39個体、クロゲンゴロウを85個体、コガタノゲンゴロウを82個体、計206個体を採集し(図18-1)、ミトコンドリアDNA COI(724 bp)およびCOII(600 bp)領域に基づく分子系統解析を実施した。なお、環境省レッドリストにおいて「絶滅危惧Ⅱ類」に指定されているナミゲンゴロウおよび「準絶滅危惧」のクロゲンゴロウについては、生息地の集団への影響を考慮し、触角または中脚の附節を切除して個体は生かして生息地に戻した。また、鳥取県および愛媛県は共に2024年現在、採集許可の申請は不要となっているが、採集を実施した当時は採集許可が必要であったため、鳥取県では許可申請を経て採集を実施し、愛媛県については、県立衛生環境研究所より提供された成虫標本を使用した。

その結果、ナミゲンゴロウは日本列島の東西で遺伝的に分化しており、その境界は糸魚川静岡構造線付近であった(口絵⑥b、口絵⑦a)。日本列島の東西での遺伝的分化は、ゲンジボタル Nipponoluciola cruciata (Suzuki et al., 2002)、オオコオイムシ Appasus major (Suzuki et al., 2014)、ギギ類(Watanabe & Nishida, 2003)、カマツカ類(Tominaga & Kawase, 2019)、アカハライモリ Cynops pyrrhogaster (Tominaga et al., 2013)、サンショウウオ類(Okamiya et *al.*, 2018)，ダルマガエル *Pelophylax porosus*（Komaki *et al.*, 2015），モグラ類（Tsuchiya *et al.*, 2000）などでも確認されている。他の種群と同様に，ナミゲンゴロウにおいても中部山岳域などの山地が地理的障壁となり，遺伝的分化が生じた可能性が考えられる。さらに，ナミゲンゴロウの分子系統解析結果においては，本研究で対象とした3種の中で唯一，地理的距離と遺伝的距離に相関が検出された。この結果も飛翔能力に関する実験データを支持するものである。

　一方，コガタノゲンゴロウにおいては，検出されたハプロタイプ数は多いものの，その遺伝構造に明確な地理的傾向はなかった（口絵⑥d, 口絵⑦c）。したがって，地理的距離と遺伝的距離の相関もなく，本種が広域でメタ集団を形成していることが示唆された。クロゲンゴロウについては，遺伝構造に弱い地域的傾向が見られたが，ナミゲンゴロウのような明確な地理的遺伝構造は検出されなかった（口絵⑥c, 口絵⑦b）。クロゲンゴロウの遺伝構造はナミゲンゴロウとコガタノゲンゴロウの中間的なものであると言える。飛翔実験と前翅サイズの比較の結果と分子系統解析の結果を総合して考えると，本研究で対象とした3種の中で移動分散能力が最も高いのはコガタノゲンゴロウであり，次にクロゲンゴロウ，そしてナミゲンゴロウの移動分散能力が最も低いと考えられる。

まとめ

　以上のように，本研究では飛翔頻度および前翅サイズの比較結果と分子系統解析の結果を組み合わせることによって，日本列島に分布する3種のゲンゴロウ属（コガタノゲンゴロウ，クロゲンゴロウ，およびナミゲンゴロウ）の生態的特性と，それを反映した遺伝構造が明らかとなった。このように生態的特性と遺伝構造を合わせた分子系統地理学的研究は極めて少なく，本研究は生物学的に重要な知見を提供するものになったと考えている。保全の観点から言えば，全国的な個体数の減少が懸念されているナミゲンゴロウについては，集団間の遺伝子流動の頻度が減少し，それに伴い集団内の遺伝的多様性が低下している可能性もあるため，今後，SNPなどのゲノム全体を用いた詳細な集団遺伝学的解析による評価が必要だろう。

VI. 地球温暖化により増えるゲンゴロウ類

　また，当初の予想通り，近年急速に分布を拡大しているコガタノゲンゴロウは高い移動分散能力を有していることが示唆された。本研究では，移動分散能力の指標として飛翔頻度と前翅の乾燥重量を測定しているため，今後，フライトミル等を使用した詳細な飛翔行動評価を実施する必要はあるものの，本研究の結果は高い移動分散力がコガタノゲンゴロウにおける近年の分布域拡大の要因のひとつであることを示す重要なデータである。また，現在は発育ゼロ点の温度や越冬温度がコガタノゲンゴロウの北方への分布拡大を制限する要因となっているものと考えられるが，地球温暖化が進行すれば現在よりもさらに北方への分布拡大が進むと予想される。そうなれば他の2種（クロゲンゴロウおよびナミゲンゴロウ）との種間競争が生じて分布域や集団サイズが変動する可能性が高い。したがって，本研究で対象とした3種のゲンゴロウ属（コガタノゲンゴロウ，クロゲンゴロウおよびナミゲンゴロウ）については今後も継続的なモニタリングが必要だろう。さらに詳細な内容については Ohba *et al.*（2025）で述べているので，参照していただきたい。

〔引用文献〕

Arribas P, Velasco J, Abellan P, Sánchez-Fernández D, Andújar C, Calosi P, Millán A, Ribera I, Bilton DT (2012) Dispersal ability rather than ecological tolerance drives differences in range size between lentic and lotic water beetles (Coleoptera: Hydrophilidae). *Journal of Biogeography*, 39: 984–994.

Bilton DT (2023) Dispersal in Dytiscidae. In: Yee DA, (ed.), *Ecology, systematics, and the natural history of predaceous diving beetles* (*Coleoptera: Dytiscidae*). *Second edition*: 505–528, Springer, Netherlands.

Cobbaert D, Bayley SE, Greter J-L (2010) Effects of a top invertebrate predator (*Dytiscus alaskanus*; Coleoptera: Dytiscidae) on fishless pond ecosystems. *Hydrobiologia*, 644: 103–114.

Culler LE, Ohba S, Crumrine P (2023) Predator-prey interactions of dytiscids. In: Yee DA, (ed.), *Ecology, systematics, and the natural history of predaceous diving beetles* (*Coleoptera: Dytiscidae*). *Second edition*: 373–399, Springer, Netherlands.

環境省 (2015) レッドデータブック 2014—日本の絶滅のおそれのある野生生物—5　昆虫類．ぎょうせい，東京．

Komaki S, Igawa T, Lin SM, Tojo K, Min MS, Sumida M (2015) Robust molecular phylogeny and palaeodistribution modelling resolve a complex evolutionary history: glacial cycling drove recurrent mt DNA introgression among *Pelophylax* frogs in East Asia. *Journal of Biogeography*, 42: 2159–2171.

Miller KB, Bergsten J (2016) *Diving beetles of the world: Systematics and biology of the Dytiscidae*. Johns Hopkins University Press, Baltimore.

森 正人・北山 昭 (2002) 改訂版 図説日本のゲンゴロウ．文一総合出版，東京．

中島 淳・林 成多・石田和男・北野 忠・吉富博之 (2020) 日本の水生昆虫．文一総合出版，東京．

西原昇吾・苅部治紀・鷲谷いづみ (2006) 水田に生息するゲンゴロウ類の現状と保全．保全生態学研究，11: 143–157.

Ohba S, Fukui M, Terazono Y, Takada S (2020) Effects of temperature on life histories of three endangered Japanese diving beetle species. *Entomologia Experimentalis et Applicata*, 168: 808–816.

Ohba S, Suzuki T, Fukui M, Hirai S, Nakashima K, Bae YJ, Tojo K (2025) Flight characteristics and phylogeography in three large-bodied diving beetle species: Evidence that the species with expanded distribution is an active flier. *Biological Journal of the Linnean Society*, 144: blae017.

Ohba S, Terazono Y, Takada S (2022) Interspecific competition among three species of large-bodied diving beetles: is the species with expanded distribution an active swimmer and a better forager? *Hydrobiologia*, 849: 1149–1160.

Okamiya H, Sugawara H, Nagano M, Poyarkov NA (2018) An integrative taxonomic analysis reveals a new species of lotic *Hynobius* salamander from Japan. *PeerJ*, 6: e5084.

西城 洋 (2001) 島根県の水田と溜め池における水生昆虫の季節的消長と移動．日本生態学会誌，51: 1–11.

下野誠之 (2015) 山口県における近年のコガタノゲンゴロウの動向について．山口のむし，(14): 84–90.

Suzuki H, Sato Y, Ohba N (2002) Gene diversity and geographic differentiation in mitochondrial DNA of the Genji firefly, *Luciola cruciata* (Coleoptera: Lampyridae). *Molecular Phylogenetics and Evolution*, 22: 193–205.

Suzuki T, Kitano T, Tojo K (2014) Contrasting genetic structure of closely related giant water bugs: Phylogeography of *Appasus japonicus* and *Appasus major* (Insecta: Heteroptera, Belostomatidae). *Molecular Phylogenetics and Evolution*, 72: 7–16.

Takenaka M, Shibata S, Ito T, Shimura N, Tojo K (2021) Phylogeography of the northernmost distributed Anisocentropus caddisflies and their comparative genetic structures based on habitat preferences. *Ecology and Evolution*, 11: 4957–4971.

Tominaga A, Matsui M, Yoshikawa N, Nishikawa K, Hayashi T, Misawa Y, Tanabe

VI. 地球温暖化により増えるゲンゴロウ類

S, Ota H (2013) Phylogeny and historical demography of *Cynops pyrrhogaster* (Amphibia: Urodela): taxonomic relationships and distributional changes associated with climatic oscillations. *Molecular Phylogenetics and Evolution*, 66: 654–667.

Tominaga K, Kawase S (2019) Two new species of *Pseudogobio* pike gudgeon (Cypriniformes: Cyprinidae: Gobioninae) from Japan, and redescription of *P. esocinus* (Temminck and Schlegel 1846). *Ichthyological Research*, 66: 488–508.

Tsuchiya K, Suzuki H, Shinohara A, Harada M, Wakana S, Sakaizumi M, Han SH, Lin LK, Kryukov AP (2000) Molecular phylogeny of East Asian moles inferred from the sequence variation of the mitochondrial cytochrome b gene. *Genes and Genetic Systems*, 75: 17–24.

渡部晃平 (2021) 石川県におけるコガタノゲンゴロウの定着状況. さやばねニューシリーズ, (41): 1–5.

Watanabe K, Nishida M (2003) Genetic population structure of Japanese bagrid catfishes. *Ichthyological research*, 50: 140–148.

（鈴木智也・大庭伸也）

18 ゲンゴロウ属 Cybister の分子系統地理

アンピンチビゲンゴロウの分布拡大!?

　人為的な気候変動を原因とする温暖化による平均気温の上昇は，南方系の生物の急速な分布拡大を引き起こすと考えられている。まさにそうした現象に当てはまると思われるのが，日本におけるアンピンチビゲンゴロウ *Hydroglyphus flammulatus*（図1）の分布拡大事例である。

　本種は台湾及び中国南部から東南アジア，南アジアの熱帯域を分布の中心とし，主に止水の開けた浅い湿地に生息する体長 2.3 mm ほどの小型種である。1938 年に台湾のアンピン（安平）から記録された際にこの和名がつけられ，台湾以南からは 1930 年代以前より知られていたものの，沖縄県以北での採集例は 1989 年の与那国島におけるものがもっとも古い。以後は西表島と石垣島からの 1999 年の採集例があり，2000 年代までは八重山諸島からの採集例が知られるのみであった（上手ら，2003）。しかしながら，最近になって九州以北からの採集例が相次いで報告されるようになった。記録を追っていくと，2013 年に福岡県（井上ら，2013）と島根県（隠岐・中ノ島）（林ら，2015），2014 年に長崎県・平戸島（深川，2014），2017 年に愛媛県（渡部ら，2017）と長崎県・福江島（石黒，2018），2019 年に山口県（相本，2020），2022 年に熊本県（中薗，2023）と長崎県・対馬（渡辺・大庭，2022）から採集されている（図2）。

　このうち福岡県では，2013 年の採集例のあと 2015 年頃まで散発的な採集例が

図1　アンピンチビゲンゴロウ（福岡県産）

あったが（井上大輔氏，私信），その後は 2021 年までは確認できていなかった（著者，未発表データ）。ところが 2022 年になっていきなり福岡県内広域で採集・確認され，しかも場所によっては一度に 10 数個体が確認されるなど，まさに「大発生」という状況であった（中島ら，2023）。このうちの数カ所は 2022 年以前にも水生昆虫の調査を

VI. 地球温暖化により増えるゲンゴロウ類

⑦ コラム

複数回実施しながら本種が未確認であった場所であり（福岡市東区香椎照葉，福津市手光など），2022年に急激に分布拡大したことは間違いない。ところが，一転して2023年以降は福岡県内では減少傾向にあり，確認されなくなった産地も多い。

福岡県の年平均気温は1890年から現在まで顕著な上昇傾向を示しており，特に2020年以降は平均気温が17.5℃以上と温暖化が顕著である（図3a）。また，冬季（1・2・12月）の日最低気温の月平均値の変化を調べてみると，2000年以降は4℃を上回る年が明らかに増加している（図3b）。一般的に南方系の生物は低温に弱く，夏季に移動分散できたとしても越冬できずに死滅すると考えられることから，2010年代以降の九州以北への分布拡大と2022年の福岡県における大発生は，温暖化により越冬できる個体が増えた結果である可能性が高い。ただし，その温暖さの程度は，本来熱帯を分布域とする本種にとっては不十分であり，夏季に分布拡大して一時的に増加したとしても，冬季にその大部分が死滅する，といった状況を繰り返しているのだろう。

九州北部では本種の他に

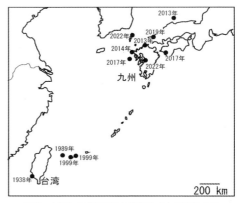

図2 台湾と日本における確認地点と初記録の年

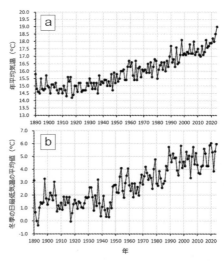

図3 福岡県における年平均気温の変化(a)と冬季(1，2，12月)の日最低気温の平均温度の変化(1890～2024年)（気象庁データより作成）

18 ゲンゴロウ属 *Cybister* の分子系統地理

も，コガタノゲンゴロウ *Cybister tripunctatus lateralis* やウスイロシマゲンゴロウ *Hydaticus rhantoides* が 2010 年代以降に増加しており，これらも国内での分布の中心は南西諸島以南にあることから，アンピンチビゲンゴロウと同様に今後より分布を北上させていく可能性がある．こうした移動能力の高い南方系のゲンゴロウ類は，人為的な気候変動の状況や環境の具体的な変化を把握し，対策するための指標としても有用である．そのためには各地で地域の生物相を地道に調査して記録する人の存在が不可欠である．2010 年代以降の本州，四国，九州における分布拡大は，まさにそうした記録の蓄積によって明らかになった．今後しばらくは温暖化は止まらないと考えられるので，国内での本種の動態に注目していきたい．

〔引用文献〕

相本篤志 (2020) 山口県におけるアンピンチビゲンゴロウの初記録．さやばねニューシリーズ，(38): 49–50.

深川元太郎 (2014) 長崎県におけるアンピンチビゲンゴロウ（コウチュウ目ゲンゴロウ科）の記録．長崎県生物学会誌，(75): 32–33.

林　成多・門脇久志・松田隆嗣・深谷　治・近見芳恵 (2015) 隠岐諸島における昆虫類分布調査Ⅳ．ホシザキグリーン財団研究報告，(18): 179–196.

井上大輔・福岡県立北九州高等学校魚部・北九州市響灘ビオトープ (2013) 魚部・地域の自然図鑑シリーズ 4　響灘ビオトープ開園 1 周年記念誌　響灘ビオトープの水辺の生き物．福岡県立北九州高等学校魚部．80 pp.

石黒昌貴 (2018) 長崎県におけるアンピンチビゲンゴロウの記録．月刊むし，(569): 51–52.

上手雄貴・疋田直之・佐藤正孝 (2003) 日本初記録のアンピンチビゲンゴロウ．甲虫ニュース，(142): 15–17.

中島　淳・勢村天珠・長野　光 (2023) 福岡県におけるアンピンチビゲンゴロウの分布拡大．さやばねニューシリーズ，(49): 1–3.

中薗洋行 (2023) アンピンチビゲンゴロウの熊本県からの初記録．熊本県博物館ネットワークセンター紀要，(3): 46–47.

渡部晃平・北野　忠・上手雄貴 (2017) 四国におけるゲンゴロウ科 2 種の初記録．さやばねニューシリーズ，(28): 19–21.

渡辺黎也・大庭伸也 (2022) 長崎県対馬市における水生昆虫類（コガシラミズムシ科，ゲンゴロウ科，タイコウチ科）4 種の初記録．長崎県生物学会誌，(91): 34–35.

（中島　淳）

VII. ゲンゴロウ科の飼育法

19 ゲンゴロウ科の飼育法

はじめに

　ゲンゴロウ科の飼育方法を解説した日本語の書籍は多く存在する。成虫を一時的に飼育するのではなく繁殖を目的とした場合，子ども向けのものでは，美しい写真がふんだんに使われている海野ら（2007）が大変わかりやすい。専門的なものでは都築ら（2000）が突出しており，特に大型種のナミゲンゴロウ *Cybister chinensis*，シャープゲンゴロウモドキ *Dytiscus sharpi* の解説は詳細で，同属他種にも応用可能である。中型種ではシマゲンゴロウ *Hydaticus bowringii* について解説されている。海外の文献でもゲンゴロウ科の飼育方法が紹介されている。例えば野外採集した成虫から幼虫を得るのを目的とした飼育方法では，125 ml の小さなポリプロピレン容器に産卵基質の苔と採集地の池の水を入れるのみで，成虫には餌を与えず，5～7日産卵しなければ飼育を終了する（Alarie *et al.*, 1989）。このように，目的に応じてさまざまな飼育方法があるが，本項では成虫を繁殖させて，卵から成虫まで育てることができる解説を目指した。また，これまでの書籍では大型・中型種という区分で飼育方法が解説されてきた。しかし，ゲンゴロウ科は大きさではなく，分類群によって産卵方法や幼虫に適した餌などが異なるため，本項では分類群毎に飼育方法を解説する。各分類群の名称は日本昆虫目録編集委員会（2022）に準拠した。

ゲンゴロウ科を飼育する上で重要な基礎知識

　ゲンゴロウ科の成虫と幼虫，大半の種の卵は水中で過ごす。蛹の期間と一部の種の卵は陸上で過ごすため，成育段階に応じて水中用と陸上用の環境を整える必要がある。

　成虫は主に肉食性であり，弱った昆虫や魚などを咀嚼して食べる。植物も食べることが知られていて，特に大型種の新成虫は植物をよく食べるため，水草を多めに入れるのが望ましい。なお，羽化してまもない成虫は体が柔らかいため捕食されやすい。市川（1994）は7～10日程度は個別に飼育すること

を推奨している。

　幼虫は1齢から3齢までの3つのステージがある。肉食性で，大半の種は大顎で獲物を捕獲した後に消化液を流し込み，溶かした固形物を吸い取って食べる。セスジゲンゴロウ属のような一部の分類群では，大顎に消化液が通る管を持たないため，餌を直接飲み込む。幼虫を飼育するためには，動物性の餌を定期的に与えることが重要である。また，クロゲンゴロウ *Cybister brevis* やトビイロゲンゴロウ *C. sugillatus* はヤゴを好み，オタマジャクシでは育たないことが知られている（Ohba, 2009; Fukuoka et al., 2023, Ⅳ－5も参照）。このように種によっては餌の選択も重要である。

　成虫と幼虫は空気呼吸を行うので，水面に油膜が張ったり，水質が悪化すると溺死してしまう。このため，濾過装置を使用するか，定期的な換水が必要である。また，成虫は陸上に飛び出た木の枝などに登り甲羅干しと呼ばれる行動を行う。これには，翅を乾かしたり，尾節線から抗菌性分泌物を含む液体を出して体に塗ったり，親水性を高めたりする効果がある（Balke & Hendrich, 2016）。成虫を飼育する際には，甲羅干しができるような陸地を準備することが望ましい。最後に，シャープゲンゴロウモドキやヤシャゲンゴロウ *Acilius kishii* のように，温度が高いと死んでしまう種が存在するため，飼育温度にも注意が必要である。

ゲンゴロウ科飼育の基本：成虫・幼虫・蛹に共通する事項について

　多くの分類群で共通する項目を最初に紹介する。

(1) 飼育に必要なもの
①飼育容器
　水を貯めることができるものであれば，さまざまなものが利用できる。主に用いられる容器は，水槽，プラケース（以下プラケ），プラスチックカップ，タッパーがあり（口絵⑩a～d），用途に応じて使い分ける。

Ⅶ. ゲンゴロウ科の飼育法

②足場・隠れ家

　水中においてゲンゴロウ科の成虫および幼虫は，ものにつかまったり潜んだりして過ごすことが多い。そのため，飼育容器に足場や隠れ家となるものを入れるのが望ましい（口絵⑩a～c）。これらには，植物，針底ネット，流木，陶器などが利用できる。流木や陶器を用いる際は，ゲンゴロウ科が隙間に挟まって溺死することを防ぐために，形状や配置場所には注意をする。水底には，砂利や観賞魚用ソイルを敷くと，それらもゲンゴロウ科の足場となる。底質は深く敷くと嫌気的な環境となり水質を悪化させるため，1～2 cm程度にすると良い。

③道具

　必須ではないものの，あると有用な道具を紹介する。飼育に植物を利用する場合は光が必要となるため，市販の水槽用ライトを用いると良い。容器の水質を維持するためには，フィルターや濾過装置を用いると良い。詳細は水の項目で後述する。給餌や掃除，卵と幼虫を移動させるには，ピンセットとスポイトを用いると良い。ピンセットは，アカムシや植物などを生かしたまま移動させる際には先端が尖っていないヘラ状のものが，コオロギやアカムシの頭部を潰したりする際には先端が細いものが使いやすい（口絵⑩e）。網目の細かい網じゃくしも，食べ残しの回収や餌と幼虫の移動に重宝する（口絵⑩e）。水面に張った油膜を除去するためには，キッチンペーパーが便利である。水温の細かい管理を必要とする種を飼育する際は，水槽用のヒーターやクーラーか，エアコンなどの空調を用いると良い。

④水

　基本的に水道水で問題ないが，水道水を使用した場合は飼育個体の体表に気泡が発生するため，小さな種や毛が多い幼虫（ツブゲンゴロウ属など）の場合はこの気泡による浮力に抗うために余計な体力を浪費してしまう。このため，中型種より小さな成虫や幼虫を飼育する際には，一部または全部を一晩以上汲み置いた水を使うのが良い。
　換水頻度は容器のサイズや，エサの消費具合による。濾過装置を使わない場合はエサによる水質悪化を油膜の量や濁りの程度により判断し，エサを食

べ終わった後または翌日に換水すると安心できる．ただし，水草が腐敗すると水質が急に悪化するため，濾過装置のない容器(タッパー，カップ，プラケ)に水草を入れて飼育する際には，換水頻度を高めるのが望ましい．1日1回換水すれば問題ないだろう．濾過装置は上部フィルター，底面フィルター，投げ込み式フィルター，外部フィルターなどを利用可能で(図19-1b～c，口絵⑩b～c)，これらを使用すれば換水頻度を下げることができる．餌を与える時に成虫を別容器に移し，捕食を終えた後で飼育容器に成虫を戻すという方法も有用である．ただし，底面フィルター以外の濾過装置を使う場合は，孵化した幼虫が吸い込まれて死亡することが多いので，注意が必要である．

(2) 基本的な成虫の飼育方法

①飼育容器

省スペース化や飼育の効率化は，継続的に飼育する上で重要な着眼点であり，飼育容器の選択はそれらを大きく左右する．成虫の多頭飼育，繁殖を目的とした飼育，多頭飼育前の新成虫の一時飼育など，状況により飼育容器の大きさを変えることで効率的に飼育できるので，事例を挙げて紹介したい．

多頭飼育をする際は，共食いを避け，成虫の遊泳空間を十分に確保する．ケシゲンゴロウ属やツブゲンゴロウ属のような体長5 mm程度以下の小型種であれば，小型容器(幅10 cm程度のタッパー，直径13 cm程度のプラスチックカップ)(口絵⑩d)で10頭程度は飼育できる．ヒメゲンゴロウ属やシマゲンゴロウ属のような15 mm前後程度の種の場合は，小型容器だと2頭程度が限界なので，もう少し大きめの容器が望ましい．中型容器(幅20 cm程度の中プラケなど)(口絵⑩a, d)で飼育する場合は，小型種であれば20～30頭，中型種では6～10頭，ゲンゴロウ属やゲンゴロウモドキ属のような体長20～40 mm程度の大型種では1～2頭程度を飼育できる．いずれの容器でも，餌が足りないと共食いは起こりうるため，注意が必要である．

繁殖を目的とした飼育の場合，より大きな容器を使用した方が良い成果が得られやすい．中型種では中型容器に2～3ペア程度くらい，大型種の場合は大型容器(幅40 cm程度の特大プラケ・衣装ケース，60 cm以上のガラス水槽など)(口絵⑩b～c)に2ペア程度を入れ，より大きな容器であれば個体数を増やすこともできる．また，ペアを入れるのではなく，交尾済のメスだ

Ⅶ. ゲンゴロウ科の飼育法

けを入れることでより多くの産卵が期待できる。小型種の場合は多頭飼育で用いた容器で問題ない。

多頭飼育に合流させる前の新成虫の一時飼育では，共食いされやすいステージということもあり，個別飼育が望ましい。中型種以下はより小型の容器（直径5〜8 cm 程度のプラスチックカップ小など），大型種であれば小型容器を使用できる。体長25 mm 以下くらいの種であれば，大型種であっても直径66〜72 mm の茶漉し（73号）でも一時的に個別飼育ができ，同じ茶漉しで蓋をすれば甲羅干しの空間も確保される上に省スペースで飼育できるので重宝している（図19-1c）。中型種以下であれば，十分な飼育スペースと餌があれば小型容器に2〜3匹入れても問題ないので，飼育スペースにあわせていろいろ試してみると良いだろう。

②餌

アカムシ，コオロギ，魚（新鮮な死骸，タガメ *Kirkaldyia deyrolli* などの吸い残しも可）などは使いやすい（口絵⑩f〜h）。塩抜きをした煮干しも使えるが，種によっては産卵後の卵の生存率や孵化率が悪いなどの影響が見られた（著者の経験による）。ミールワームの幼虫は，捕食はするものの，特に小さな容器では顕著な水質悪化により成虫が死ぬことが多く，推奨はしない。与えた後にすぐに換水するなどの手間がかかる。ハニーワームの幼虫は非常に食いが良いものの，腹部がパンパンに膨らみ，上手く呼吸ができずに死ぬことがあった。

通常餌やりは2〜3日に1回程度で良いが，ペアリングや繁殖時期には隔日くらいに増やした方が良い。

③雌雄の見分け方

前・中脚がわかりやすい。本書で紹介するマメゲンゴロウ亜科，ヒメゲンゴロウ亜科，セスジゲンゴロウ亜科，ゲンゴロウ亜科，ツブゲンゴロウ亜科では，オスの前・中脚の附節がやや分厚く，あるいは幅広く変形し，下面に長い剛毛または小さな吸盤を有する。対してメスの附節は単純で細い。ナミゲンゴロウ亜科ではオスの前附節が幅広く肥大する。ケシゲンゴロウ亜科では前・中脚の附節は雌雄ともに幅広く，下面に毛が密生するが，オスの方が

19 ゲンゴロウ科の飼育法

図 19-1　幼虫の飼育容器の一例
a：プラスチックカップ（オオイチモンジシマゲンゴロウの 3 齢），b：穴の空いたスチロール製容器（シャープゲンゴロウモドキの 3 齢），c：プラスチックの仕切りと茶漉し（マルコガタノゲンゴロウの 1 〜 3 齢）。b と c は濾過装置を使用。

237

VII. ゲンゴロウ科の飼育法

やや幅広い。特に第1節がわかりやすいが，慣れないと難しいかもしれない。そのほか，メススジゲンゴロウ属，ゲンゴロウモドキ属のようにメスの上翅に顕著な筋状の凹凸を有する種，ケシゲンゴロウ *Hyphydrus japonicus* のようにメスの上翅に光沢を有するタイプが出現する種，タイワンケシゲンゴロウ *H. lyratus* のように上翅がメスだけ窪む種，ゲンゴロウのようにメスの上翅に細かい皺を有する種など，分類群によってさまざまな特徴がある。

④飼育方法

　ケシゲンゴロウ亜科，ツブゲンゴロウ亜科などの小型種，マメゲンゴロウ亜科，ヒメゲンゴロウ亜科などの小〜中型種は小型〜中型容器で飼育が可能。3〜10 cm程度の汲み置き水を張り，隠れ家として落ち葉や鉢底ネットなどを入れ，鉢底ネットや木の枝の一部を水面上に出して甲羅干しの場所を作る。餌は冷凍赤虫が使いやすく，食べ切れる程度の量を毎日〜数日おきに与える。

　メススジゲンゴロウ属，マルガタゲンゴロウ属，シマゲンゴロウ属などはプラスチックカップや中プラケ程度の容器で飼育できるが，餌をよく捕食するため，大きな水槽や衣装ケースに10 cm以上の水を張り，投げ込み式フィルターを用いると水質悪化を軽減できて良い（口絵⑩b〜c）。流木や落ち葉を隠れ家として容器に入れるほか，木の枝を陸上に出して甲羅干しができるようにする。餌には冷凍赤虫が使いやすく，活・冷凍コオロギもよく食べるが，与えすぎは急激な水質悪化をまねくので一度に食べきれる量を与える。

　ナミゲンゴロウ亜科，ゲンゴロウモドキ属などは大型で大食いのため，45 cm以上の水槽で濾過装置を使用するのが望ましい（口絵⑩b〜c）。頻繁に換水をする場合でも，基本的には中プラケ以上の容器を使うのが無難。流木，鉢底ネットなどをレイアウトして上陸できるだけの空間を設け，甲羅干しできるようにする。照明がある場合は水草を入れても良いが，無い場合は日照不足ですぐに枯れてしまうため，陶器，流木，鉢底ネットなどで隠れ家を作る。餌は昆虫，魚など何でも良く食べる。

⑤採卵

　産卵のタイプは，基本的には基質の中に産卵するタイプと表面に産卵するタイプの2つに大別される（ハイイロゲンゴロウ *Eretes griseus* は水底にばらまくよ

19 ゲンゴロウ科の飼育法

うに産卵する（中島ら，2020））。大半の種は表面に産卵し，基質の中に産卵するのは一部の分類群に限定される。表面に産卵するタイプはマメゲンゴロウ亜科，ヒメゲンゴロウ亜科，セスジゲンゴロウ亜科，ケシゲンゴロウ亜科（図 19-2d）などに多く，シマゲンゴロウ属のように一部のゲンゴロウ亜科も該当する。落ち葉，流木，針底ネット，ウィローモス，マツモなどが産卵基質になる。基質の中に産卵するタイプはキベリクロヒメゲンゴロウ属，ナミゲンゴロウ亜科（図 19-2a），ゲンゴロウモドキ属，ツブゲンゴロウ亜科（図 19-2c, e）のほか，一部のシマゲンゴロウ属やマルガタゲンゴロウ属（図 19-2b）のようなゲンゴロウ亜科の種が該当

図 19-2　ゲンゴロウ科の産卵
a：ヘラオモダカに産卵するナミゲンゴロウ，b：コナギに産卵するマルガタゲンゴロウ，c：イバラモ属に産卵するサザナミツブゲンゴロウ，d：マツモに産卵するケシゲンゴロウ，e：アヌビアスナナの根に産卵するナカジマツブゲンゴロウ。

239

Ⅶ. ゲンゴロウ科の飼育法

する。オモダカ類，セリ *Oenanthe javanica*，ホテイアオイ *Eichhornia crassipes*，イボクサ *Murdannia keisak*，コナギ *Monochoria vaginalis* などの水生植物が産卵基質となるが，分類群によって好みが異なる。例外として，メススジゲンゴロウ属は陸上の基質表面や隙間にも産卵することが知られている。各分類群に適した基質は後述の「各分類群の飼育方法」に詳述するほか，Watanabe(2025)に日本産種の既知の産卵基質を紹介しているので参考にしていただきたい。

成虫による卵の捕食（図19-3a）を回避するため，卵を確認した時は成虫と隔離する。基質ごと卵を別容器に移動する方法と（図19-3b～d），成虫だけを取り出して別容器に移す方法があり，後者の方が成功率が高い。

⑥基本的な越冬方法

方法は大きく分けて2種類あり，(1)野外と同様に低温で越冬させる方法

図19-3 卵の管理方法の一例
a：卵を捕食するマルコガタノゲンゴロウ成虫，b：産卵基質を土に入れたまま隔離（マルコガタノゲンゴロウ），c：卵が入った茎だけをカットして隔離（マルコガタノゲンゴロウ），d：産卵基質を土から抜いて隔離（シャープゲンゴロウモドキ）。

(以下常温)，(2)加温して冬季をやり過ごす(以下加温)，というものである。ゲンゴロウ類の多くは成虫越冬であるが，水中で越冬する種と陸上で越冬する種が存在する。例えば，陸上で越冬する種を，越冬に適切な陸地が無い容器で飼育した場合はかなりの確率で死んでしまう。このため，成功確率が高いのは加温であろう。

(3) 基本的な幼虫の飼育方法

①飼育容器

飼育容器はタッパー，プラスチックカップ(小〜大)(図19-1a，口絵⑩d)，製氷皿など水さえ溜められれば何でも活用できるが，幼虫にとって狭すぎず，脱出しないものを使用する。

幼虫を安定して育てるためには毎日餌を与える必要があるため，水が汚れやすい。毎日換水することが望ましいが，個体数が増えてくると換水は膨大な作業になるため，濾過装置を使用することもある。茶漉しや側面が網状の容器など，水が通る容器であれば使用できるので，ぜひいろいろな物で工夫して欲しい(図19-1b〜c)。筆者らは茶漉しやプラスチック容器に鉢底ネットを貼り付けたものを使用している。容器の壁面にある隙間は濾過装置を使用したり，幼虫の足場になるという利点がある一方，欠点も存在する。例えば，幼虫が空腹になりすぎた場合は容器を大顎で齧ってしまい，何らかの拍子に幼虫が暴れてしまった場合は顎が折れるといった事故が起きる(図19-4c)。また，幼虫が容器を登って脱出することもある。

②餌

ミジンコ，ボウフラ，アカムシ，ミズムシ(等脚目)，ヤゴ，オタマジャクシ，魚，コオロギなどが利用でき，原則，生き餌→冷凍→乾燥の順で飼育に適さなくなっていく。幼虫の餌にヤゴやコオロギを使う場合，幼虫の脱皮が近い時には餌から攻撃されないように注意が必要である。脱皮が近づいた個体は，大顎先端を見ると特定できる。すなわち，大顎の先端に次の齢期の大顎が透け，2重に見えるもの(図19-4d)は数日以内に脱皮するため，餌の量を減らしたり，餌の大顎を潰して幼虫に攻撃できないようにすることで脱皮の失敗を予防できる。

Ⅶ. ゲンゴロウ科の飼育法

図 19-4　幼虫飼育のポイント
a：上陸時期ではないマルコガタノゲンゴロウの3齢幼虫（矢印：腹部の消化管内に内容物が視認できる），b：上陸時のマルコガタノゲンゴロウの3齢幼虫（矢印：腹部の消化管内は白く見える），c：大顎が欠けた（矢印）マルコガタノゲンゴロウの3齢幼虫，d：次の齢期の大顎が透けて見える（矢印）マルコガタノゲンゴロウの2齢幼虫。

③飼育方法

　頻繁に共食いするため，基本的には個別飼育を行う（図19-1a～c）。工夫次第では多頭飼育も可能ではあるが，共食いのリスクを0にすることはできない。呼吸できる水深と足場の確保が重要で，遊泳毛を欠く種は歩行により呼吸できる場所まで移動できる環境を整える。遊泳毛を有する種は足場がな

くても問題ない。小型種は幼虫期間中換水しなくても上手く育ち，アトホシヒラタマメゲンゴロウ *Platynectes chujoi*，マルガタゲンゴロウ *Graphoderus adamsii*，ツブゲンゴロウ属の1齢のように，逆に換水しない方が上手くいく種も存在する。

④上陸のタイミング
　幼虫が餌を食べなくなる，腹部の中心にある消化管の前半～中央周辺が空になり色が暗色でなくなる(図19-4a～b)，体が十分伸びる，行動が忙しなくなるなど，上陸の兆候が見られた場合は，幼虫を上陸容器へ移動させる。
　ゲンゴロウモドキ属のように種によっては消化管の内部が視認できないため，餌への食いつきに留意しつつ飼育することを勧めたい。メススジゲンゴロウ属，シマゲンゴロウ属，ツブゲンゴロウ属のように，忙しなく泳ぎ回ったり，ツブゲンゴロウ属コウベツブゲンゴロウ種群のように上陸の数日前に色が緑色へ変化するなど，わかりやすい変化が見られる種もある。

(4) 基本的な蛹の飼育方法
①飼育容器
　プラスチックカップやタッパーなどが安価で使いやすい。

②飼育方法
　ゲンゴロウ科は陸上で蛹化するため，幼虫の飼育とは別の容器(以下，上陸容器)を準備する必要がある。蛹化場所は大きく地中と地表に分けられる。地中に蛹室を作るのはセスジゲンゴロウ亜科，ナミゲンゴロウ亜科，ゲンゴロウモドキ属などが該当する。幼虫は地中へ潜り，その中に球状の蛹室を作る。地表に蛹室を作るのはメススジゲンゴロウ属，マルガタゲンゴロウ属，シマゲンゴロウ属などが該当する。幼虫は土の窪みの表面に蛹室(土繭)を作り，その中で羽化する。
　上陸容器に入れる土はピートモスが使いやすく，ミキサーで粉砕したり，篩にかけて細かいものだけを選別することで小型種でも使える土ができる。霧吹きで加水した後，一晩程度寝かせると水分が全体に行き渡って良い土になる。蛹室の直径は，成虫の体長より少し大きい程度であるため，飼育する

VII. ゲンゴロウ科の飼育法

種の成虫の体長を図鑑で調べてから容器の大きさや土を入れる量を決めると良いだろう。土はピートモス，赤土，カブトムシ類などに使用するマットでも良いし，水苔（阿部, 2018），ティッシュペーパー（Watanabe & Kamite, 2020a），キムワイプ（林, 2020），砂（林, 2015）などで代用することも可能である。大型種ではピートモスや水苔が利用されており，砂は小型種で実績がある。水苔はオオミズスマシでも成績が良いので（小沼, 2019），土繭を作るタイプの中型種などでも使えそうである。

上陸のタイミングに間違いがなく，土の水分量や詰める硬さが適切であれば当日〜翌日には土に潜るか土の上に蛹室を作るだろう。タイミングだけが合っていた場合は，土の上を数日歩き回った後，土の上で前蛹になる。この場合は，土の凹凸が蛹化または羽化不全を起こす原因となるので，スプーンで土の表面を押し固めて凹みを作ったり平にすることで予防できる（渡部ら, 2017）。

上陸するタイミングの見極めが不安な場合は，飼育容器内に水辺と陸地を両方用意することも可能である。幼虫が上陸したいタイミングで自ら陸地へ移動することができるので，初心者には使いやすいだろう。しかし，どうしても容器が大きくなってしまうので，沢山の個体を飼育すると多くのスペースを要する。

各分類群の飼育方法

本書で解説する飼育種の情報は，多くの文献と筆者らの飼育経験によるものである。該当種に関する情報を表 19-1 に整理したが，同属種であれば同様の飼育方法で問題ない可能性が高いので，ぜひ試していただきたい。

ゲンゴロウ科 Dytiscidae

1　マメゲンゴロウ亜科 Agabinae

1-1　モンキマメゲンゴロウ属 *Platambus* Thomson, 1859

①飼育時の留意点

流水性のため，低温で飼育することが望ましい。

② 採卵

19 ℃の飼育でサワダマメゲンゴロウ *Platambus sawadai*，ウスリーマメゲンゴロウ *P. ussuriensis* の産卵を確認している。産卵は落ち葉，鉢底ネット，飼育カップなどの表面などに行われる（Watanabe, 2022a, 2025）。

③ 幼虫から上陸

幼虫の脚には遊泳毛を欠くため（Nilsson, 1997; Okada *et al*., 2019），歩行で移動する。溺死させないために，幼虫が歩いて水面まで辿り着けるように足場を用意する。足場は鉢底ネット，流木，落ち葉など，滑らない材質であれば何でも良く，茶漉し飼育（図 19-1c）は相性が良い。

幼虫の餌には活アカムシ，フタホシコオロギ幼虫，カゲロウ目幼虫，ヌマエビ科などが使用できる（渡部・山﨑, 2020; Watanabe, 2022a）。モンキマメゲンゴロウ *Platambus pictipennis* とサワダマメゲンゴロウでは，死んだ直後の餌も問題なく捕食することが確認されている（渡部・山﨑, 2020）。

上陸時にはピートモスが使用でき，上陸から成虫まで育てられる（渡部・山﨑, 2020; Watanabe, 2022a）。

④ 越冬

サワダマメゲンゴロウは冬季にも成虫と幼虫が水中で確認されることから（渡部・山﨑, 2020），種によって成虫・卵・幼虫のいずれかの状態で水中越冬すると考えられる。常温飼育が望ましい。

1-2　ヒラタマメゲンゴロウ属 *Platynectes* Régimbart, 1879

本項目では日本に分布するアトホシヒラタマメゲンゴロウについて記述する。

① 飼育時の留意点

水質の悪化に留意する。

表 19-1 飼育に有用なゲンゴロウ科の情報

亜科名	種名	学名	幼虫期間（日）			飼育温度
			1齢幼虫	2齢幼虫	3齢幼虫	
マメゲンゴロウ	クロズマメゲンゴロウ	Agabus conspicuus	-	-	-	-
	モンキマメゲンゴロウ	Platambus pictipennis	-	-	-	-
	サワダマメゲンゴロウ	Platambus sawadai	14-16	16-20	42-44	-
	ウスリーマメゲンゴロウ	Platambus ussuriensis	2-8	10	8	19
	アトホシヒラタマメゲンゴロウ	Platynectes chujoi	3-7	3-7	9-34	約22-26
ヒメゲンゴロウ	ヒメゲンゴロウ	Rhantus suturalis	2-4	2-5	-	-
			5-6	5.4 ± 0.7	11.9 ± 3.1	-
	オオヒメゲンゴロウ	Rhantus erraticus	-	-	-	-
セスジゲンゴロウ	コセスジゲンゴロウ	Australetus parallelus	2-43	3-23	5-56	26
	カンムリセスジゲンゴロウ	Copelatus kammuriensis	2-4	2-16	8-22	26
	ヤエヤマセスジゲンゴロウ	Copelatus masculinus	2-7	5-15	11-19	26
	トダセスジゲンゴロウ	Copelatus nakamurai	2-4	3-5	7-15	24-28
			2-5	3-8	9-11	26
	チンメルマンセスジゲンゴロウ	Copelatus zimmermanni	3-8	3-12	4-13	26
ナミゲンゴロウ	ナミゲンゴロウ	Cybister chinensis	12.2 ± 0.45	13.1 ± 0.52	18.2 ± 0.63	20
			8.9 ± 0.48	10.3 ± 0.21	15.2 ± 0.39	23
			7.9 ± 0.37	8.2 ± 0.34	13.6 ± 0.38	25
			4-6	4-10	6-9	27
			6.1 ± 0.38	7.2 ± 0.33	12.3 ± 0.42	28
			6.9 ± 0.50	6.9 ± 0.39	12.7 ± 0.37	30
			6-13	9-17	14-23	20.1-25.1
	マルコガタノゲンゴロウ	Cybister lewisianus	5-9	5-7	5-8	27
			7-8	8-10	約13	-
	フチトリゲンゴロウ	Cybister limbatus	-	-	-	-
	ヒメフチトリゲンゴロウ	Cybister rugosus	5-13	5-18	7-17	28
	コガタノゲンゴロウ	Cybister tripunctatus lateralis	12	15	13	20
			16.8 ± 0.20	17.0 ± 1.14	10.8 ± 0.80	23
			9.7 ± 0.80	9.1 ± 0.25	10.0 ± 0.30	25
			6.9 ± 0.42	6.5 ± 0.25	8.1 ± 0.43	28
			8.1 ± 0.47	7.5 ± 0.35	8.5 ± 0.33	30
			7-10	10-13	13-16	約23-25
	クロゲンゴロウ	Cybister brevis	20.1 ± 1.45	16.3 ± 0.93	15.0 ± 1.46	20
			12.0 ± 0.78	14.3 ± 1.00	13.5 ± 1.15	23
			9.2 ± 0.25	9.1 ± 0.44	11.1 ± 0.33	25
			8.6 ± 0.43	9.4 ± 0.56	10.3 ± 0.37	28
			9.3 ± 0.41	8.5 ± 0.71	9.8 ± 0.58	30
	トビイロゲンゴロウ	Cybister sugillatus	3-11	5-12	5-14	28
ゲンゴロウ	ヤシャゲンゴロウ	Acilius kishii	5-9	6-10	9-22	28
			2-5	3-6	6-18	-
	マルガタゲンゴロウ	Graphoderus adamsii	5-10	7-12	12-13	20
	エゾゲンゴロウモドキ	Dytiscus marginalis czerskii	6.3 ± 0.3	8.0 ± 0.4	20.5 ± 0.5	-
	シャープゲンゴロウモドキ	Dytiscus sharpi	5-9	6-8	12-17	18
			3-9	5-7	9-18	19
			4-15	5-10	17-25	-
			4.7	4	9.2	23.6
	ハイイロゲンゴロウ	Eretes griseus	-	-	-	-
	スジゲンゴロウ	Hydaticus bipunctatus	4-5	4-8	7-9	28
	シマゲンゴロウ	Hydaticus bowringii	7.0 ± 1.8	6.5 ± 2.9	14.2 ± 2.2	25
			4-8	5-11	6-17	-
	コシマゲンゴロウ	Hydaticus grammicus	-	-	-	-
	オキナワスジゲンゴロウ	Hydaticus vittatus	-	-	-	-
	オオシマゲンゴロウ	Hydaticus aruspex	-	-	-	-
	オオイチモンジシマゲンゴロウ	Hydaticus pacificus conspersus	1-2	1-4	4-7	26
	ヤンバルオオイチモンジシマゲンゴロウ	Hydaticus yambaruensis	2-4	2-4	5-9	26
ケシゲンゴロウ	コマルケシゲンゴロウ	Hydrovatus acuminatus	-	-	-	-
	ケシゲンゴロウ	Hyphydrus japonicus	-	-	-	-
	ヒメケシゲンゴロウ	Hyphydrus laeviventris	3-4	3-5	7-14	26
	コケシゲンゴロウ	Hyphydrus pulchellus	-	-	-	-
	タイワンケシゲンゴロウ	Hyphydrus lyratus	3-4	4-7	10-14	約24-26
	チャイロシマチビゲンゴロウ	Nebrioporus anchoralis	-	-	-	-
ツブゲンゴロウ	キボシツブゲンゴロウ	Japanolaccophilus niponensis	-	-	-	-
	ツブゲンゴロウ	Laccophilus difficilis	-	-	-	-
	ワタラセツブゲンゴロウ	Laccophilus diktnohaseus	3-5	3-5	7-18	26
	サザナミツブゲンゴロウ	Laccophilus flexuosus	3-5	3-7	8-15	26
	ウスチャツブゲンゴロウ	Laccophilus chinensis	3-6	5-8	6-13	26
	ミナミツブゲンゴロウ	Laccophilus pulicarius	3-7	4-9	9-17	26
	ヒラサワツブゲンゴロウ	Laccophilus hebusuensis	3-4	2-5	3-8	26
	コウベツブゲンゴロウ	Laccophilus kobensis	3-4	2-6	5-8	26
	ルイスツブゲンゴロウ	Laccophilus lewisius	-	-	-	-
	ニセルイスツブゲンゴロウ	Laccophilus lewisioides	4-12	5-9	5-10	26
	ナカジマツブゲンゴロウ	Laccophilus nakajimai	2	3-7	6-14	26
	シャープツブゲンゴロウ	Laccophilus sharpi	-	-	-	-
	キタノツブゲンゴロウ	Laccophilus vagelineatus	3-7	2-7	5-12	26
	ニセコベツブゲンゴロウ	Laccophilus yoshitomii	2-6	3-8	5-10	26

註1：幼虫期間は文献によって情報が異なることから，範囲または平均±標準偏差で示した．
註2：『幼虫におすすめの餌』は，著者らの飼育経験による情報を含むため，引用文献に未掲載のものもある．

産卵タイプ	幼虫におすすめの餌	主な文献
基質表面？	アカムシ	Watanabe (2025)
基質表面	-	Watanabe (2025)
基質表面	アカムシ	渡部・山崎 (2020)；Watanabe (2025)
基質表面	アカムシ	Watanabe (2022a)
基質表面	アカムシ	Watanabe (2025)；本書
基質表面	アカムシ, ミズムシ	恒遠 (1936)
		岡田・松良 (1992)
基質表面	アカムシ, ミズムシ	本書
基質表面	アカムシ, イトミミズ	Watanabe et al. (2017a)
基質表面	アカムシ, イトミミズ	Watanabe et al. (2024)
基質表面	アカムシ, イトミミズ	Watanabe & Hayashi (2019)
基質表面	アカムシ, イトミミズ	田島・柳田 (2010)
		Watanabe (2022a)
基質表面	アカムシ, イトミミズ	Watanabe & Ohba (2022)
基質内	コオロギ, ヤゴ	Ohba et al. (2020)
		Ohba et al. (2020)
		Ohba et al. (2020)
		Watanabe et al. (2021)
		Ohba et al. (2020)
		Ohba et al. (2020)
		桑原ら (2022c)
基質内	コオロギ, ヤゴ	Watanabe et al. (2021)
		富沢 (2011)
基質内	コオロギ, ヤゴ	北野・佐藤 (2023)
基質内	コオロギ, ヤゴ	北野ら (2017)；Yamasaki et al. (2022)
基質内	コオロギ, ヤゴ	Ohba et al. (2020)
		Ohba et al. (2020)
		Ohba et al. (2020)
		Ohba et al. (2020)
		Ohba et al. (2020)
		桑原ら (2022d)
基質内	コオロギ, ヤゴ	Ohba et al. (2020)
		Ohba et al. (2020)
		Ohba et al. (2020)
		Ohba et al. (2020)
		Ohba et al. (2020)
基質内	コオロギ, ヤゴ	Fukuoka et al. (2023, 2024)
基質表面 (陸上・水中)	ボウフラ, コオロギ, ミジンコ	渡部ら (2017)
		奥野ら (1996)
基質内	ボウフラ, ミジンコ, アカムシ	桑原ら (2022b)
基質内	オタマジャクシ, ミズムシ	猪田 (2001)
基質内	オタマジャクシ, ミズムシ	Inoda et al. (2009)
	コオロギ	Watanabe & Sumikawa (2023)
		猪田・都築 (1999)
		富沢 (2001)
バラ産み	アカムシ	中島ら (2020)
基質表面・内	コオロギ, ボウフラ	渡部・加藤 (2017)
基質表面・内	オタマジャクシ	Watanabe et al. (2020); 本書
		桑原ら (2022a)
基質表面	アカムシ	坂水 (1983)
基質内	アカヒレ, ヒメダカ	本書
基質内	アカムシ, ミズムシ	本書
基質表面・内	コオロギ, ボウフラ	Watanabe et al. (2022)
基質表面・内	コオロギ, アカムシ, ボウフラ	本書
基質表面・内？	-	Watanabe (2025)
基質表面	カイミジンコ, アカムシ	林 (2020)
基質表面	カイミジンコ	Watanabe (2020a)
？	ミジンコ, アカムシ	本書
基質表面	ミジンコ, イトミミズ, アカムシ	本書
？	ミジンコ, アカムシ	本書
基質内	アカムシ	Watanabe & Kamite (2020a); Watanabe (2025)
基質内	アカムシ, ミジンコ	山崎・渡部 (2020)
基質内	アカムシ, ボウフラ, ミジンコ	Watanabe & Uchiyama (2024)
基質内	アカムシ, ミジンコ	本書
基質内	アカムシ, ミジンコ	本書
基質内 (特に根)	アカムシ, ミジンコ	本書
基質内	アカムシ, ボウフラ, ミジンコ	Watanabe & Kamite (2020b)
基質内	アカムシ, ボウフラ, ミジンコ	Watanabe (2021b)
基質内	アカムシ, ミジンコ	本書
基質内	アカムシ, ボウフラ, ミジンコ	Watanabe (2022b)
基質内	アカムシ, ボウフラ, ミジンコ	Watanabe (2019)
基質内	アカムシ, ミジンコ	山崎・渡部 (2020)
基質内	アカムシ, ボウフラ, ミジンコ	Watanabe (2020b)
基質内	アカムシ, ボウフラ, ミジンコ	Watanabe (2021a)

Ⅶ. ゲンゴロウ科の飼育法

②採卵

　飼育下では 10～5 月，水温 24～28 ℃程度の環境下で産卵が確認されているほか，野外では 10 月（宮崎・渡部，2023），12 月（三田村ら，2017），3 月（内山，未発表）に幼虫が確認されている。流木などの表面（Watanabe, 2025），容器の壁，鉢底ネット，落ち葉，かつ，水面付近の極めて水深の浅い箇所に産卵する（図 19-5a）。卵は表面を粘着性の物質に覆われているため，移動する際は無理に剥がそうとして傷つけないように基質ごと移動させるのが良い。

③幼虫から上陸

　幼虫は水質に敏感であり，飼育には安定している水槽内の水か，親の飼育

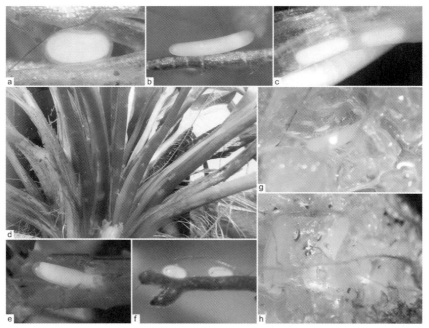

図 19-5　ゲンゴロウ科の卵
a：アトホシヒラタマメゲンゴロウ，b：オオイチモンジシマゲンゴロウ（表面），c：同（基質内），d：ナミゲンゴロウの産卵痕，e：マルガタゲンゴロウ，f：タイワンケシゲンゴロウ，g：スジゲンゴロウ（ホテイアオイの浮袋内），h：オキナワスジゲンゴロウ（ホテイアオイの浮袋内）。

19 ゲンゴロウ科の飼育法

水を混ぜた汲み置き水を使用すると良い。また，換水の際に水道水を用いると3齢幼虫であっても死亡することがあるため，換水には上述の水を用いると共に，一度にすべての水は交換せず，半分程度を入れ替えるのが好ましい。

餌は活ミジンコや活アカムシ，冷凍アカムシなどが使用可能である（図19-6a）。ただし，冷凍アカムシは新鮮なものしか食べず，特に3齢では活ミジンコへの嗜好性も低下する。従って，冷凍アカムシをこまめに複数回与え

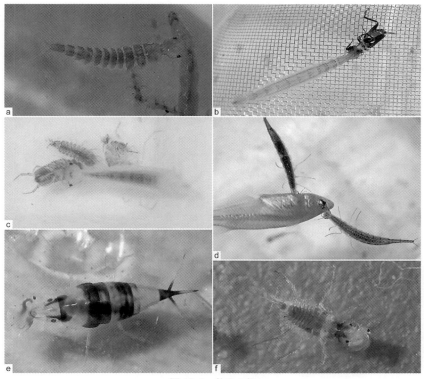

図 19-6 幼虫の餌
a：冷凍アカムシを捕食するアトホシヒラタマメゲンゴロウの2齢幼虫，b：コオロギを捕食するクロゲンゴロウの2齢幼虫，c：ミズムシを捕食するオオイチモンジシマゲンゴロウの2齢幼虫，d：ヒメダカを捕食するオキナワスジゲンゴロウの2齢幼虫，e：タイリクミジンコを捕食するタイワンケシゲンゴロウの3齢幼虫，f：ミジンコを捕食するチャイロシマチビゲンゴロウの2齢幼虫．

VII. ゲンゴロウ科の飼育法

るか，活アカムシと併用する形が望ましい．ただし，活アカムシは幼虫のサイズに対して大きすぎる個体を与えると逆に殺されてしまうため，使用する際は適切なサイズ（幼虫の1.5倍程度まで）の個体を与えるか，頭部を潰して与えるよう注意する．

蛹室を作成する土には選り好みがあるようで，目の粗い市販のピートモスでは蛹室を作らない．同じピートモスを金魚網で濾して目を細かくすると，問題なく蛹室を作成して羽化に至ることを確認している（図19-7a〜c）．

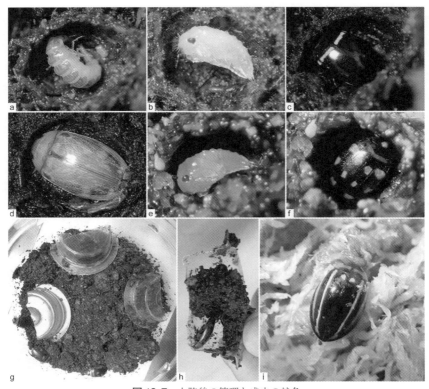

図19-7　上陸後の管理と成虫の越冬
a〜c：アトホシヒラタマメゲンゴロウ（a：前蛹，b：蛹，c：新成虫），d：ヤンバルオオイチモンジシマゲンゴロウの新成虫，e〜f：ゴマダラチビゲンゴロウ（e：蛹，f：新成虫），g〜h：蛹の管理の省スペース化（g：空の昆虫ゼリーカップで複数の蛹室を同一容器で管理，h：カップ内部の様子），i：水苔で陸上越冬中のシマゲンゴロウ．

④越冬

アトホシヒラタマメゲンゴロウは温暖な八重山諸島の固有種であり，越冬はさせずに水温 20 ℃以上で加温飼育することが望ましいと思われる。

2　ヒメゲンゴロウ亜科 Colymbetinae
2-1　ヒメゲンゴロウ属 *Rhantus* Dejean, 1833

①飼育時の留意点

高温に弱いため，夏場でも水温 28 ℃以下を維持するのが望ましい。

②採卵

飼育下ではヒメゲンゴロウ *Rhantus suturalis* は 1，6〜9 月に産卵し（恒遠，1936; 内山，未発表），オオヒメゲンゴロウ *R. erraticus* は 12〜3 月に産卵することを確認している（山﨑，未発表）。卵は高温に弱いため，水温は 25 ℃以下を維持する。産卵は植物の葉や茎（恒遠，1936; 海野ら，2007），落ち葉，鉢底ネットなどの表面などに行われる。

③幼虫から上陸

幼虫は小型容器で個別に飼育するか，中型容器で多頭飼育することができる。卵と同様に，水温は 25 ℃以下を維持する。幼虫は水底で活動するため（Watanabe *et al.*, 2024），水深は浅くする。足場は入れなくてもよい。

幼虫は主に底生の動物を捕食するため，餌としてアカムシやイトミミズ，ミズムシが使用できる。

地中で蛹化するため，底質の深さは 3 cm 以上にする。

④越冬

越冬は水中で行う。冬も活動するため，常温飼育でも月に数回は餌を与える。

VII. ゲンゴロウ科の飼育法

3　セスジゲンゴロウ亜科 Copelatinae
3-1　*Austrelatus* 属およびセスジゲンゴロウ属
　　　Copelatus Erichson, 1832

①飼育時の留意点
　獰猛な種が多く，成虫は餌が足りないと共食いしやすいので，こまめに餌を与えるのが大切。

②採卵
　ウィローモスの隙間の葉や落ち葉の表面などに産卵する（Watanabe *et al.*, 2017 など）。沢山産卵させるには前者の方が良く，軽く固めたウィローモスを容器の端に置き，1/3～1/2 程度を水面上に出す。卵を確認する時は，汲み置き水の中でウィローモスを強く振って卵を落とす。産卵していた場合は容器の水底に卵が沈むので，スポイトで1つずつ吸い取り，個別容器の汲み置き水に沈める。卵は水草にくっ付ける必要はなく，カップの水底に沈んだ状態で問題なく孵化する。採卵に適した水温は不明だが，表 19-1 に示した種は 26 ℃で産卵を確認している。

③幼虫から上陸
　幼虫は大顎に消化液が通る管を持たず，体内消化である。このため，アカムシやイトミミズなど体よりも小さく，細めの餌を与えると調子が良い。このような餌を与えると，丸呑みする捕食行動を観察できる。大きめの餌を与えた際には，餌の一部を傷つけてそこから捕食するが，食べ残しが生じやすく，捕食に苦労する様子が観察される。
　幼虫は，上陸タイミングでなくともカップの側面を登るので，タイミングの判断は慎重に行う。底質にはミキサーで粉砕したピートモスを使用する。蛹化するタイミングではなかったとしても，しばらくは土の中で耐えられるので，このようなミスが生じた際には，焦らず幼虫を水の中に戻し，再度餌を与える。上陸に失敗した際，コセスジゲンゴロウ *Austrelatus parallelus* で 46 日（Watanabe *et al.*, 2017），ヤエヤマセスジゲンゴロウ *Copelatus masculinus*

で56日（Watanabe & Hayashi, 2019）耐えた事例がある。

蛹室の中で羽化した新成虫の行動には，2つのタイプがあるので注意する。一つ目は，他のゲンゴロウ科と同じように自力で蛹室を脱出するタイプである。土の表面に出ている個体は回収しやすいが，蛹室から脱出した後に土の中で待機している個体もいるので，カップ側面や底面からよく観察し，脱出したことを見逃さないことが大切だ。日本産種では，ヤエヤマセスジゲンゴロウやチンメルマンセスジゲンゴロウ *Copelatus zimmermanni* が知られる（Watanabe & Hayashi, 2019; Watanabe & Ohba, 2022）。二つ目は，羽化した後も蛹室内に留まり続けるタイプである。こちらは，人為的に掘り出すか，水を入れて活動を誘発する必要があり，放置するとそのまま蛹室内で死んでしまう。日本産種では，コセスジゲンゴロウ，カンムリセスジゲンゴロウ *Copelatus kammuriensis*，トダセスジゲンゴロウ *C. nakamurai* が知られる（Watanabe *et al.*, 2017, 2024; Watanabe, 2022a）。

④越冬

トダセスジゲンゴロウは陸上で越冬することが知られている（鈴木, 2003; 亀澤, 2011）。陸地を用意できない場合は加温飼育が無難である。

4　ナミゲンゴロウ亜科 Cybistrinae
4-1　ゲンゴロウ属 *Cybister* Curtis, 1827

①採卵

ゲンゴロウ属は植物組織の内部に産卵するため（図 19-2a, 19-5d），産卵基質が必要である。有用なのはヘラオモダカ *Alisma canaliculatum* などの抽水植物だが，入手や維持が難しければホテイアオイやクワイでも代用可能である。クロゲンゴロウなどの小さな種はイボクサも使用できる（渡部, 2022）。その他の産卵基質は市川（2002），市川・北添（2010），Watanabe（2025）などが詳しい。市川（1994）はゲンゴロウ1個体あたりが61日間に2回の交尾を経て36個の卵を産んだことを報告しており，この間に取り替えた産卵基質の回数は20回にものぼる。卵は捕食されやすいので（図 19-3a），基質を頻繁

VII. ゲンゴロウ科の飼育法

に取り替えるかメス単体で産卵させると良いだろう.

②幼虫から上陸

　ゲンゴロウ属の幼虫は種によって食性が異なる.例えばクロゲンゴロウとトビイロゲンゴロウではヤゴを食べて幼虫が育つがオタマジャクシでは上手く育たず(Ohba, 2009; Fukuoka *et al.*, 2023),ヒメフチトリゲンゴロウ *Cybister rugosus* ではオタマジャクシ,エビ,魚類,ヤゴのいずれを食べても幼虫が育つ(Yamasaki *et al.*, 2022).しかし,広食性のヒメフチトリゲンゴロウでもヤゴを食べるとオタマジャクシ,エビ,魚類に比べて成長が早くなるなど,日本産種で言えば節足動物を与えるのが飼育を成功させる一番の近道である.クロゲンゴロウ,トビイロゲンゴロウ,コガタノゲンゴロウ *C. tripunctatus lateralis*,ヒメフチトリゲンゴロウ,マルコガタノゲンゴロウ *C. lewisianus*,ゲンゴロウの幼虫はコオロギを与えても育てることができるし(Inoda *et al.*, 2022)(図 19-6b),マルコガタノゲンゴロウ,ゲンゴロウの2種は野外個体と統計的に差がない体サイズの成虫が羽化することも確認されている(Watanabe *et al.*, 2021).餌のコオロギはペットショップ等で購入すると比較的楽に入手できる.一部の種では冷凍コオロギを(Ohba *et al.*, 2020; Fukuoka *et al.*, 2024),ゲンゴロウでは冷凍したトノサマバッタを使用しても幼虫が育つことが確認されている(橋本, 2014).フチトリゲンゴロウ *C. limbatus* では,冷凍コオロギを用いるとヤゴに比べて死亡率が若干高まると記されている(北野・佐藤, 2023).

　上陸のタイミングは中型種に比べると見た目の変化は乏しい.これは背面から消化管内が視認しにくいということによる.透明の容器に幼虫を入れて下から確認すると消化管内の様子を観察しやすく,腹部の消化管が空になっていたら上陸させて良い(図 19-4a〜b).あるいは,餌を食べなくなった約24時間後に上陸させるのでも問題ない.マルガタゲンゴロウやシマゲンゴロウ属などの中型種に比べると,餌を食べなくなってから上陸までの期間が長いので,多少タイミングが遅れても問題なく蛹化する.

　底質にはピートモス,水苔などさまざまなものが利用できる.蒸れると土の上で蛹化してしまうため,ある程度通気性のある容器が望ましい.カップを使用する場合は蓋に小さな穴を空けると良い.

③越冬

野外では水中で越冬する。九州以北に分布するクロゲンゴロウ，マルコガタノゲンゴロウ，ゲンゴロウは飼育容器の底にあく抜きした落ち葉や流木を堆積させ，常温飼育する。トビイロゲンゴロウ，コガタノゲンゴロウ，ヒメフチトリゲンゴロウなどの南方種は加温飼育で水中越冬させると良い。

5 ゲンゴロウ亜科 Dytiscinae
5-1 メススジゲンゴロウ属 *Acilius* Leach, 1817

①飼育時の留意点

低温で飼育することが望ましい。

②採卵

メススジゲンゴロウ属は陸上に卵塊を産むことが知られている。例えばヤシャゲンゴロウは陸上部水際近くの枯れ木や苔の隙間のほか，ヘチマも産卵基質として活用できる（奥野ら，1996; 渡部ら，2017）。一部の個体は水中の木片や石の隙間に産卵した可能性があるとされている（奥野ら，1996）。James (1970) は *Acilius semisulcatus* が飼育下において容器の水底に産卵し，幼虫が孵化したことを報告しているので，水中にも産卵するのだろう。

③幼虫から上陸

幼虫は常に中層から表層を遊泳するため，止まり場所は不要である。遊泳空間を確保しなければ頻繁に共食いするので広めの容器で多頭飼育する。

幼虫はミジンコやボウフラを捕食する（奥野ら，1996）。これらの餌の確保は困難ではないものの，幼虫は膨大な量を捕食するため，飼育の成功は餌を十分準備できるかどうかにかかっている。例えばヤシャゲンゴロウの1齢幼虫1頭は10分間で8頭のタマミジンコを捕食する（奥野ら，1996）。渡部ら (2017) は幼虫が水面に落ちた小さな昆虫も捕食することを報告し，キイロショウジョウバエ（ただし飛翔できない品種）やコオロギの弱齢幼虫を代替餌

VII. ゲンゴロウ科の飼育法

として使用することで効率化に成功している。外部から採取した餌を使用する際は，ヒドラが飼育容器内に混入すると1齢幼虫が捕食されるので注意が必要である（渡部ら，2017）。カイミジンコは幼虫の餌には適さず，脱皮時には逆に幼虫が捕食される恐れがある（渡部ら，2017）。

底質には水田の耕作土（奥野ら，1996）やピートモスと赤土を混ぜたもの（渡部ら，2017），ピートモスなどを使うと良い。

④越冬

水中で越冬する。温度が下がりやすい場所で常温飼育し，落ち葉を多めに沈めて餌やりの頻度を下げる。

5-2　マルガタゲンゴロウ属 *Graphoderus* Dejean, 1833

①採卵

イボクサ，セリ，コナギなど，ある程度太い茎の水生植物や，アマゾントチカガミ（桑原ら，2022b）のような浮嚢を持つ植物を産卵基質として用いる（図19-2b, 19-5e）。マルガタゲンゴロウにおいては，冬季に水温10℃程度の環境を経験させることで，翌4〜7月にかけて産卵することを確認している。親個体による捕食を避けるため，卵を産み付けられた基質は回収し，別容器で管理するのが望ましい。

②幼虫から上陸

餌はミジンコやボウフラ，冷凍アカムシ等が利用可能である。本属の幼虫はメススジゲンゴロウ属同様に水中を遊泳しながら捕食するタイプだが，基本的に浮力の変化に弱く，水質維持の難しい小さな容器で飼育すると浮き上がれなくなることある（特に1齢）。従って，水質維持が容易な広めの容器で多頭飼育する方が良いだろう。ただし共食いもするため，容器には可能な限り餌となる浮遊性のミジンコ類（タマミジンコ，タイリクミジンコなど）を飽和量投入しておくと共に，齢ごとに分けて飼育する。ミジンコ類は個体密度が高いと酸欠によってすぐに死滅してしまうため，弱めのエアレーションも一緒に入れておくと良い。また，幼虫を

ミジンコ類のみで育成すると，飽和量をキープしたとしても羽化する成虫は極めて小さな個体となる。これを防ぐため，特に2齢以降はボウフラや冷凍アカムシも積極的に与えると良い。冷凍アカムシについては水面に浮かべておけば放置していても食べてくれるため，大きめの容器で飼育している場合はすぐには食べきれないほどの量を与えても問題ない。

上陸時には湿らせたピートモスなどへ強制上陸させると，土の表面に蛹室（土繭）を作り蛹化する。

③越冬

少なくともマルガタゲンゴロウにおいては，水中と陸上の両方で越冬が可能である。飼育下では，5～10℃の環境下で容器の陸上部分に設置したウィローモスの下に潜り越冬する例を確認している。同一容器内で水中越冬している個体もいたため，越冬方法は個体によるようである。同属種の *Graphoderus bilineatus* と *G. cinereus* は水中の泥の中で成虫越冬することが示唆されている(Koese & Cuppen, 2009)。

5-3　ゲンゴロウモドキ属 *Dytiscus* Linnaeus, 1758

①飼育時の留意点

貧栄養な環境を好むため，水質の悪化には注意する必要がある。高温に弱いため，夏場でも25℃以下を維持するのが望ましい(都築ら, 2000)。

②採卵

産卵基質が必要。シャープゲンゴロウモドキはヘラオモダカ，エゾゲンゴロウモドキ *Dytiscus marginalis czerskii* はホテイアオイのような組織内がスポンジ状の植物にも産卵可能だが(都築ら, 2000)，セリのように組織内が空洞になっている植物を好み，このような植物では産卵数が多く孵化率が高い(Inoda, 2011a)。産卵基質の茎の直径も重要で，セリを産卵基質とした場合，シャープゲンゴロウモドキでは直径2 mm以下の茎には産卵せず，直径5.5 mm以下の茎で産卵数が多いことがわかっている(Inoda, 2011b)。また，シャープゲンゴロウモドキの孵化直前の卵を20～25℃で飼育した場合，孵化後1

Ⅶ. ゲンゴロウ科の飼育法

日以内の1齢幼虫の生存率が大きく低下することが知られているため（Inoda, 2003），卵は10〜19℃で飼育するのが望ましい．

③幼虫から上陸

ゲンゴロウモドキ属の飼育に関する情報は多い（猪田・都築，1999; 都築ら，2000; 猪田，2001; 富沢，2001; Inoda & Kamimura, 2004; Inoda et al., 2009など）．飼育する水温には注意が必要で，Inoda（2003）の実験では，25℃で飼育した1齢幼虫の42％が2齢幼虫まで至らずに死亡したのに対し，23℃では11％であった．この温度間の生存率に有意差はないものの，23℃以下で飼育した方が死亡個体を減らせる可能性が高い．

シャープゲンゴロウモドキの飼育にはミズムシ，オタマジャクシ，コオロギなどが餌として使用可能で，3齢幼虫は小型の金魚も食べる（猪田・都築，1999; Inoda & Kamimura, 2004; Watanabe & Sumikawa, 2023など）．いずれを与えた場合も問題なく成虫まで育つが，金魚を与える場合には鱗を取るという前処理が必要であることに注意が必要である（Watanabe & Sumikawa, 2023）．餌密度が高いと多頭飼育でも共食いをほとんどせず，野外個体と変わらない大きさの成虫が羽化する（Inoda & Kitano, 2013）．

上陸時に幼虫が餌を食べなくなってから溺死するまでの間隔はゲンゴロウ属よりも短く，24時間以内には上陸させるのが良い．上陸用の土はピートモスが使いやすい．

④越冬

野外では水中で越冬する．ゲンゴロウ属と同様に飼育容器の底にあく抜きした落ち葉や流木を堆積させて常温飼育する．冬季中は低温にさらす必要があり，例えばシャープゲンゴロウモドキが卵を成熟させるためには高くても8℃以下，できれば4℃以下を維持することが望ましい（Inoda et al., 2007）．冬季にも摂食するため（都築ら，2000），餌切れに注意する．

5-4　シマゲンゴロウ属 *Hydaticus* Leach, 1817

①飼育時の留意点

オスの前跗節が飼育容器の壁面に張り付やすく，そのまま溺死することがあるため，過密飼育は控え，上陸できる足場を十分用意する．オオイチモンジシマゲンゴロウ *Hydaticus pacificus conspersus* やオオシマゲンゴロウ *H. aruspex* は高水温に弱いため，これらの種は夏場でも水温が 28 ℃以下を維持するのが望ましい．

②採卵

植物組織の表面や内部に産卵するため(図 19-5b～c, g～h)，産卵基質が必要である．産卵基質には，オモダカ科やトチカガミ科などの表面積の広い植物(桑原ら, 2022a)，ホテイアオイの葉(渡部・加藤, 2017)や表皮を剥がした浮袋(図 19-5g～h)，落ち葉，流木(Watanabe *et al.*, 2022)などが有用である．卵は成虫に捕食されるため，産卵を確認した際は基質ごと容器から取り出す．

③幼虫から上陸

幼虫は無脊椎動物と脊椎動物のいずれかを主な餌とするため，それぞれの種に合わせた餌を与える．スジゲンゴロウ *Hydaticus bipunctatus*，コシマゲンゴロウ *H. grammicus*，オオシマゲンゴロウ，ウスイロシマゲンゴロウ *H. rhantoides*，オオイチモンジシマゲンゴロウ，ヤンバルオオイチモンジシマゲンゴロウ *H. yambaruensis* は無脊椎動物を摂食し(渡部・加藤, 2017; Watanabe *et al.*, 2022; Watanabe *et al.*, 2024; 山﨑・内山, 未発表)，餌としてボウフラやアカムシ，コオロギ，ミズムシなどが使用できる(図 19-6c)．シマゲンゴロウ，オキナワスジゲンゴロウ *H. vittatus* は脊椎動物を摂食し(渡部・加藤, 2017; Watanabe *et al.*, 2020)，餌として体長が 3 cm 以下のオタマジャクシ，ヒメダカ，アカヒレなどが使用できる(図 19-6d)．脊椎動物の死骸は水質をすぐに悪化させるため，換水は頻繁に行う．

蛹化は地表で行うので(図 19-7d)，土の深さは 2 cm 程度で十分である．

④越冬

本属は水中と陸上のいずれかで越冬するため，それぞれの種に合わせた方法で越冬をさせる。ウスイロシマゲンゴロウ，オオイチモンジシマゲンゴロウは水中で越冬する（Matsumoto & Isozaki, 1988; 中島ら, 2020）。容器には落ち葉や針底ネットなどの隠れ家を多めに入れ，水温は5℃以上を維持する。シマゲンゴロウ，コシマゲンゴロウ，オオシマゲンゴロウは陸上で越冬する（行徳, 1954; 相蘇ら, 2015; 渡辺, 2017; 山﨑, 未発表）。容器には湿らせた土やミズゴケを7 cm以上敷き詰め，気温の変化が少ない暗室に置く（図19-7i）。上陸は10〜11月ごろに成虫が頻繁に陸上に出てくるようになった時に行う。南西諸島に分布するヤンバルオオイチモンジシマゲンゴロウとオキナワスジゲンゴロウは加温飼育で水中越冬させ，水温は18℃以上を維持する。スジゲンゴロウの越冬場所は不明だが，26℃の加温飼育で累代飼育が継続できている。

6　ケシゲンゴロウ亜科 Hydroporinae
6–1　ナガケシゲンゴロウ属 *Hydroporus* Clairvile, 1806

①飼育時の留意点

低温で飼育することが望ましい。水底に定位していることが多いため，足場となるミズゴケや落ち葉を多めに入れる。

②採卵

日本における本属の産卵については不明な点が多い。ナガケシゲンゴロウ *Hydroporus uenoi* は，野外において3月に交尾を行い，4〜5月に幼虫が出現する（三田村ら, 2017; 渡部・上手, 2023）。トウホクナガケシゲンゴロウ *H. tokui* は，野外において4〜5月に幼虫が出現し（三田村ら, 2017），飼育下において2月に幼虫が孵化している（山﨑, 未発表）。Nilsson（1989）はヨーロッパに生息する本属7種が春にミズゴケの表面に産卵することを報告しており，日本産の種も同様に基質の表面に産卵する可能性がある。

③幼虫から上陸

幼虫の脚には遊泳毛が少ないため，水深は浅くして足場を多めに用意する。水温は 20 ℃以下を維持する。餌はミジンコ類，アカムシが使用できる (Nilsson, 1989; 渡部・上手, 2023)。

蛹化は地中で行うので，土の深さは 2 cm 以上にする。

④越冬

冬季でも水中で活動するため，月に数回は餌を与える。

6-2　ケシゲンゴロウ属 *Hyphydrus* Illiger, 1802

①飼育時の留意点

体サイズの近いツブゲンゴロウ属などと比べると小食なため，少量の冷凍アカムシ(成虫 1 個体につき 1～2 本程度)を数日に一度与えると良いだろう。

②採卵

飼育容器の壁や石，マツバイ，マツモ，クリプトコリネ類などの硬めの葉や根の表面への産卵を確認している(図 19-2d, 19-5f)。卵は確認次第個別容器へ移動させると良いが，表面を粘着性の物質に覆われている上に長さ 1 mm 程度と小さいため，卵のみを移動させることは非常に難しい。従って，卵が産みつけられた水草などを基質ごと切除して移動した方が安全である。

③幼虫から上陸

幼虫は地中に潜る性質が強い(特に若齢期)。そのため，大きな水槽内で孵化すると発見・回収が困難なことが多い。また，本属の幼虫は攻撃性が弱く，水槽内に他のゲンゴロウ科の幼虫などが発生している場合には捕食される可能性が高いため，できるだけ速やかに回収する必要がある。

ケシゲンゴロウとヒメケシゲンゴロウ *Hyphydrus laeviventris* は，幼虫がカイミジンコを捕食することが示されているが(Hayashi & Ohba, 2018; Watanabe, 2020a)，その他にもアカムシやイトミミズ，ミジンコ(タマミジンコ，タイリクミジンコなど)などを幅広く捕食する(図 19-6e)。ただし，幼

虫の体サイズに対して大きすぎるエサを与えると逆に幼虫が殺されてしまうため，特に活アカムシを使用する際は注意が必要である。

　上陸が近くなると餌に対する反応が非常に鈍くなるが，もともと幼虫期間全体を通して他種よりも鈍い傾向にあるため，タイミングが計りづらい。餌への反応が鈍くなる他，胸部の節目が僅かに広がる，体長が若干縮むなどの変化も見られるが，判断は難しいため，極端に食欲が落ちたと感じた場合には一度上陸させた方が良いだろう。土には若干の選り好みがあり，基本的には目の細かい土を好むようである。

④越冬

　少なくともケシゲンゴロウにおいては，飼育下で水温を10℃程度まで下げて水中越冬させることが出来る。この仲間は南西諸島に分布する種も多いため，分布域に合わせた水温を設定する必要がある。

6–3　シマチビゲンゴロウ属 Nebrioporus Régimbart, 1906 および ゴマダラチビゲンゴロウ属 Neonectes J. Balfour-Browne, 1944

①飼育時の留意点

　比較的高水温に弱く，長期飼育を目指すのであれば26℃以下程度を維持できると良いだろう。餌は冷凍アカムシが使いやすいが，小食，かつ水質の悪化にあまり強くないため，数日に1度，少量ずつ（1個体あたり1～2本程度）与えると良い。

②採卵

　具体的な産卵基質や選好性は正確には明らかになっていない。チャイロシマチビゲンゴロウ Nebrioporus anchoralis においては，流木や木の枝，ホソバミズヒキモ等が入った水深30 cm程度の水槽から5月頃に多数の幼虫の発生を確認している。

③幼虫から上陸

幼虫はタマミジンコ，タイリクミジンコ，アカムシ等を幅広く捕食する（図19-6f）。高水温に弱く，幼虫飼育時の水温は高くとも 26 ℃程度までとすべきだろう。

上陸タイミングの判断はケシゲンゴロウ属と良く似ており，比較的難しい。餌への反応が鈍くなる他，僅かに体長が縮み，胸部付近の節目が若干目立つようになる。他属と同様に消化管も空になるが，胸部付近が色付く種が多いためわかりにくい。判断に迷った場合には，一度上陸させた方が良いだろう。

ただし，両属の種はケシゲンゴロウ属以上に土に対する選り好みが強いようで，蛹室を作らない場合には土の問題である可能性も高い。例えば，チャイロシマチビゲンゴロウでは目を細かくしたピートモスを使用することで基本的には問題無く羽化に至るものの，ヒメシマチビゲンゴロウ *Nebrioporus nipponicus* やゴマダラチビゲンゴロウ *Neonectes natrix* では失敗事例がある（渡部, 2021; 内山，未発表）。これらの種においては，ピートモスに砂を混ぜることで羽化に至ることを確認している（図19-7e〜f）。

④越冬

少なくともチャイロシマチビゲンゴロウにおいては，水温 5〜10 ℃程度の水槽内で水中越冬が可能であり，水温上昇後には産卵も確認されている。

7　ツブゲンゴロウ亜科 Laccophilinae

7-1　ツブゲンゴロウ属 *Laccophilus* Leach, 1815

①採卵

マツモ，ミズユキノシタ，イボクサなどの水生植物（山﨑・渡部, 2020; 山﨑ら, 2020; Watanabe, 2021a・b）のほか（図19-2c, e），オギなどの抽水植物，ハンゲショウ，イヌタデ属などの水に浸かった陸生植物，流木にも産卵する（Watanabe & Uchiyama, 2024）。枯れたオギでも産卵が確認されており，利用できる植物はより幅広いと考えられる。

Ⅶ. ゲンゴロウ科の飼育法

②幼虫から上陸

　幼虫はミジンコ，アカムシ，ボウフラなどを捕食する。2齢幼虫以降は脚の遊泳毛が発達しており（Michat, 2008），1齢幼虫を含めて止まる場所が無くても問題なく飼育できる。一方で，体表に付く気泡や表面張力には弱いので，換水の際には水道水ではなく汲み置き水を使用する必要がある。

　上陸のタイミングはわかりやすい。コウベツブゲンゴロウ種群（ツブゲンゴロウ *Laccophilus difficilis*，コウベツブゲンゴロウ *L. kobensis*，ニセコウベツブゲンゴロウ *L. yoshitomii*，ヒラサワツブゲンゴロウ *L. hebusuensis*，ナカジマツブゲンゴロウ *L. nakajimai*，キタノツブゲンゴロウ *L. vagelineatus*，ワタラセツブゲンゴロウ *L. dikinohaseus*）では，上陸の数日前になると幼虫の体が茶褐色から緑色へ変化するので（Watanabe, 2019, 2020b, 2021a・b; Watanabe & Kamite, 2020b; Watanabe & Uchiyama, 2024），着眼点の一つとして有用である。

③越冬

　成虫越冬だが，越冬の知見は乏しい。水際に生えた植物を抜いた際に根の中からコウベツブゲンゴロウが観察された事例がある（渡部，2010）。冬季には水中から採集されないので，陸上あるいは水際の土中で越冬するものと考えられる。

■ 飼育テクニックの紹介

(1) アカムシを水面に浮かべる効率的な方法

　メススジゲンゴロウ属やマルガタゲンゴロウ属の幼虫飼育では，冷凍アカムシを水面に浮かべて餌に使うこともできる。解凍して水に浸けた冷凍アカムシを網じゃくしで掬い，水を切って幼虫が入った容器にそっと沈めるとアカムシを浮かせることができる。この方法は，活アカムシを採集する時にも活用できる。スポイトで水中のアカムシを巣ごと吸い取り，陸上で網じゃくしの上に出した後，網じゃくしを水に沈めるとアカムシだけが浮くので，このアカムシを回収する。

(2) 幼虫を上陸させるか迷ったら

蛹化のため上陸させるタイミングを見誤ると，ゲンゴロウ科の幼虫は溺死してしまう。餌を食べなくなってから溺死までの期間は種によって異なり，種によっては外見での判断が難しい。一方，幼虫は空気呼吸のため，湿度さえ保たれていれば誤って上陸させても死ぬことは少ないため，悩んだ際には一度上陸させることを勧めたい。一晩置いて幼虫が蛹室を作らなかった場合は再度水に入れて餌を与えれば良いのである。蛹室を作らずとも，潜った痕跡がある場合は，上陸用の土や詰める固さ・湿度を疑って欲しい。

(3) 蛹の省スペース管理

中型種のように土の表面に蛹室を作るタイプの種は，容器を工夫することで省スペース管理が可能である。例えば，昆虫ゼリーのカップを半分に切り，上陸させた幼虫を容器の壁とカップで囲うようにすれば，同じ容器内で他個体が接触することなく複数頭の蛹を管理できる（図19-7g〜h）。

■ おわりに

日本産のゲンゴロウ科は138種も確認されており，筆者らが紹介できるのはごく一部である。ウエノチビケシゲンゴロウ属，マルケシゲンゴロウ属など，属単位で飼育方法がわかっていない種も多い。また，チャイロチビゲンゴロウ *Allodessus megacephalus*，チビゲンゴロウ *Hydroglyphus japonicus*，マルチビゲンゴロウ *Leiodytes frontalis* のように，飼育による情報があるものの（林，2015; 磯田，2024），筆者らの経験不足によりここでは紹介できなかった種も存在する。ゲンゴロウ科の飼育技術は多くの人の実践や工夫により，進展の余地が大きく残されている。いろいろな方法を試していただき，ゲンゴロウ科の飼育方法を研究していただければ幸いである。

〔引用文献〕

阿部　剛 (2018) サラリーマンの飼育術．インセクトマップオブ宮城，(48): 67–69.

相蘇　巧・越川心暉・丸山大河 (2015) 茨城県におけるコシマゲンゴロウ上陸越冬個体の採集記録．月刊むし，(531): 61.

VII. ゲンゴロウ科の飼育法

Alarie Y, Harper PP, Maire A (1989) Rearing dytiscid beetles (Coleoptera, Dytiscidae). *Entomologica Basiliensia*, 13: 147–149.

Balke M, Hendrich L (2016) Dytiscidae Leach, 1815. In: Beutel RG, Leschen RAB (eds) *Handbook of Zoology. Arthropoda: Insecta. Coleoptera, Beetles. Morphology and Systematics. Archostemata, Adephaga, Myophaga, polyphaga partim, Volume 1, 2nd edition*: 118–140. Walter de Gruyter, Berlin, Germany.

Fukuoka T, Tamura R, Yamasaki S, Ohba S (2023) Effects of different prey on larval growth in the diving beetle *Cybister sugillatus* Erichson, 1834 (Coleoptera: Dytiscidae). *Aquatic Insects*, 44: 226–234.

Fukuoka T, Tamura R, Yamasaki S, Ohba S (2024) Frozen crickets are a useful prey for rearing the diving beetle *Cybister sugillatus* (Coleoptera: Dytiscidae) larvae: a growth comparison with raised on field-collected prey. *Japanese Journal of Environmental Entomology and Zoology*, 35 (1):1–7.

行徳直己 (1954) 甲虫類数種の生態について．新昆蟲，7 (5): 41–42.

橋本浩史 (2014) ゲンゴロウ育成の工夫について．昆虫園研究，15: 33–35.

林　成多 (2015) 山陰地方産水生昆虫図鑑 I 甲虫類（1）．ホシザキグリーン財団研究報告特別号，(15): 1–98.

林　成多 (2020) ケシゲンゴロウ幼虫の飼育観察．ホシザキグリーン財団研究報告，(23): 51–59.

Hayashi M, Ohba S (2018) Mouth morphology of diving beetle *Hyphydrus japonicus* (Dytiscidae: Hydroporinae) is specialized for predation on seed shrimps. *Biological Journal of the Linnean Society*, 125: 315–320.

市川憲平 (1994) 水生昆虫の飼育繁殖．昆虫と自然，29 (9): 11–13.

市川憲平 (2002) ゲンゴロウの減少要因について．ため池の自然，(36): 9–15.

市川憲平・北添伸夫 (2010) 田んぼの生きものたち ゲンゴロウ．農山漁村文化協会，東京．

猪田利夫 (2001) エゾゲンゴロウモドキの飼育・繁殖における知見―シャープゲンゴロウモドキと比較して―．月刊むし，(360): 14–19.

Inoda T (2003) Mating and reproduction of predaceous diving beetles, *Dytiscus sharpi*, observed under artificial breeding conditions. *Zoological Science*, 20: 377–382.

Inoda T (2011a) Preference of oviposition plant and hatchability of the diving beetle, *Dytiscus sharpi* (Coleoptera: Dytiscidae) in the laboratory. *Entomological Science*, 14: 13–19.

Inoda T (2011b) Cracks or holes in the stems of oviposition plants provide the only exit for hatched larvae of diving beetles of the genera *Dytiscus* and *Cybister*.

Entomologia Experimentalis et Applicata, 140: 127–133.

Inoda T, Hasegawa M, Kamimura S, Hori M (2009) Dietary program for rearing the larvae of a diving beetle, *Dytiscus sharpi* (Wehncke), in the laboratory (Coleoptera: Dytiscidae). *The Coleopterists Bulletin*, 63:340–350.

Inoda T, Kamimura S (2004) New open aquarium system to breed larvae of water beetles (Coleoptera: Dytiscidae). *The Coleopterists Bulletin*, 58: 37–43.

Inoda T, Kitano T (2013) Mass breeding larvae of the critically endangered diving beetles *Dytiscus sharpi sharpi* and *Dytiscus sharpi validus* (Coleoptera: Dytiscidae). *Applied Entomology and Zoology*, 48: 397–401.

Inoda T, Tajima F, Taniguchi H, Saeki M, Numakura K, Hasegawa M, Kamimura S (2007) Temperature-Dependent regulation of reproduction in the diving beetle *Dytiscus sharpi* (Coleoptera: Dytiscidae). *Zoological Science*, 24: 1115–1121.

猪田利夫・都築裕一 (1999) シャープゲンゴロウモドキの屋外繁殖．月刊むし，(336): 25–30.

Inoda T, Watanabe K, Odajima T, Miyazaki Y, Yasui S, Kitano T, Konuma J (2022) Larval clypeus shape provides an indicator for quantitative discrimination of species and larval stages in Japanese diving beetles *Cybister* (Coleoptera: Dytiscidae). *Zoologischer Anzeiger*, 296: 110–119.

磯田裕介 (2024) チビゲンゴロウの飼育における知見．越佐昆虫同好会報，(130): 5–12.

James HG (1970) Immature stages of five diving beetles (Coleoptera: Dytiscidae), notes on their habits and life history, and a key to aquatic beetles of vernal woodland pools in southern Ontario. *Proceedings of the Entomological Society of Ontario*, 100: 52–97.

亀澤　洋 (2011) トダセスジゲンゴロウに関する若干の知見．さやばねニューシリーズ，(1): 26.

北野　忠・村木　凌・河野裕美 (2017) 飼育下におけるヒメフチトリゲンゴロウの成長過程．西表島研究 2016，東海大学沖縄地域研究センター所報：16–24.

北野　忠・佐藤翔吾 (2023) フチトリゲンゴロウの生息域外保全．昆虫と自然，58 (7): Pls. 1–2, 6–10.

Koese B, Cuppen JGM (2009) De Gestreepte waterroofkever in Zuid-Friesland: verspreidingsonderzoek 2009. – EIS-Nederland, Leiden.

小沼達生 (2019) 自家養殖アカムシを使用したオオミズスマシの累代飼育について．昆虫園研究，20: 12–15.

桑原友春・森永和希・中畑勝見 (2022a) 飼育下におけるシマゲンゴロウの繁殖．2021 年度ホシザキグリーン財団環境修復プロジェクト報告書：27–31.

桑原友春・森永和希・中畑勝見 (2022b) 飼育下におけるマルガタゲンゴロウの繁殖．2021年度ホシザキグリーン財団環境修復プロジェクト報告書：33–38．

桑原友春・森永和希・中畑勝見 (2022c) 飼育下におけるゲンゴロウの繁殖．2021年度ホシザキグリーン財団環境修復プロジェクト報告書：39–43．

桑原友春・森永和希・中畑勝見 (2022d) コガタノゲンゴロウ幼虫の簡易な育成方法の検討．2021年度ホシザキグリーン財団環境修復プロジェクト報告書：45–49．

Matsumoto H, Isozaki T (1988) A hibernating site of *Hydaticus pacificus* Aubé (Coleoptera, Dytiscidae). *Elytra*, 16 (2): 64.

Michat MC (2008) Description of the larvae of three species of *Laccophilus* Leach and comments on the phylogenetic relationships of the Laccophilinae (Coleoptera: Dytiscidae). *Zootaxa*, 1922: 47–61.

三田村敏正・平澤　桂・吉井重幸 (2017) 水生昆虫1 ゲンゴロウ・ガムシ・ミズスマシハンドブック．文一総合出版，東京．

宮崎裕輔・渡部晃平 (2023) 自然下におけるアトホシヒラタマメゲンゴロウの幼虫の記録．さやばねニューシリーズ，(49): 49–50．

中島　淳・林　成多・石田和男・北野　忠・吉富博之 (2020) ネイチャーガイド 日本の水生昆虫．文一総合出版，東京．

日本昆虫目録編集委員会（編）(2022) 日本昆虫目録第6巻鞘翅目第1部．櫂歌書房，福岡．

Nilsson AN (1989) Larvae of northern European *Hydroporus* (Coleoptera: Dytiscidae). *Systematic Entomology*, 14: 99–115.

Nilsson AN (1997) A redefinition and revision of the *Agabus optatus*-group (Coleoptera, Dytiscidae); an example of Pacific intercontinental disjunction. *Entomologica Basiliensia*, 19: 621–651.

Ohba S (2009) Feeding habits of the diving beetle larvae, *Cybister brevis* Aubé (Coleoptera: Dytiscidae) in Japanese wetlands. *Applied Entomology and Zoology*, 44: 447–453.

Ohba S, Fukui M, Terazono Y, Takada S (2020) Effects of temperature on life histories of three endangered Japanese diving beetle species. *Entomologia Experimentalis et Applicata*, 168: 808–816.

岡田信彦・松良俊明 (1992) ヒメゲンゴロウの集団摂食行動．インセクタリウム，29 (12): 18–22．

Okada R, Alarie Y, Michat MC (2019) Description of the larvae of four Japanese *Platambus* Thomson, 1859 (Coleoptera: Dytiscidae: Agabinae) with phylogenetic considerations. *Zootaxa*, 4646: 401–433.

奥野　宏・窪田　寛・中島麻紀・佐々治寛之 (1996) ヤシャゲンゴロウの生活史. 福井昆虫研究会特別出版物, (1): 1–53.
坂水健祐 (1983) アメンボのくらし. 岩崎書店, 東京.
鈴木知之 (2003) トダセスジゲンゴロウの越冬場所. 月刊むし, (391): 44.
田島文忠・柳田紀行 (2010) 利根川中流域における希少種トダセスジゲンゴロウの生息環境と生活史. ホシザキグリーン財団研究報告, (13): 215–226.
富沢　章 (2001) シャープゲンゴロウモドキの累代飼育. どうぶつと動物園, 53 (8): 4–7.
富沢　章 (2011) シャープゲンゴロウモドキとマルコガタノゲンゴロウの累代飼育. とっくりばち, (79): 2–11.
都築裕一・谷脇景徳・猪田利夫 (2000) 改訂版 水生昆虫完全飼育・繁殖マニュアル. データハウス, 東京.
恒遠マキ (1936) ヒメゲンゴロウの生活史. 昆蟲, 10 (5): 226–232.
海野和男・筒井　学・高嶋清明 (2007) 虫の飼いかた・観察のしかた⑥ 水辺の虫の飼いかた～ゲンゴロウ・タガメ・ヤゴほか～. 偕成社, 東京.
渡部晃平 (2010) 水生昆虫の季節による変遷. 愛媛の虫だより, (106): 11–15.
Watanabe K (2019) Ecological notes on *Laccophilus nakajimai* Kamite, Hikida et Satô, 2005 (Coleoptera, Dytiscidae). *Elytra, New Series*, 9 (2): 279–283.
Watanabe K (2020a) Biological notes on *Hyphydrus laeviventris* Sharp, 1882 (Coleoptera, Dytiscidae). *Elytra, New Series*, 10 (2): 351–355.
Watanabe K (2020b) Biological notes on immature stages of *Laccophilus vagelineatus* Zimmermann, 1922 (Coleoptera, Dytiscidae). *Elytra, New Series*, 10 (2): 359–363.
渡部晃平 (2021) ヒメシマチビゲンゴロウの未成熟期に関する生態的知見. さやばねニューシリーズ, (44): 28–29.
Watanabe K (2021a) Biology of the small diving beetle *Laccophilus yoshitomii* Watanabe and Kamite, 2018 (Coleoptera: Dytiscidae) and rearing methods. *The Coleopterists Bulletin*, 75 (1): 88–92.
Watanabe K (2021b) Biological notes on immature stages of *Laccophilus kobensis* Sharp, 1873 (Coleoptera: Dytiscidae). *The Coleopterists Bulletin*, 75 (4): 758–760.
渡部晃平 (2022) 自然下で確認されたクロゲンゴロウの産卵基質. さやばねニューシリーズ, (47): 17–18.
Watanabe K (2022a) Biological notes on immature stages of *Platambus ussuriensis* (Nilsson, 1997) and *Copelatus nakamurai* Guéorguiev, 1970 (Coleoptera: Dytiscidae). *The Coleopterists Bulletin*, 76 (2): 233–236.
Watanabe K (2022b) Life history of *Laccophilus lewisioides* Brancucci, 1983 (Coleoptera: Dytiscidae) and the ecological significance of the larval period of five

VII. ゲンゴロウ科の飼育法

Laccophilus species. *Entomological Science*, 25: e12509.

Watanabe K (2025) Review of Dytiscidae (Coleoptera) eggs: focus on Japanese species. *Journal of Insect Conservation*, 29: 1. https://doi.org/10.1007/s10841-024-00636-6

Watanabe K, Hayashi M (2019) Reproductive ecology and immature stages of *Copelatus masculinus* Régimbart, 1899 (Coleoptera, Dytiscidae). *Elytra, New Series*, 9 (2): 269–278.

Watanabe K, Kamite Y (2020a) First records of *Japanolaccophilus niponensis* (Kamiya, 1939) (Coleoptera, Dytiscidae) larvae with ecological notes. *Elytra, New Series*, 10 (2): 357–358.

Watanabe K, Kamite Y (2020b) A new species of the genus *Laccophilus* (Coleoptera: Dytiscidae) from eastern Honshu, Japan, with biological notes. *Japanese Journal of Systematic Entomology*, 26 (2): 294–300.

渡部晃平・上手雄貴 (2023) ナガケシゲンゴロウの繁殖期に関する生態的知見．さやばねニューシリーズ，(49): 25–26.

渡部晃平・加藤雅也 (2017) 飼育下におけるスジゲンゴロウの繁殖生態．さやばねニューシリーズ，(25): 36–41.

Watanabe K, Hayashi M, Kato M (2017) Immature stages and reproductive ecology of *Copelatus parallelus* Zimmermann, 1920 (Coleoptera, Dytiscidae). *Elytra, New Series*, 7 (2): 361–374.

Watanabe K, Hayashi M, Nagashima S (2024) Life history of *Copelatus kammuriensis* Tamu and Tsukamoto, 1955 (Coleoptera: Dytiscidae: Copelatinae) and biological implications. *Aquatic Insects*, 45 (2): 285–297.

Watanabe K, Inoda T, Suda M, Yoshida W (2021) Larval rearing methods for two endangered species of diving beetle, *Cybister chinensis* Motschulsky, 1854 and *Cybister lewisianus* Sharp, 1873 (Coleoptera: Dytiscidae), using laboratory-bred food prey. *The Coleopterists Bulletin*, 75 (2): 440–444.

Watanabe K, Ohba S (2022) Life history of *Copelatus zimmermanni* Gschwendtner, 1934 (Coleoptera: Dytiscidae) and the ecological significance of the larval period of three *Copelatus* species. *Entomological Science*, 25: e12505.

Watanabe K, Saiki R, Suda M, Yoshida W (2022) Biological notes on immature stages of *Hydaticus pacificus conspersus* (Coleoptera: Dytiscidae). *The Canadian Entomologist*, 154: e19.

渡部晃平・須田将崇・福富宏和 (2017) 息域外保全を見据えたゲンゴロウ類の効率的な飼育方法―ヤシャゲンゴロウを中心として―．さやばねニューシリーズ，(27): 6–12.

Watanabe K, Sumikawa T (2023) Larval prey options for the endangered species

Dytiscus sharpi (Coleoptera: Dytiscidae: Dytiscinae) for sustainable ex-situ conservation. *Journal of Insect Conservation*, 27: 895–905.

Watanabe K, Uchiyama R (2024) Life history of *Laccophilus dikinohaseus* Kamite, Hikida, and Satô, 2005 (Coleoptera: Dytiscidae) and its preferences for oviposition substrates. *Aquatic Insects*, 45 (2): 273–284.

渡部晃平・山﨑　駿 (2020) サワダマメゲンゴロウの生態的知見．さやばねニューシリーズ，(37): 61–63．

渡辺黎也 (2017) シマゲンゴロウとコシマゲンゴロウの越冬場所を示唆する観察例．さやばねニューシリーズ，(28): 47–48．

Watanabe R, Ohba S, Sagawa S (2024) Coexistence mechanism of sympatric predaceous diving beetle larvae. *Ecology*, 105: e4267.

Watanabe R, Ohba S, Yokoi T (2020) Feeding habits of the endangered Japanese diving beetle *Hydaticus bowringii* (Coleoptera: Dytiscidae) larvae in paddy fields and implications for its conservation. *European Journal of Entomology*, 117: 430–441.

山﨑　駿・渡部晃平 (2020) 飼育下におけるナカジマツブゲンゴロウの産卵および卵期間に関する知見．さやばねニューシリーズ，(39): 15–16．

山﨑　駿・渡部晃平・依田剛明・内山龍人 (2020) 千葉県におけるニセコウベツブゲンゴロウの初記録および卵に関する知見．さやばねニューシリーズ，(40): 26．

Yamasaki S, Watanabe K, Ohba S (2022) Larval feeding habits of the large-bodied diving beetle *Cybister rugosus* (Coleoptera: Dytiscidae) under laboratory conditions. *Entomological Science*, 25: e12510.

〔渡部晃平・山﨑　駿・内山龍人〕

VII. ゲンゴロウ科の飼育法

コラム 8

冷凍コオロギを使用したゲンゴロウ幼虫の飼育

ゲンゴロウ科の飼育・繁殖の重要性

　ゲンゴロウ科の生活史や行動，被食-捕食の生物間相互作用といった生態学的な知見はあらゆる室内実験によって解明されてきた。特に近年では，他の章で紹介されているように減少が著しい種群も多いため，生息地でのデータ収集は難しくなってきている。また，フチトリゲンゴロウ *Cybister limbatus*，シャープゲンゴロウモドキ *Dytiscus sharpi* などの一部の絶滅危惧種では生息域外保全が実施されている（北野・佐藤, 2023; 渡部, 2023）。このようにゲンゴロウ科の生態解明と保全には有用な飼育・繁殖の技術が求められる。

ゲンゴロウ属幼虫の餌としてのコオロギ

　ゲンゴロウ科の生存率や成長率は幼虫に与える餌動物の種類が影響し，大型種であるゲンゴロウ属 *Cybister* の幼虫はオタマジャクシよりもヤゴなどの水生昆虫を好んで捕食することが知られている（Ohba, 2009a・b; Ohba & Ogushi, 2020; Yamasaki *et al.*, 2022; Fukuoka *et al.*, 2023 など）。これらの幼虫を育てるためにはヤゴなどの水生昆虫をたくさん与えなくてはならない。しかし，野外から大量の餌動物を採集することは時間と労力がかかり，生態系に悪影響を及ぼす可能性がある。したがって，安定した飼育・繁殖には成長に適した餌動物を与えること，そして持続的に餌動物を供給できることが重要となる。ゲンゴロウ属の幼虫はフタホシコオロギ *Gryllus bimaculatus* のみを与えても成長することができ（細井, 1994; Ohba *et al.*, 2020），Watanabe *et al.*（2021）はナミゲンゴロウ *Cybister chinensis* とマ

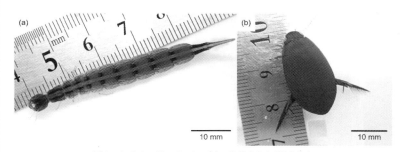

図1　トビイロゲンゴロウの(a) 3齢幼虫および(b)成虫

19 ゲンゴロウ科の飼育法

コラム 8

ルコガタノゲンゴロウ *C. lewisianus* の幼虫の飼育に有用な代替餌であることを示した。しかし，そのフタホシコオロギが野外から採集してきた餌動物（以下，野外餌）と同等の成長効果が得られるかについては明らかとなっていない。ここでは，トビイロゲンゴロウ *C. sugillatus* の幼虫の餌として冷凍されたフタホシコオロギが有用であるかを評価するため，Fukuoka *et al.*（2023）で行った実験データ（野外餌のヤゴ，ヤゴとオタマジャクシの混合を与えた場合の効果）を用いて，幼虫の生存率，幼虫期間，羽化した成虫の体サイズを比較した研究成果（Fukuoka *et al.*, 2024）を紹介する。

トビイロゲンゴロウ

トビイロゲンゴロウ（図1）は成虫の体長が18〜25 mmで，中国，台湾，東南アジア〜南アジア，日本の南西諸島に分布し，水生植物が豊富な池沼に生息している（中島ら，2020）。沖縄県レッドデータブックでは準絶滅危惧に選定されている（青柳，2017）。

幼虫の飼育

成虫4ペアを2021年4月から5月にかけて産卵させ，孵化した幼虫は室温28℃，日長16L：8Dに設定された部屋で管理した。水を張ったプラスチックコンテナに茶こしを並べて個別に管理し，冷凍コオロギ処理区（冷凍フタホシコオロギのみ

表1 各齢の幼虫に与えた餌動物の種類と大きさ

餌動物（種）	1齢 (mm)	2齢 (mm)	3齢 (mm)
冷凍コオロギ *1 （フタホシコオロギ）	8–10	8–10	25–30
ヤゴ *1 （1齢:イトトンボ亜目， 2、3齢:トンボ科）	10–20	10–20	15–20
オタマジャクシ *2 （シュレーゲルアオガエル *Zhangixalus schlegelii*）	8–10	10–20	15–30

*1 全長
*2 鼻先から肛門までの長さ（Snout-vent length）

Ⅶ. ゲンゴロウ科の飼育法

8 コラム

を与えた処理），ヤゴ処理区（ヤゴのみを与えた処理），混合処理区（ヤゴとオタマジャクシの両方を与えた処理）の3処理区で飼育した。なお，オタマジャクシのみを与えた処理区は幼虫が成長しなかったため（Fukuoka et al., 2023），比較から外した。冷凍コオロギ処理区では各齢に冷凍フタホシコオロギを1日2回与えた。ヤゴ処理区ではヤゴを6個体，混合区処理区ではヤゴ3個体，オタマジャクシ3個体をそれぞれ入れ，必要に応じて餌を追加することで一定の餌密度を保った。それぞれの餌動物の種と大きさは表1の通りである。蛹化が近い3齢幼虫は摂食しなくなることから，このような個体は湿らせたピートモスが入ったカップに上陸させた。ピートモスに完全に潜った日を幼虫期間の最終日として記録し，出現した成虫は性別，全長，湿重量を記録した。

成長効果の比較

各処理区における生存率は，冷凍コオロギ処理区で81.8%，ヤゴ処理区で78.9%，混合処理区で94.7%であり，処理区間で統計学的な違いはなかった。齢期ごとに各処理区の幼虫期間を比較したところ，1齢では冷凍コオロギ処理区と混合処理区で，2齢では冷凍コオロギ処理区とヤゴ処理区および冷凍コオロギ処理区と混合処理区で差があったが，3齢ではすべての処理区間で差はなかった（図2）。

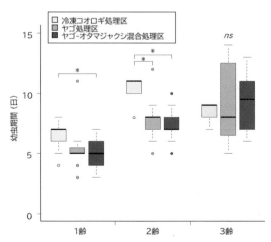

図2 各処理区における幼虫の成長期間の比較(* は統計学的に有意であることを示す)

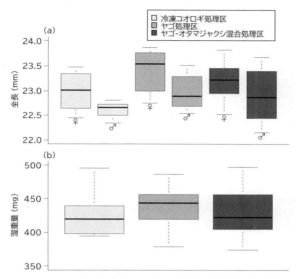

図3 各処理区における新成虫の(a)全長と(b)湿重量の比較(全長では雌雄差があった)

羽化した成虫の体サイズを比較したところ,処理区間で全長と湿重量に差はなかった(図3)。これらの結果から,冷凍コオロギは野外餌と同等の成長効果を示すことが明らかとなり,幼虫の飼育に有用な代替餌であることが示唆された。トビイロゲンゴロウを含むゲンゴロウ属は昆虫類食性(Ohba, 2009a・b; Ohba & Ogushi, 2020; Yamasaki et al., 2022; Fukuoka et al., 2023, Ⅳ-⑤も参照)であるがゆえに,コオロギが餌として適していたのだと考えられる。フタホシコオロギは小動物の餌として広く流通しており,養殖技術も確立されているため,持続的な供給が期待できる。また,冷凍しておくことで餌の保管やサイズを揃えることが容易となり,給餌の際に逸出するリスクも低減できるであろう。

今後の展望

この実験ではコオロギで成長させた成虫の寿命や生殖能力が野外餌と同等であるかは明らかにしていない。そのため,累代繁殖による長期的なデータの蓄積も重要となる。また,今回はトビイロゲンゴロウで実験を行ったが,食性が異なるシマゲンゴロウ *Hydaticus bowringii*(オタマジャクシ食性;Watanabe et al., 2020)

コラム

などの幼虫にもコオロギが適用できるかは不明である．したがって，ゲンゴロウ科の飼育・繁殖のためには，まず対象となる種の食性を解明し，成長に適した代替餌を模索していく必要があるだろう．

〔引用文献〕

青柳 克 (2017) トビイロゲンゴロウ．改訂・沖縄県の絶滅のおそれのある野生生物 第3版（動物編）—レッドデータおきなわ—：388．沖縄県環境部自然保護課，沖縄．

Fukuoka T, Tamura R, Yamasaki S, Ohba S (2023) Effects of different prey on larval growth in the diving beetle *Cybister sugillatus* Erichson, 1834 (Coleoptera: Dytiscidae). *Aquatic Insects*, 44: 226–234.

Fukuoka T, Tamura R, Yamasaki S, Ohba S (2024) Frozen crickets are a useful prey for rearing the diving beetle *Cybister sugillatus* (Coleoptera: Dytiscidae) larvae: a growth comparison with raised on field-collected prey. *Japanese Journal of Environmental Entomology and Zoology*, 35: 1–7.

細井文雄 (1994) コオロギだけで育ったゲンゴロウ．インセクタリウム，31: 36.

北野 忠・佐藤翔吾 (2023) フチトリゲンゴロウの生息域外保全．昆虫と自然，58: 6–10.

中島 淳・林 成多・石田和男・北野 忠・吉富博之 (2020) ネイチャーガイド日本の水生昆虫．文一総合出版，東京．

Ohba S (2009a) Feeding habits of the diving beetle larvae, *Cybister brevis* Aubé (Coleoptera: Dytiscidae) in Japanese wetlands. *Applied Entomology and Zoology*. 44: 447–453.

Ohba S (2009b) Ontogenetic dietary shift in the larvae of *Cybister japonicus* (Coleoptera: Dytiscidae) in Japanese rice fields. *Environmental Entomology*. 38: 856–860.

Ohba, S. and S. Ogushi (2020) Larval feeding habits of an endangered diving beetle, *Cybister tripunctatus lateralis* (Coleoptera: Dytiscidae), in its natural habitat. *Japanese Journal of Environmental Entomology and Zoology*, 31: 95–100

渡部晃平 (2023) 水生甲虫を対象とした自主的な生息域外保全．昆虫と自然，58: 11–15.

Watanabe K, Inoda T, Suda M, Yoshida W (2021) Larval rearing methods for two endangered species of diving beetle, *Cybister chinensis* Motschulsky, 1854 and *Cybister lewisianus* Sharp, 1873 (Coleoptera: Dytiscidae), using laboratory-bred food prey. *The Coleopterists Bulletin*, 75: 440–444.

Watanabe R, Ohba S, Yokoi T (2020) Feeding habits of the endangered Japanese diving beetle *Hydaticus bowringii* (Coleoptera: Dytiscidae) larvae in paddy fields and implications for its conservation. *European Journal of Entomology*, 117: 430–441.

Yamasaki S, Watanabe K, Ohba S (2022) Larval feeding habits of the large‐bodied diving beetle *Cybister rugosus* (Coleoptera: Dytiscidae) under laboratory conditions. *Entomological Science*, 25, e12510.

（福岡太一）

19 ゲンゴロウ科の飼育法

コラム ❾

生活史の記載の重要性

　残存する貴重な湿地帯に生息するゲンゴロウを守りたい．さて，具体的にどのように保全をすれば良いのだろうか？　そもそも何が原因でそのゲンゴロウが減少しているのだろうか？　多くの場合は減少した種の生活史の歯車が狂い，生活環を維持できなくなっていると考えられる．守りたいゲンゴロウの生活史が不明であれば，減少要因の推測さえも困難である．基本的な生活史を調べ，その知見を収集することは，保全対象種の減少要因の推定や特定，より的確な保全対策の立案や実現に大きく寄与する．また，対象種の寿命を知る事で，危機の大きさを推し量ることにもつながる．寿命が1年の種と数年の種とでは，生涯を通じた繁殖可能回数が異なるため，絶滅までの猶予が大きく異なるだろう．

　多くの時間を水中で過ごすゲンゴロウ類の生活史を野外で調べるのは難しい．もちろん，繁殖期や幼虫の出現時期を確認するためには野外調査が必要だが，産卵場所や産卵条件はまだしも，未成熟期（卵～蛹）の成育期間を野外で調べることは，脱皮という過程を経るために標識再捕獲等の手法を用いることができないため，現実的ではないだろう．このため，ゲンゴロウ類の生活史を記載するためには多かれ少なかれ生体を『飼育』する必要がある（図1）．『飼育』は『観察のしやすさ』という点で生活史の解明に優れた手法である．

　例えば数 mm の小型種の産卵場所は，多くの種で不明である．水草の組織内に産卵する種の場合は，産卵するための基質が欠けた場所では産卵ができなくなり，種が絶えてしまうことになる．さらに組織内に産卵する場合，その対象となる産卵基質の条件を知ることも重要であろう．大型種のゲンゴロウ属は卵が収まる程度の太さの茎で内部がスポンジ状の

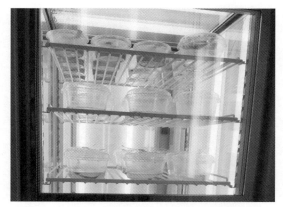

図1　インキュベータ内で飼育しているゲンゴロウ科の幼虫

277

VII. ゲンゴロウ科の飼育法

⑨ コラム

植物を利用し，ゲンゴロウモドキ属は内部が空洞の植物を好む（Inoda, 2011a・b; 市川・北添, 2010）。ツブゲンゴロウ属は生きた植物だけではなく，枯れた植物や流木にも産卵できることがわかってきた（Watanabe & Uchiyama, 2024）。基質の表面に産卵する種においても，産卵基質の形や密度，基質が存在する水深など，種によって好みが異なる可能性が高く，留意する必要がある。もちろん，頻繁に移動する普通種では幅広い基質を利用できる場合もあるだろう。

ゲンゴロウ類の幼虫は多くの種で体外消化を行い，捕らえた獲物に突き刺した大顎を通して消化液を流し込み，固形物を溶かして吸い取る（Balfour-Browne, 1913）。セスジゲンゴロウ亜科のような一部の種では，この消化液を流し込む導管が大顎に存在しないことから体外消化を行わず，液体ではなく固形物を食べると考えられてきた（Miller & Bergsten, 2016）。飼育下でセスジゲンゴロウ属の幼虫を観察した結果，実際に小さな獲物を丸呑みすることが確認された（Watanabe & Hayashi, 2019; Watanabe & Ohba, 2022 など）。体外消化の種は，魚やオタマジャクシのような幼虫の体よりも大きな獲物を餌として利用できるが（Culler *et al*., 2023），体内消化の種は大きな餌を食べることができない。

幼虫期間も種によってさまざまである。例えば27℃で飼育した大型種ゲンゴロウ *Cybister chinensis* の幼虫期間は 16～23 日（Watanabe *et al*., 2021），26℃で飼育した中型種オオイチモンジシマゲンゴロウ *Hydaticus pacificus conspersus* は 7～11 日（Watanabe *et al*., 2022），小型種のニセルイスツブゲンゴロウ *Laccophilus lewisioides* は 11～26 日（Watanabe, 2022），ヤエヤマセスジゲンゴロウ *Copelatus masculinus* は 22～33 日（Watanabe & Hayashi, 2019）であることが報告されている。ゲンゴロウだけ飼育温度が異なることに留意する必要があるが，成虫の体長と幼虫期間は必ずしも比例するわけではなさそうだ。幼虫期間が長い種が安定して成長するためには，繁殖期に長い期間水位が保たれる必要があり，これは保全上重要な視点となる。

これらの事例のように，生活史を記載し，その情報が共有されることにより，産卵場所，産卵基質の必要性や基質の条件，幼虫が食べられる餌の大きさや種類，生息地に生育する植物，湛水期間や水深など，さまざまな要因に対して具体的な保全対策を検討することが可能になる。これは保全を実践するための重要な根拠や説得力となり，保全の成功に直接的に貢献するだろう。

ゲンゴロウ類は種数が多い一方で生活史を記載する研究者は少ない。このような研究を実施するためには，基本的な飼育技術の取得や失敗を改善するためのさまざまな工夫が必要である。本書のⅦ-19本編では飼育に関する方法をより具体的に紹介しているので，ぜひ参考にしていただき，生活史解明の研究にチャレンジしていただければ幸いである。

〔引用文献〕

Balfour-Browne F (1913) The life-history of a water-beetle. *Nature*, 92: 20–24.

Culler LE, Ohba S, Crumrine P (2023) *Predator–Prey Ecology of Dytiscids*. Ecology, Systematics, and the Natural History of Predaceous Diving Beetles (Coleoptera: Dytiscidae) (Yee DA eds): 373–399. Springer, Cham.

市川憲平・北添伸夫 (2010) 田んぼの生きものたち ゲンゴロウ．農山漁村文化協会，東京．

Inoda T (2011a) Preference of oviposition plant and hatchability of the diving beetle, *Dytiscus sharpi* (Coleoptera: Dytiscidae) in the laboratory. *Entomological Science*, 14: 13–19.

Inoda T (2011b) Cracks or holes in the stems of oviposition plants provide the only exit for hatched larvae of diving beetles of the genera *Dytiscus* and *Cybister*. *Entomologia Experimentalis et Applicata*, 140: 127–133.

Miller KB, Bergsten J (2016) Diving Beetles of the World. Systematics and Biology of the Dytiscidae. Johns Hopkins University Press, Baltimore.

Watanabe K (2022) Life history of *Laccophilus lewisioides* Brancucci, 1983 (Coleoptera: Dytiscidae) and the ecological significance of the larval period of five *Laccophilus* species. *Entomological Science*, 25 (2): e12509.

Watanabe K, Hayashi M (2019) Reproductive ecology and immature stages of *Copelatus masculinus* Régimbart, 1899 (Coleoptera, Dytiscidae). *Elytra, New Series*, 9 (2): 269–278.

Watanabe K, Inoda T, Suda M, Yoshida W (2021) Larval rearing methods for two endangered species of diving beetle, *Cybister chinensis* Motschulsky, 1854 and *Cybister lewisianus* Sharp, 1873 (Coleoptera: Dytiscidae), using laboratory-bred food prey. *The Coleopterists Bulletin*, 75 (2): 440–444.

Watanabe K, Ohba S (2022) Life history of *Copelatus zimmermanni* Gschwendtner, 1934 (Coleoptera: Dytiscidae) and the ecological significance of the larval period of three *Copelatus* species. *Entomological Science*, 25 (2): e12505.

Watanabe K, Saiki R, Suda M, Yoshida W (2022) Biological notes on immature stages of *Hydaticus pacificus conspersus* (Coleoptera: Dytiscidae). *The Canadian Entomologist*, 154 (1): E19.

Watanabe K, Uchiyama R (2024) Life history of *Laccophilus dikinohaseus* Kamite, Hikida, and Satô, 2005 (Coleoptera: Dytiscidae) and its preferences for oviposition substrates. *Aquatic Insects*, 45 (2): 273–284.

（渡部晃平）

VIII. ゲンゴロウ類の野外調査法

VIII. ゲンゴロウ類の野外調査法

20 ゲンゴロウ類の野外調査法

　ゲンゴロウ類の生息環境は，水田やため池といった止水域，河川などの流水域，洞窟や井戸水などの地下水域に大別される（II-2 を参照）。ここでは止水域および流水域に生息するゲンゴロウ類の調査方法について解説する（地下水域については，コラム 1 を参照）。

■ 調査時期

　ゲンゴロウ類の詳細な生活史はほとんどの種で未解明であるが，晩春〜初夏に繁殖期を迎え，秋季には成虫となってそのまま越冬し，翌年繁殖するものが多い。ただし，マメゲンゴロウ亜科の種は，秋季に繁殖期を迎え，幼虫のまま越冬し，翌春に羽化する。調査は，越冬明けの早春（3〜4 月），繁殖期である初夏（5〜7 月），新成虫が出現し始める晩夏（8〜9 月），成虫がため池に集合する秋（10〜11 月中旬）が適している（表 20-1）。なお，同一の種であっても地域や年によって出現時期は多少前後する。そのため，調査時期を検討する際には，過去の採集記録（学会誌や地方の昆虫同好会誌，博物館の紀要など）を参考にすると良い。

■ 調査時の服装

　野外調査ではマダニ類やカ類，アブ類，ヒル類などによる被害や，イネ科植物の葉の鋸歯や陸生植物の棘などにより肌が傷つくのを防ぐため，長袖長ズボンのアウトドアウェアを着用する。雨天に備えて，透湿防水素材のレインウェアも用意しておく。季節を問わず帽子は必須であり，とくに夏場には，日よけ防止のために首後ろにカバーのついたハットがお勧めである。日中の調査では，偏光サングラスがあると水中の様子をよく観察でき，また紫外線照射による目の疲労も和らぐため，格段に調査効率が上がる。ゲンゴロウ類を手で扱う際には，ゴム手袋または軍手を着用するとよい。成虫の後脚には棘があり，ときに指に刺さることがあるため，注意が必要である。また，ゲンゴロウ類の幼虫に咬まれると消化液を流し込まれ，最悪の場合には患部が

20 ゲンゴロウ類の野外調査法

表 20-1　ゲンゴロウ類の調査時期と調査における留意点

調査時期	特徴
早春（3～4月）	多くの種が越冬から目覚める時期であり，マメゲンゴロウ亜科の新成虫が出現する時期でもある。水生植物が少なく，タモ網による掬い取りは行いやすいが，個体数が少ないため，あまり捕獲効率は高くない。まだ水温が低い地域では，活動性が低く，トラップではほとんど捕獲できない。また，シマゲンゴロウ属の種はこの時期にはまだ採集できない。
初夏（5～7月）	多くの種の繁殖時期であり，幼虫の調査には適している。水田に水が張っており，多くの成虫が繁殖のために移動分散する時期であるため，1箇所で多くの個体を捕獲するのが難しい場合もある。
晩夏（8～9月）	羽化したての新成虫が出現する時期であり，成虫の個体数は多い。ほとんどの水田で水が抜かれるため，ため池や休耕田などの恒常的水域に成虫が飛来・集合している。そのため，成虫の調査には適している。水田にわずかに残された水溜まりや水田内水路，コンクリート製の集水桝に多数の成虫が残存していることがある。ただし，熱中症のリスクがある。
秋（10～11月中旬）	水田の水がなくなり，ため池や休耕田などの恒常的水域に多数の成虫が集合しているため，成虫の調査には最も効率が良い。また，マメゲンゴロウ亜科の幼虫の調査にも適している。ただし，10月中下旬以降になると，陸上越冬するシマゲンゴロウ属などは水域から姿を消すため，捕獲できない。
冬（11月下旬～2月）	水温が低く，水面が凍っていることもあり，調査効率は低い。ただし，越冬場所を解明する場合には，この時期に調査を行う必要がある。

壊死するため，素手では扱わないようにする。

　水田や休耕田などの水深の浅い水域で調査をする場合は長靴やヒップウェーダーが，ため池などに立ちこんで調査をする場合はウエストハイまたはチェストハイウェーダーが必須である。田植え長靴や折り畳み式の長靴は，リュックサックに収納できるため，使い勝手が良い。チェストハイウェーダーのうち，ポケットがついているものは，サンプル管などの小物を入れるのに

VIII. ゲンゴロウ類の野外調査法

図 20-1　(a) ウェストポーチのベルトに括り付けたプラスチック容器，(b) 調査用具を運搬するのに便利な買い物カゴ

役立つ。また，夏場には透湿防水素材，冬場にはネオプレーン素材のウェーダーを使用するとよい。なお，ウェーダーの靴底がフェルトだと泥や植物の種子が付着し，意図せず他の調査地へ運搬してしまう可能性があり，また靴底から剥がれてしまうことが多々あるため，筆者らはラジアルのものを選んでいる。河川など滑りやすい場所で調査する場合は，靴底がフェルトでスパイク付きのウェーダーもしくは水に濡れることを前提として，鮎タイツと鮎タビの着用が適している。さらに，ウェストポーチがあるとデジタルカメラや野帳（いずれも防水性のものが良い），ノギスなどの小道具を携帯でき，かつ両手が塞がらないため，筆者らは愛用している。ウェーダーやウェストポーチのベルトにカラビナなどでプラスチック容器を括り付けておくと，採集した個体を入れることができ，非常に便利である（図 20-1a）。また，買い物カゴは水切りが良く，水中に入れても問題ないため，調査用具の運搬に役立つ（図 20-1b）。

調査手法

(1) タモ網による掬い取り

タモ網による掬い取りは，ゲンゴロウ類の幼虫・成虫を網羅的に採集できる手法である（図 20-2）。水生植物が豊富な浅瀬にタモ網を差し入れ，植生や泥ごと掬いあげたり，植生を踏んで浮いてきたものを掬ったりすることで捕獲する。岸際の陸上から掬い取る場合，水底をひっかくようにして網を

20 ゲンゴロウ類の野外調査法

図 20-2　タモ網による掬い取り
(a) 畔に立ち，ビオトープに網を入れる様子．(b) 植生豊富な岸際の浅瀬を掬い取る様子．

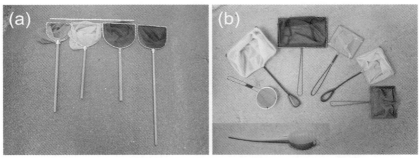

図 20-3　(a) タモ網，(b) 灰汁とり・熱帯魚用小型網・大型スポイト

手前に引くとよい．特に大型のゲンゴロウ属 *Cybister* やゲンゴロウモドキ属 *Dytiscus* は，マコモ類やガマ類などの抽水植物の根際や泥中に浅く潜っていることが多いため，同じ場所を複数回掬い取ると捕獲しやすい．また，しばしば狭い範囲内に同種他個体が密集して採れることがあるため，調査対象種が1個体採れた場合，続けて同じ場所を掬い取るとよい．ただし，植生を破壊し過ぎないように注意する．また，ヒシ類やヒツジグサ類などの浮葉植物の葉裏には，ゲンゴロウ類が隠れていることがあるため，浮葉植物の生育する水面付近も狙い目である．ただし，ゲンゴロウ類は選好する微環境が種ごとに異なるため，出現種を網羅するためにはさまざまな微環境を調査する必要がある (本項「生息環境に応じた調査方法」参照)．

VIII. ゲンゴロウ類の野外調査法

　タモ網の枠の形は，円型よりもD型がよい．タモ網を水底に這わせて掬い取る際，円型の網だと水底との間に隙間が生じ，ゲンゴロウ類を逃がしてしまうからである．なお，植物や泥ごと掬い取る際に負荷がかかるため，タモ網は枠が金属製で二重になっており，柄は木製の丈夫なものを使用する（図20-3a）．網の枠幅や目合は，調査地や対象種に合わせて選定する．水田においてはイネ Oryza sativa を倒さないよう，イネと畦畔の間を掬い取る必要があるため，枠幅が30 cm未満のタモ網を使用すると良い．筆者らは，小型種や幼虫を採集する場合は，目合1 mmの網を，中型・大型種を採集する場合には目合3 mm程度の網を使用している．また，網が深すぎると掬い取ったゲンゴロウ類を確認しにくいため，網の深さは25～30 cmほどをお勧めする．長時間掬い取り調査をする場合，柄が重いと腱鞘炎を起こすリスクがあるため，筆者らは金属製よりも比較的軽い木製の柄のタモ網を使用している．また，水深の深い場所や岸辺から掬い取る場合以外では長い柄のタモ網は使用せず，60 cm程度になるよう，柄を鋸で切断して使用している．水中に入って調査する際，柄が短い方が扱いやすいほか，運搬しやすく，また遠征地に宅配便で送る際には送料が抑えられるというメリットがある．網と柄（三本振出式・ジョイント式）を分離できるネジ式のタモ網は，リュックサックに入れて携行できるため，公共交通機関を利用する遠征時には適している．
　ゲンゴロウ類には1～3 mm程度の小型種・微小種が多いため，タモ網で掬い取った植物残渣や泥を，水を貯めた白いプラスチック製のバットに移す

図20-4　(a) 捕獲したゲンゴロウ類を確認するための白バット，(b) バスケットカゴ（上）と白バット（下）による微小種の採集

と観察がしやすい(図 20-4a)。また，植物残渣をバスケットカゴの上に置き，下に白バットを敷くことで網目をすり抜けた微小なゲンゴロウ類を効率的に捕獲できる(図 20-4b)。バットに移した小型種を捕獲する際には，熱帯魚用の小型網(目合 0.5 mm 程度)や大型のスポイトがあると便利である(図 20-3b)。

　掬い取り調査では，使用するタモ網の規格や調査努力量(掬い取り回数や時間)を統一し，複数の調査地や同一の調査地で複数回調査を行い，捕獲された個体数を記録することで，個体数の時空間的な変動を定量的に捉えることができる。例えば，渡辺ら(2019)は，水田に生息する水生コウチュウ類・カメムシ類の調査において，D 型枠のタモ網(枠幅 30 cm，網目径 1 mm)を用いて，畦畔とイネ間の 1 m の距離を反復して掬い取った。掬い取りは水田 1 枚当たり原則 20 回を行い，掬い取り 1 回ごとに水生昆虫類の個体数を種または属ごとに記録した。また，同時に潜在的な餌生物の個体数も記録している。このようにゲンゴロウ類を含む，水生動物群集を対象とする調査では，掬い取り回数を定めた手法が有効である。一方，調査対象種が 1〜数種程度である場合，調査時間を定めて掬い取りを行い，捕獲された合計個体数を記録するのもよい。Watanabe *et al.* (2020)は，セスジガムシ *Helophorus auriculatus* を対象に，水田や堀上，放棄水田において，各地点 20 分間の掬い取り調査を 1 年半にわたり実施し，本種の季節消長を報告している。また，水中にコドラートを設置し，コドラート内をタモ網などで掬い取ることにより，単位面積あたりの個体数を記録することができる(Yee *et al.*, 2013)。筆者らは塩ビ板やアクリル板，塩ビパイプと網戸用の網を用いて，コドラートを自作している(図

図 20-5 　(a) 塩ビ板製のコドラート(幅 25 cm・奥行 20 cm・高さ 20 cm)および (b) 塩ビパイプと網戸用の網を結束バンドで固定して作成したコドラート(幅 1 m・奥行 1 m・高さ 2 m)

20-5)。ただし，ゲンゴロウ類の成虫は遊泳能力が高く，コドラートを設置する際に逃げてしまうことがあるため，注意が必要である。環境勾配の異なる箇所に複数のコドラートを設置し，コドラート内におけるゲンゴロウ類の個体数と物理環境(植被率や水深など)を取得しておけば，ゲンゴロウ類の好む微生息環境を明らかにすることもできるだろう(Liao *et al.*, 2024)。

(2) ベイトトラップ

ゲンゴロウ類の成虫を捕獲するトラップとしては，カゴ網(お魚キラーなど，目合の細かいもの)やアナゴカゴ，ペットボトルを加工して自作したペットボトルトラップが適している(図20-6)。餌には，魚のアラや釣り餌のさなぎ粉，煮干し，ツナ，ドックフード等を使用し，腐肉食のゲンゴロウ類成虫を誘因・捕獲する。餌をそのままトラップに入れると，回収しづらく，また調査地の水質悪化を招きかねないので，お茶パックに入れてホッチキスで

図20-6 (a) カゴ網，(b) 細長いカゴ網，(c) アナゴカゴ，(d) ペットボトルトラップ

止めておくと良い。トラップには，ときに幼虫が捕獲されることもある。これらのトラップはタモ網による掬い取りに比べ，中・大型（1〜4 cm）のゲンゴロウ類を捕獲しやすい（Turić et al., 2017）。体長 1 cm 未満の小型種・微小種を捕獲するには，カゴ網は不向きであり，ペットボトルトラップもしくはガラス瓶を用いたトラップが適している（Liao et al., 2024）。

　水深の浅い水田や休耕田では，ペットボトルトラップ（田和・佐川, 2022）が，水深の深いため池ではカゴ網が有効である。設置場所としては，水生植物が豊富な岸際の浅瀬が基本である。水生植物がほとんど無い水域の場合，岸際の樹木の枝や陸上植物の葉が垂れ下がった場所や，枯れ枝が浮遊している場所に設置すると良い。留意点として，トラップを完全に水中に沈めると，捕獲されたゲンゴロウ類が窒息死してしまうため，トラップ内に浮きとして空のペットボトルやアルミボトル，蓋つきプリンカップを入れる。風などによりトラップが移動するのを防ぐため，紐で園芸用支柱や周辺の植物などに括り付けておくと良い。また，ピンクテープを巻き付けておくと目立つため，回収時に便利である。特に水温の高い夏場には，トラップを長期間放置すると捕獲された個体が衰弱・死亡してしまうため，設置期間としては一晩（夜間に仕掛けて，翌朝に回収：12〜14 時間ほど）が適切である。なお，捕獲された個体の生死を問わない場合は，長時間（48 時間）設置している事例もある（Liao et al., 2024）。トラップを用いれば，タモ網による掬い取りが困難な水深の深い水域においても調査可能であり，掬い取り調査に比べると労力がかからないため，調査地点が多い場合にも有効である。ただし，回収を忘れると半永久的にゲンゴロウ類を捕獲する「デストラップ」と化し，多くの個体を殺しかねないので注意が必要である（小野田・西原, 2016）。

（3）夜間の見つけどり

　ゲンゴロウ類は幼虫・成虫とも夜間に活動性を増す種が多いため（Aiken, 1986），夜間に懐中電灯やヘッドライトで水中を照らして，遊泳または静止している個体を直接タモ網で捕獲することができる。筆者らは 400 lm 以上の明るさの LED 式の懐中電灯やヘッドライトを使用している（図 20-7）。特に USB 充電対応の充電池と乾電池を兼用できるものがおすすめである。歩行速度および歩行ルートをそろえて捕獲した個体数を記録することで，個体

VIII. ゲンゴロウ類の野外調査法

図 20-7 LED式の懐中電灯（左）およびヘッドライト（右）

数変動を追うことができる。例えば，Watanabe et al.（2024）では，無農薬水田の外周をおよそ3 m/分の速度で歩き，1周を回る間に畔際から1.5 m以内の水中でみつかったゲンゴロウ類幼虫の数を記録し，個体数変動を記録している。ウキクサ類などの水生植物が繁茂している水域では調査効率が低いものの，熱中症のリスクを抑えることができ，比較的労力のかからない手法である。そのため，とくに田植え前〜水稲生育初期の水田などの開放的な水域において，数多くの調査地を対象として，ゲンゴロウ類の在・不在を確認したい場合には非常に有効である。さらに，水面が反射しておらず，活動性が高い時間帯であるため，幼虫や成虫が餌を捕食している様子も観察しやすい。継続的に調査を行えば，野外下における餌メニューや幼虫の微生息場利用を明らかにできる（詳細はⅣ−⑤を参照）。

夜間調査では，夜行性の毒ヘビ類のほか，クマ類やイノシシ類，シカ類といった哺乳類に比較的遭遇しやすい。そのため，ポイズンリムーバーや熊鈴・クマ撃退スプレーを携行するほか，可能であれば複数人で調査するように心がける。また，足元が見えにくいため，水田を調査する場合は誤って畔を踏み壊さないよう，日中に壊れやすい箇所がないか確認しておくとよい。

(4) 灯火採集・ライトトラップ

ゲンゴロウ類の一部は正の走光性があり，夜間は灯火に飛来するため，電灯・コンビニ・自動販売機などを見回ることによって飛来した個体を採集できる。筆者らの経験では，他の昆虫類と同様にLED電灯にはあまり集まらず，水銀灯の下でよく飛来個体を見かける（図20-8a）。また，生息地となる水域の周辺の，木々に囲まれていない開放的な場所にて，ライトトラップ（カー

20 ゲンゴロウ類の野外調査法

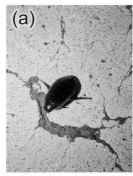

図 20-8 (a) 灯火に飛来したコガタノゲンゴロウ，(b) カーテン式のライトトラップ（撮影：久保星）

表 20-2 ライトトラップあるいは灯火採集により捕獲された種の一例

捕獲された種*	設置・採集場所	採集時期	文献
チビ，ヒメ，チャイロチビ，コシマ	水田周辺	1~6月もしくは7~12月（1~12月に設置）	八尋（2006）
ヒメシマチビ	河川付近	7月	下野谷（1993）
スジ	水田周辺	8月	平井・池内（2021）
ヒメ，シマ，コシマ，マルガタ，コガタノ，ナミ	河川に架かる橋の高圧水銀灯	5~10月	小野（1995）
ナミ	ため池の脇	4月	四方（1999）
マルケシ，ホソセスジ，チビ，ヒメ，コシマ，ハイイロ	ヨシ原の低層湿原	6~8月	大桃ら（2011）
マダラシマ	周囲に河川や水田がある民家の灯火	8月	渡辺・上田（2024）
トダセスジ	河川敷	7~9月（1~12月に月1回設置）	加藤ら（2024）

＊種名の"ゲンゴロウ"は省略

テン式)を仕掛けると効率的に採集できる(馬場・平嶋, 2000)。ライトトラップでは，ロープを利用して木や支柱に白地の布(敷布団用のシーツなど)を吊り下げ，光源として水銀灯やブラックライト，蛍光灯などを設置し，ゲンゴロウ類を誘引する(図 20-8b)。飛来する種や個体数は季節や時間によって異なるが(Csabai et al., 2012; Boda & Csabai, 2013)，季節は初夏から夏が適しており，設置時間は日没後〜22 時くらいまでがよいとされる(都築ら, 2003)。これまで，止水性種や流水性種の多くがライトトラップにより採集されている(表 20-2)。

また，水田におけるゲンゴロウ類の調査手法として，水中ライトトラップが考案されている。これは，もんどり型の木箱の内側に LED 電球を設置したもので，福島県の水田においてナミゲンゴロウ Cybister chinensis やマルガタゲンゴロウ Graphoderus adamsii，ケシゲンゴロウ Hyphydrus japonicus など小型〜大型種の捕獲実績がある(三田村ら, 2012)。

標識再捕獲法

成虫の生息地間の移動の追跡や生息地における個体数推定のために，標識再捕獲法が用いられる(Cerrato & Meregalli, 2020; Balalaikins et al., 2023)。ここでは詳細は省略するが，標識再捕獲調査を複数回行うことによって，Jolly-Seber 法などにより，個体数や見かけの生存率を推定することができる(Jolly, 1965; Seber, 1965)。標識を施すには，工作用のハンディールーターを用い，成虫の鞘翅に個体番号を彫る(図 20-9a)。筆者らはゲンゴロウ属やゲンゴロウモドキ属の大型種，マルガタゲンゴロウやシマゲンゴロウ Hydaticus bowringii などの中型種には，頭部を左向きにして，左側の鞘翅に横向きに標識番号を彫るようにしている(図 20-9b)。また，体長 1.0 cm 前後のマメゲンゴロウ Agabus japonicus やコシマゲンゴロウ Hydaticus grammicus，キベリクロヒメゲンゴロウ Ilybius apicalis などの小型種には，頭部を上向きにして，両方の鞘翅に 1 文字ずつ横向きに標識を施している(図 20-9c)。ただし，羽化したばかりの個体は鞘翅が柔らかいため，標識はできない。筆者らはこれまで，ゲンゴロウ属やシマゲンゴロウ，コシマゲンゴロウ，ヒメゲンゴロウ Rhantus suturalis などに標識を付けているが，問題なく再捕獲

20 ゲンゴロウ類の野外調査法

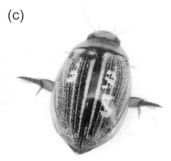

図 20-9 (a) ハンディールーターで標識をつけた, (b) ヒメゲンゴロウ (908 番), および (c) コシマゲンゴロウ (335 番)

できている(Watanabe R et al., 2025)。標識番号を彫る際, 警戒した成虫が前胸背面から出す, 白い液体状の防御物質の臭いが手に染み込むと, 石鹸で手を洗っても中々とれなくなるため, 手袋の着用は必須である。ただし, 厚手の軍手やゴム手袋ではとくに小型種を掴みにくいため, 筆者らは使

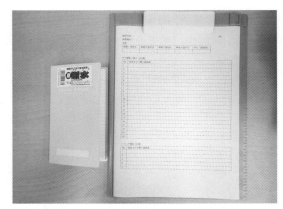

図 20-10 防水野帳(左)および A4 の耐水紙に記録項目を印刷した野帳(右)

い捨てのニトリルゴム手袋を着用している。ハンディールーターは防水性能がないため, 使用する前には雑巾などで手やゲンゴロウ類の水気をふき取っておく。また, 故障に備えて, ルーターは複数個を用意しておくと良い。

標識を付けた後, 個体の情報として, 性別と体長(頭部先端から腹部末端まで)を記録することが多い。性別の判定には, 前脚の跗節を腹側から確認し, 吸盤がある個体はオス, ない個体はメスである。ただし, マメゲンゴロウ亜科やヒメゲンゴロウ亜科の種は, 吸盤が小さくわかりにくいため, ルーペな

どで良く確認する必要がある。体長の測定には，ノギスを使用する。なお，デジタルノギスは水に濡れて壊れる可能性があるため，筆者らは使用していない。野外調査で得られたデータは，防水性能のある野帳に記録する。非常に丈夫であるため，筆者らはコクヨの測量野帳（ブライトカラー）を愛用している。少々かさばるが，予め記録項目を A4 耐水紙に印刷しておくと，記録忘れを防ぐことができる（図 20-10）。

採集容器・輸送方法

採集した個体はタッパーやペットボトル，パッキン付きのバケツ，プラスチック製の水筒・ボトルなどに入れて持ち帰る（図 20-11a）。いずれの容器についても，蓋がしっかりと閉まるものを選定する。成虫を生きたまま持ち帰る場合，足場として湿った落ち葉やキッチンペーパー，ミズゴケ（鑑賞用ランの植替え材），水生植物などを入れておく（図 20-11b）。水生植物を足場として利用する場合，運搬中に気温が高いと腐食し，カビが生えてゲンゴロウ類が死亡することがあるため，注意が必要である。また，輸送中の衰弱を避けるため，容器にはキリなどを用いて空気穴をあけておく。幼虫は，プラスチック製の遠沈管に少量の水と足場となる水生植物等を入れて持ち帰ると良い。成虫は 1 つの容器に複数個体を入れても基本的には問題ないが，幼虫は共食いをするため，必ず 1 個体ごとに容器を分ける。夏場の輸送や生体を宅配便で送る際には，クーラーボックスや発泡スチロールを用意し，生体を

図 20-11　(a) 保管容器（遠沈管およびタッパー），(b) 生体を運搬するため，水生植物を敷いたタッパー

入れた容器には必ず空気穴を空け，保冷剤や凍らせたペットボトル等で冷やしておくと，高確率で死着を防げる．

■ 標本の作製および同定

　乾燥標本にする場合は，酢酸エチルや亜硫酸ガスを使用または冷凍して殺虫する．液浸標本にする場合は，70〜80％のエタノールを入れたバイアル瓶を用意しておき，その中に入れて固定する．遺伝子解析用のサンプルとしては，個体を生かしたままDNA抽出に必要な組織を取る非破壊サンプリング法が望ましい．ゲンゴロウ類では，切除しても寿命や産卵数などに影響がないとされている（Suzuki et al., 2012），触角をサンプルとすることが多い（加藤ら, 2021; Ohba et al., 2025）．触角は，先の細いピンセットや解剖ばさみにより切除し，100％エタノールを入れたマイクロチューブやバイアル瓶に入れて固定もしくは冷凍保存する．

　成虫の同定には森・北山（2002）および中島ら（2020）が，幼虫の同定には上手（2008），三田村ら（2017），渡部・林（2023），渡部（2024）が有用である．

■ 生息環境に応じた調査方法

　ゲンゴロウ類の生息環境は多岐にわたる．ここでは，生息環境に応じた調査方法を解説する．なお，許認可が必要な私有地や公有地で調査を実施する際は，土地所有者や関係する行政機関の許可を得ておく．

(1) 水田

　水田は，多くの止水性ゲンゴロウ類の繁殖場所として利用される（図20-12a：西城, 2001; Watanabe et al., 2024）．平地の圃場整備された水田ではコツブゲンゴロウ *Noterus japonicus* やチビゲンゴロウ *Hydroglyphus japonicus*，ウスイロシマゲンゴロウ *Hydaticus rhantoides* などが（林, 2009），中山間地域の水田ではヒメゲンゴロウやクロゲンゴロウ *Cybister brevis* などがみられる（榊原ら, 2014）．一方，シマゲンゴロウやマルガタゲンゴロウ，ツブゲンゴロウ *Laccophilus difficilis* は全国的に減少傾向にあり，農薬が使用されている地域ではほとんどみられず，薬剤使用を抑えた環境保全型農業の水田において

VIII. ゲンゴロウ類の野外調査法

図 20-12　水田
(a) 水稲生育初期，(b) 落水後，湿田に生じた水溜まり（ともに茨城県）

図 20-13　水田内水路
(a) 堀り上げ（茨城県），(b) 裏溝（兵庫県），(c) 幅の広いひよせ（茨城県），(d) ゲンゴロウ郷の米の認証要件として造成されたひよせ（京都府：コラム 6 を参照）。

多くみられる(渡辺ら, 2019; 中島ら, 2020)。これらの種を採集するためには，上述の通り，イネと畦畔の間をタモ網で掬い取る，もしくはペットボトルトラップや水中ライトトラップを仕掛けると良い。とくにコナギ *Monochoria vaginalis* やオモダカ類，イボクサ *Murdannia keisak* などの抽水植物が繁茂している箇所が狙い目である。水はけの悪い湿田では，落水後，コンバインなどによって生じた轍に水溜まりが形成されており，ときに多数の個体が集まっているため，網を入れることをお勧めする(図 20-12b)。

(2) 水田内水路

湿田において水温調節や水はけをよくするため，ときには中干し時の水生生物の避難場所造成を目的として，水田内に土水路が設置される(図 20-13)。地域によって呼び名は異なり，江や堀り上げ，ひよせ，マルチトープ，退避溝などと呼ばれる(田和, 2024)。水田内水路は，水田の落水時にゲンゴロウ類の避難場所になるほか，通年湛水されるため，安定的な水域を好むコツブゲンゴロウなどの生息に適している(渡部, 2016)。水田に水が少ない時や落水後には，これらの水域を掬い取ると良い。

(3) 農業用水路の桝

コンクリート二面・三面張りの農業用水路は，流速が速く，ゲンゴロウ類の生息には適していないように思える。ただし，水生植物が繁茂あるいは落ち葉が堆積して，流速が緩くなっている場所では，思いのほか多くの個体がみられることがある(図 20-14a, b)。また，水路の合流部等に敷設される桝は水深が深く，流速が遅くなりやすいことに加え，水田が落水する農閑期にも湛水されていることが多く，一時的な避難場所として機能しているようである(図 20-14c)。筆者らは，周辺水田の落水時にコンクリート製の桝において，マルガタゲンゴロウやシマゲンゴロウ，ヒメゲンゴロウ，コシマゲンゴロウを確認している(渡辺・大庭, 2019)。

(4) 休耕田

湧水により湛水された休耕田は，除草剤が使用されないため，水生植物が

豊富に生育しており，ゲンゴロウ類の貴重な生息地となる（図20-15）。また，水生生物の保全を目的として，耕作放棄田や休耕田を湛水し，草刈りや代掻きなどの管理を行う取組（休耕田ビオトープの造成）が各地で行われている（片山ら，2020）。これらのビオトープは，ヒメゲンゴロウやコシマゲンゴロウ，マルガタゲンゴロウ，クロゲンゴロウにとって，周辺水田落水後の避難場所や越冬場所として機能することが知られる（田和・佐川，2022）。山間部の沢水の流入のある休耕田には，オオヒメゲンゴロウ *Rhantus erraticus* がみられる（渡部，2013）。また，休耕田ビオトープには，アンピンチビゲンゴロウ *Hydroglyphus flammulatus* やムモンチビコツブゲンゴロウ *Neohydrocoptus* sp. といった希少種もときにみられる（渡辺ら，2024）。

（5）池沼

岸の傾斜が緩やかで水生植物が豊富に生えている池沼には，数多くのゲンゴロウ類が生息している（図20-16）。農業用ため池は，水田の灌漑用に人工的に造成された池であるが，周辺水田の落

図20-14 農業用・排水路
(a) 水生植物の豊富な土水路（北海道），(b) イボクサが密生するコンクリート水路（島根県），(c) 水生植物の豊富な桝（長崎県）。

20 ゲンゴロウ類の野外調査法

図 20-15 休耕田
(a) 中畔を造成した休耕田ビオトープ（兵庫県），(b) 浮葉植物が豊富な休耕田ビオトープ（兵庫県）。

水時の避難場所や一部の種の繁殖・越冬場所として重要な役割を果たす（図20-16a～e：西城, 2001）。平地のため池には，ゲンゴロウやマルコガタノゲンゴロウ *Cybister lewisianus*，ヒメフチトリゲンゴロウ *C. rugosus* などのほか，キベリクロヒメゲンゴロウ，ルイスツブゲンゴロウ *Laccophilus lewisius*，ケシゲンゴロウなどが生息する。これらは，抽水植物や浮遊植物が生育する箇所を掬い取ると採集できる。マメゲンゴロウやクロズマメゲンゴロウ *Agabus conspicuus* は比較的水温が低い場所を好むため，湧水が流入する場所を掬い取ると良い。ハイイロゲンゴロウ *Eretes griseus* は開放的な水域を好むため，底質が泥で水生植物のない場所を掬い取ると捕獲できる。また，ナガマルチビゲンゴロウ *Leiodytes kyushuensis* は，一見するとゲンゴロウ類が生息しているとは考えにくい，植生の少ない池の岸際の砂礫中にて多く観察されている（森, 2013）。

湧水や河川水により自然にできた池沼には，ため池には生息しない種も確認される。古くから残ってきた，低平地の池沼には数多くの微小種が生息する（図20-16f）。チビコツブゲンゴロウ属 *Neohydrocoptus* やマルケシゲンゴロウ属 *Hydrovatus*，マルチビゲンゴロウ属 *Leiodytes* の種は，岸際にヨシ類やマコモ類，アシカキ *Leersia japonica* 等の群落が形成された池に生息しており，岸際のデトリタス中に隠れていることが多い（相本, 2017; 中島ら, 2020）。これらの種は，体長が 1～3 mm 程度と微小かつタモ網に入っても動きが緩慢

299

Ⅷ. ゲンゴロウ類の野外調査法

図 20-16　池沼
(a) 棚田地帯のため池（新潟県），(b) 冷涼なため池（兵庫県），(c) 木々に囲まれたため池（北海道），(d) 広大なため池（福江島），(e) 山際のため池（与那国島），(f) 湿原にできた沼（北海道），(g) 山間部の池（山形県），(h) 林内にできた沼（福島県）。

であるため，デトリタスをバットに移して丁寧に探すと良い。

山間部に位置し，水温が低く，水の透明度が高い池沼には，チャイロマメゲンゴロウ *Agabus browni* やメススジゲンゴロウ *Acilius japonicus*，エゾゲンゴロウモドキ *Dytiscus marginalis czerskii* などが生息する（図 20-16g）。筆者らの経験上，チャイロマメゲンゴロウは，新成虫の出現時期である春先に個体数が増加する。また，沢水の流入がある池沼では，流水性のチャイロシマチビゲンゴロウ *Nebrioporus anchoralis* が，林内に生じた湧水由来の池では，トウホクナガケシゲンゴロウ *Hydroporus tokui* などがみつかることもある（図 20-16h）。

なお，アメリカザリガニ *Procambarus clarkii* やオオクチバス *Micropterus salmoides*，ウシガエル *Lithobates catesbeianus* などの侵略的外来生物が侵入している池沼は，捕食圧や間接的な環境改変により，ゲンゴロウ類の生息に適しておらず（西原ら，2006; Watanabe & Ohba, 2022），成果がほとんど期待できない。

(6) 湿原

ヨシ原に形成される低層湿原には，トダセスジゲンゴロウ *Copelatus nakamurai* やコセスジゲンゴロウ *Austrelatus parallelus*，シマケシゲンゴロウ *Hygrotus chinensis*，カラフトシマケシゲンゴロウ *H. impressopunctatus*，キタヒメゲンゴロウ *Rhantus notaticollis*，オオシマゲンゴロウ *Hydaticus aruspex*

図 20-17　湿原
(a) ヨシ原（青森県），(b) スゲ類が優占し，ミズゴケ類の生育する湿原（北海道）．

などが生息する（図 20-17a）。ヨシ原での採集では，枯れたヨシが網やウェーダーに突き刺さり，破れることがあるため，十分注意する。ミズゴケの生える湿原では，ナガケシゲンゴロウ属がみられるため，水際のミズゴケ類やリターを白バットに移して丹念に探すとよい（図 20-17b）。

(7) 河川，ワンド，たまり

　河川の流れが緩やかな場所には，流水性種が生息し，流程によって出現種は異なる（図 20-18）。最上流部の沢の淀みにはサワダマメゲンゴロウ *Platambus sawadai* が，河川の上流域にはニセモンキマメゲンゴロウ *P. convexus* やキボシツブゲンゴロウ *Japanolaccophilus niponensis*，キボシケシゲンゴロウ *Allopachria flavomaculata*，フタキボシケシゲンゴロウ *A. bimaculata* などが生息する（図 20-18b〜d）。また，河川の中流域には，モンキマメゲンゴロウ *Platambus pictipennis* やキベリマメゲンゴロウ *P. fimbriatus*，シマチビゲンゴロウ属 *Nebrioporus* の種などが生息している（図 20-18e）。これらの種は，ヨシ類などの陸生植物の葉や根が水中に垂れ下がった箇所や，木本の根が水中に露出した箇所，コンクリート壁にコケ類が密生した箇所を掬い取るとみつかることが多い。また，筆者の経験では，キボシツブゲンゴロウは，河川の淀みに流木の破片が浮遊・堆積している場所でよくみられる。ときに流木の窪みに身を潜めている個体もいるため，裏返してみるとよい。そのほか，河川中流において，岸際の砂利をかき混ぜるとゴマダラチビゲンゴロウ *Neonectes natrix* が浮き出てくることがある。また，降雨によって定期的に氾濫する細流では，周辺水田の落水時に，岸際の植生帯においてシマゲンゴロウやコシマゲンゴロウ，マルガタゲンゴロウ，クロゲンゴロウなどが確認されている（図 20-18f：渡辺，未発表）。ワンドやたまりには，流水性種のほか，水田落水時には止水性種も散見される。筆者らは河川の渇水時に生じた，小規模なたまりにおいて，多数のヒメシマチビゲンゴロウ *Nebrioporus nipponicus* を観察したことがある（図 20-18g）。氾濫原に生じたたまりでは，コガタノゲンゴロウ *Cybister tripunctatus lateralis* の繁殖も確認している（図 20-18h）。

20 ゲンゴロウ類の野外調査法

図 20-18 河川，ワンド，たまり
(a) 上流の植生帯（沖縄本島），(b) 上流の岸（青森県），(c) 上流のコケの密生する岸（茨城県），(d) 流木が堆積する淀み（茨城県），(e) 中流の植生帯（神奈川県），(f) 細流の岸辺（兵庫県），(g) 渇水時に生じたたまり（栃木県），(h) 氾濫原に生じたたまり（対馬）。

(8) 小規模な水域（水溜まり・ポットホール）

とくに南西諸島では，降雨によって林道の轍や窪みに小規模な水溜まりができることが多く，このような環境には多くのゲンゴロウ類が生息しているため，見逃せない（図 20-19）。南西諸島の水たまりには，アマミチビゲンゴロウ *Hydroglyphus amamiensis* やタイワンセスジゲンゴロウ *Copelatus tenebrosus*，リュウキュウセスジゲンゴロウ *C. oblitus*，オオイチモンジシマゲンゴロウ *Hydaticus conspersus* などが確認される（図 20-19a, b）。また，林道脇の染み出しにできた水溜まりには，非常に微小なウエノチビケシゲン

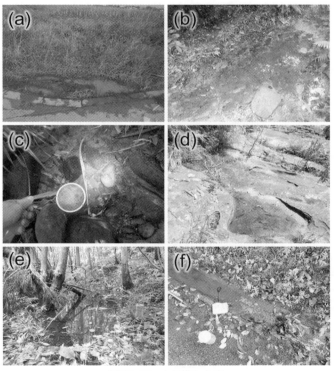

図 20-19　小規模な水域
(a) 道路脇の水たまり（西表島），(b) 林道にできた水溜まり（西表島），(c) 細流脇の水溜まり（西表島），(d) ポットホール（西表島），(e) 林内の湧水によりできた水溜まり（福島県），(f) 道路脇の側溝（熊本県）。

ゴロウ *Microdytes uenoi*（体長 1.4〜1.6 mm）が生息する（図 20-19c）。先島諸島の河岸の岩盤にできるポットホールには，アトホシヒラタマメゲンゴロウ *Platynectes chujoi* がみられる（図 20-19d）。このような水深の浅い水域では，小型の熱帯魚網や灰汁とりが必須である。なお，先島諸島の林内の暗い水溜まりのデトリタス中に生息するホソコツブゲンゴロウ *Notomicrus tenellus*（体長 1.3〜1.5 mm）やチビセスジゲンゴロウ *Copelatus minutissimus* を採集する際には，岸際の泥やリターごと白バットに移し，ヘッドライトで照らして注意深く探す必要がある。

　山際から染み出した湧水により湛水された，道路脇の側溝や桝，水溜まりには，ホソクロマメゲンゴロウ *Platambus optatus* やコクロマメゲンゴロウ *P. insolitus*，ウスリーマメゲンゴロウ *P. ussuriensis* などのモンキマメゲンゴロウ属の種に加え，ヒコサンセスジゲンゴロウ *Copelatus takakurai* などの不安定な水域を好む種が確認される（図 20-19e, f）。このような環境では，小型の熱帯魚網が役に立つ。

物理環境・生物的要因の測定

　ゲンゴロウ類がどのような環境を好むのかを知るためには，確認された個体数のデータに加え，物理環境や生物的要因のデータも併せて記録しておく必要がある。ここでは，ゲンゴロウ類の生息地選択に影響すると報告されている物理環境や生物的要因について（Gioria & Feehan, 2023），その測定方法を概説する（図 20-20）。

　水深は，折れ尺や測量用スタッフ，pH・電気伝導度・濁度・溶存酸素などの水質は各測定機器を用いて測定する。水温は水温計もしくは防水の温度ロガーにより記録する。温度ロガーは，園芸用の支柱やコンクリートブロックなどに針金を用いて括り付け，紛失しないようにする。Bluetooth でスマートフォンに接続し，現地でデータを回収できる機種が便利である。水域の面積は，QGIS や ArcGIS 等の GIS ソフトウェアを用い，航空写真やドローンの空撮画像をもとに外形をトレースしてポリゴンを作成することにより測定できる。植被率は，コドラートを用いた植物社会学調査あるいはドローンの空撮画像から Image J 等の画像解析ソフトを用いて測定する。田植え直後の水田など，日陰

VIII. ゲンゴロウ類の野外調査法

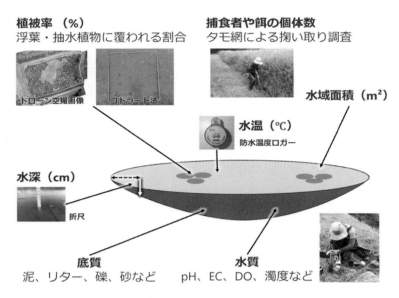

図20-20 ゲンゴロウ類の生息地選択に関わる物理環境および生物的要因の測定

などが少なく，水面と水生植物の区別が明瞭な水域では，画像を二値化（白と黒の2色に変換）し，黒（水生植物を黒にした場合）の占める割合を求めることで容易に植被率を算出できる．日陰が多い場合には，水生植物が水面を覆っている範囲を地道にトレースする．捕食者や潜在的餌生物の個体数は，タモ網による掬い取りやカゴ網などのトラップを仕掛けて捕獲された個体を計数する．

〔引用文献〕

Aiken RB (1986) Diel activity of a boreal water beetle (*Dyticus alaskanus*: Coleoptera; Dytiscidae) in the laboratory and field. *Freshwater Biology*, 16: 155–159.

相本篤志 (2017) 山口県におけるキボシチビコツブゲンゴロウの初記録と若干の知見．さやばねニューシリーズ，(28): 10–13.

馬場金太郎・平嶋義宏 (2000) 新版　昆虫採集学．九州大学出版会，福岡．

Balalaikins M, Schmidt G, Aksjuta K, Hendrich L, Kairišs K, Sokolovskis K, Valainis U, Zolovs M (2023) The first comprehensive population size estimations for the highly endangered largest diving beetle *Dytiscus latissimus* in Europe.

Scientific Reports, 13: 9715.

Boda P, Csabai Z (2013) When do beetles and bugs fly? A unified scheme for describing seasonal flight behaviour of highly dispersing primary aquatic insects. *Hydrobiologia*, 703: 133–147.

Cerrato C, Meregalli M (2020) A fast and reliable method for mark-recapture water beetles (Coleoptera: Dytiscidae) and other Arthropoda. *Bollettino della Società Entomologica Italiana*, 152: 69–74.

Csabai Z, Kálmán Z, Szivák I, Boda P (2012) Diel flight behaviour and dispersal patterns of aquatic Coleoptera and Heteroptera species with special emphasis on the importance of seasons. *Naturwissenschaften*, 99: 751–765.

Gioria M, Feehan J (2023) Habitats Supporting Dytiscid Life. In: Yee DA (ed) *Ecology, Systematics, and the Natural History of Predaceous Diving Beetles (Coleoptera: Dytiscidae)*: 427–503. Springer, Cham.

林　成多 (2009) 島根県東部の水田で繁殖する水生甲虫．ホシザキグリーン財団研究報告，12: 289–298.

平井規央・池内　健 (2021) 絶滅種スジゲンゴロウを含む1958年の大阪府堺市産コウチュウ目標本の発見．地域自然史と保全，43: 67–70.

Jolly AGM (1965) Explicit estimates from capture-recapture data with both death and immigration-stochastic model. *Biometrika*, 52: 225–247.

上手雄貴 (2008) 日本産ゲンゴロウ亜科幼虫概説．ホシザキグリーン財団研究報告，11: 125–141.

片山直樹・馬場友希・大久保　悟 (2020) 水田の生物多様性に配慮した農法の保全効果：これまでの成果と将来の課題．日本生態学会誌，70: 201–215.

加藤敦史・佐々木英世・岩田泰幸 (2024) 埼玉県におけるトダセスジゲンゴロウの追加記録とその生息環境．ホシザキグリーン財団研究報告，27: 273–277.

加藤雅也・中濱直之・上田昇平・平井規央・井鷺裕司 (2021) 複数施設の生息域外保全による国内希少野生動植物ヤシャゲンゴロウの遺伝的多様性の保持効果．保全生態学研究，26: 157–164.

Liao W, Zanca T, Niemelä J (2024) Predation risk modifies habitat use and habitat selection of diving beetles (Coleoptera: Dytiscidae) in an urban pondscape. *Global Ecology and Conservation*, 49: e02801.

三田村敏正・荒川昭弘・岸　正広・山田真孝・岡崎一博 (2012) 水中ライトトラップを利用した水田の水生昆虫調査．北日本病虫研報，63: 150–156.

三田村敏正・平澤　桂・吉井重幸 (2017) 水生昆虫1　ゲンゴロウ・ガムシ・ミズスマシハンドブック．文一総合出版，東京．

森　正人 (2013) 微小水生甲虫の生息環境について―ミジンダルマガムシとナガマルチビゲンゴロウの例―．さやばねニューシリーズ，(9): 34–36.

VIII. ゲンゴロウ類の野外調査法

森　正人・北山　昭 (2002) 改訂版　図説日本のゲンゴロウ．文一総合出版，東京．

中島　淳・林　成多・石田和男・北野　忠・吉富博之 (2020) ネイチャーガイド日本の水生昆虫．文一総合出版，東京．

西原昇吾・苅部治紀・鷲谷いづみ (2006) 水田に生息するゲンゴロウ類の現状と保全．日本生態学会誌，11: 143–157．

Ohba S, Suzuki T, Fukui M, Hirai S, Nakashima K, Bae YJ, Tojo K (2025) Flight characteristics and phylogeography in three large-bodied diving beetle species: evidence that the species with expanded distribution is an active flier. *Biological Journal of the Linnean Society*, 144: blae017.

大桃定洋・高橋敬一・西山　明 (2011) 霞ヶ浦湖畔に残ったヨシ原：稲敷市浮島の甲虫類．茨城県自然博物館研究報告，14: 75–92．

小野泰正 (1995) 昆虫におよぼす屋外照明等の影響ことにタガメ，スズメガ類およびコウチュウ類について．*Artes Liberales*, 57: 155–166．

小野田晃治・西原昇吾 (2016) 採集圧が水生昆虫に及ぼす影響と，法規制の下における今後の保全のための調査研究．昆虫と自然，680: 20–23．

西城　洋 (2001) 島根県の水田と溜め池における水生昆虫の季節的消長と移動．日本生態学会誌，51: 1–11．

榊原有里子・大窪久美子・大石善隆 (2014) 伊那盆地の異なる立地条件の水田地域における水生昆虫群集の構造と保全に関する研究．ランドスケープ研究，77: 603–608．

Seber GAF (1965) Note on the multiple-recapture census. *Biometrika*, 52: 249–259.

四方圭一郎 (1999) 野外におけるゲンゴロウの移動と生存日数．飯田市美術博物館研究紀要，9: 151–160．

下野谷豊一 (1993) 福井県産ゲンゴロウ類の分布記録．福井市自然史博物館研究報告，40: 83–89．

Suzuki G, Inoda T, Kubota S (2012) Nonlethal sampling of DNA from critically endangered diving beetles (Coleoptera: Dytiscidae) using a single antenna. *Entomological Science*, 15: 352–356.

田和康太 (2024) 第2章　生物の生息場としての水田．応用生態工学会テキスト水田環境の保全と再生（田和康太・永山滋也編）：25–56，技報堂出版，東京．

田和康太・佐川志朗 (2022) 豊岡市の水田ビオトープにおける水生昆虫とカエル類の季節消長と群集の特徴．応用生態工学，24: 289–311．

都築祐一・谷脇晃徳・猪田利夫 (2003) 普及版　水生昆虫完全飼育・繁殖マニュアル．データハウス，東京．

Turić N, Temunović M, Vignjević G, Dunić JA, Merdić E (2017) A comparison of methods for sampling aquatic insects (Heteroptera and Coleoptera) of different body sizes, in different habitats using different baits. *European Journal of Entomology*, 114: 123–132.

渡部晃平 (2013) 岡山県におけるオオヒメゲンゴロウの生息状況（コウチュウ目，ゲンゴロウ科）．倉敷市立自然史博物館研究報告, 28: 61–63.

渡部晃平 (2016) 愛媛県南西部の水田における明渠と本田間の水生昆虫（コウチュウ目・カメムシ目）の分布．保全生態学研究, 21: 227–235.

渡部晃平 (2024) 本州産ゲンゴロウ属（コウチュウ目，ゲンゴロウ科）幼虫の同定形質の検討．ホシザキグリーン財団研究報告, 27: 147–155.

渡部晃平・林　成多 (2023) 島根県産ゲンゴロウ科（コウチュウ目）幼虫の概説．ホシザキグリーン財団研究報告, 32: 63–81.

渡辺黎也・犬童淳一郎・一柳英隆 (2024) 熊本県球磨地方の迫田における水生コウチュウ・カメムシ目の記録．日本環境動物昆虫学会誌, 35: 8–15.

Watanabe R, Matsushima R, Yoda G (2020) Life history of the endangered Japanese aquatic beetle *Helophorus auriculatus* (Coleoptera: Helophoridae) and implications for its conservation. *Journal of Insect Conservation*, 24: 603–611.

渡辺黎也・日下石　碧・横井智之 (2019) 水田内の環境と周辺の景観が水生昆虫群集（コウチュウ目・カメムシ目）に与える影響．保全生態学研究, 24: 49–60.

渡辺黎也・大庭伸也 (2019) 青森県大鰐町におけるシマゲンゴロウの記録．月刊むし, (586): 48.

Watanabe R, Ohba S (2022) Comparison of the community composition of aquatic insects between wetlands with and without the presence of *Procambarus clarkii*: a case study from Japanese wetlands. *Biological Invasions*, 24: 1033–1047.

Watanabe R, Ohba S, Sagawa S (2024) Coexistence mechanism of sympatric predaceous diving beetle larvae. *Ecology*, 105: e4267.

Watanabe R, Ohba S, Sagawa S (2025) Diverse habitats promote coexistence of sympatric predaceous diving beetles in paddy environments. *Entomological Science*, in press.

渡辺黎也・上田尚志 (2024) 兵庫県豊岡市におけるスジゲンゴロウ・マダラシマゲンゴロウの記録および生息環境の変遷．日本環境動物昆虫学会誌, 35: 23–29.

八尋克郎 (2006) 滋賀県の南東平野部水田のライトトラップで採集された昆虫類の種構成．日本環境動物昆虫学会誌, 18: 43–47.

Yee DA, O'Regan SM, Wohlfahrt B, Vamosi SM (2013) Variation in prey-specific consumption rates and patterns of field co-occurrence for two larval predaceous diving beetles. *Hydrobiologia*, 718: 17–25.

（渡辺黎也・大庭伸也）

索引

和名索引

本文および図表中より生物の和名を抽出し索引とした。索引中のローマ数字は巻頭の口絵の頁数を示す。

ア

アオモンイトトンボ属 80
アカネ属 94
アカハライモリ 82, 222
アシカキ 299
アトホシヒラタマメゲンゴロウ Ⅱ, 11, 12, 46, 47, 48, 243, 245, 246, 248, 249, 250, 251, 305
アマミチビゲンゴロウ 11, 304
アマミマルケシゲンゴロウ 19
アメリカザリガニ 114, 120, 130, 134, 135, 138, 141, 142, 143, 144, 145, 146, 147, 150, 301
アメンボ科 67
アラメケシゲンゴロウ 12
アワメクラゲンゴロウ 14, 24, 25
アンピンチビゲンゴロウ 43, 227, 229, 298

イ

イガツブゲンゴロウ 14
イチョウキゴケ 157
イトトンボ亜目 273
イトミミズ科 83
イヌクログワイ 149
イヌタデ属 263
イネ 31, 133, 286, 287, 297
イネ科 149, 152, 282
イノシシ 132, 133
イバラモ属 Ⅱ, 239
イボクサ 240, 253, 256, 263, 297, 298

ウ

ウエノチビケゲンゴロウ 11, 12, 48, 304
ウエノチビケゲンゴロウ属 265
ウシガエル 114, 120, 130, 301
ウシモツゴ 178
ウスイロシマゲンゴロウ 43, 96, 229, 259, 260, 295
ウスイロナガケシゲンゴロウ 12
ウスチャツブゲンゴロウ 246
ウスリーマメゲンゴロウ 47, 48, 245, 246, 305
ウワジマムカシゲンゴロウ 12, 24

エ

エゾカノシマチビゲンゴロウ 48
エゾゲンゴロウモドキ 71, 111, 115, 246, 257, 301
エンコウソウ 173

オ

オウサマゲンゴロウモドキ Ⅰ, Ⅶ, 78, 167, 172, 173, 174, 175, 176
オオイチモンジシマゲンゴロウ Ⅱ, 30, 111, 237, 246, 248, 249, 259, 260, 278, 304
オオクチバス 114, 117, 118, 126, 130, 147, 301
オオコオイムシ 127, 222
オオシマゲンゴロウ 30, 246, 259, 260, 301
オオタニシ 92
オオヒメゲンゴロウ 246, 251, 298
オオメクラゲンゴロウ 12, 24
オガサワラシジミ 163
オガサワラセスジゲンゴロウ 11
オキナワスジゲンゴロウ Ⅱ, 111, 148, 152, 153, 178, 246, 248, 249, 259, 260
オツネントンボ 92
オニギリマルケシゲンゴロウ Ⅷ, 14, 19, 20, 21, 43
オモダカ科 259
オモダカ 157

カ

カガミムカシゲンゴロウ 12, 24
カゲロウ目 77, 80, 245
カダヤシ 150
カノシマチビゲンゴロウ 11, 48
カノシマチビゲンゴロウ属 47
ガマ 157
カラフトシマケシゲンゴロウ 301

和名索引

カラフトナガケシゲンゴロウ 11
カワラハンミョウ 178
カンガレイ 131, 132
カンムリセスジゲンゴロウ 13, 43, 45, 246, 253
カ科 77, 83, 85, 92, 102

キ

キオビチビゲンゴロウ 12
キタノツブゲンゴロウ 16, 17, 246, 264
キタノメダカ 187
キタヒメゲンゴロウ 301
ギフムカシゲンゴロウ 12, 24
キベリクロヒメゲンゴロウ Ⅷ, 28, 31, 35, 43, 292, 299
キベリクロヒメゲンゴロウ属 239
キベリマメゲンゴロウ 46, 47, 48, 302
キボシケシゲンゴロウ Ⅰ, 11, 48, 94, 302
キボシケシゲンゴロウ属 46, 47
キボシチビコツブゲンゴロウ 17
キボシツブゲンゴロウ 11, 46, 47, 48, 246, 302
キリバネトビケラ属 173

ク

グッピー 150
クロゲンゴロウ Ⅰ, Ⅳ, Ⅴ, Ⅷ, 35, 36, 38, 39, 40, 41, 43, 49, 60, 61, 62, 77, 78, 79, 80, 81, 85, 86, 87, 88, 89, 94, 95, 96, 98, 99, 100, 101, 102, 103, 104, 115, 123, 126, 140, 141, 143, 144, 156, 195, 196, 197, 198, 199, 200, 203, 204, 207, 208, 209, 210, 211, 212, 213, 217, 218, 219, 220, 221, 222, 223, 224, 233, 246, 249, 253, 254, 255, 295, 298, 302
クロズマメゲンゴロウ 28, 31, 35, 43, 96, 246, 299
クロヒメゲンゴロウ 30
クロヒメゲンゴロウ属 31
クロマメゲンゴロウ 48

ケ

ケシゲンゴロウ Ⅱ, 71, 76, 77, 96, 238, 239, 246, 261, 262, 292, 299
ケシゲンゴロウ亜科 24, 25, 67, 236, 238, 239, 246, 260
ケシゲンゴロウ属 148, 235, 261, 263
ゲンゴロウ科 10, 11, 12, 13, 24, 25, 34, 43, 64, 65, 67, 70, 71, 110, 111, 161, 163, 185, 188, 217, 232, 233, 234, 239, 243, 244, 246, 248, 253, 261, 265, 272, 276, 277
ゲンゴロウ亜科 64, 236, 239, 240, 246, 255
ゲンゴロウ属 49, 58, 60, 62, 63, 78, 79, 80, 81, 82, 84, 86, 87, 88, 92, 98, 140, 162, 207, 208, 211, 212, 213, 217, 219, 223, 224, 235, 253, 254, 258, 272, 275, 277, 285, 292
ゲンゴロウモドキ 64, 65, 71
ゲンゴロウモドキ亜科 64, 65, 67

ゲンゴロウモドキ属 28, 49, 78, 92, 93, 172, 235, 238, 239, 243, 257, 258, 278, 285, 292
ゲンジボタル 186, 187, 222

コ

コイ 146
コウチュウ目 14, 94, 114, 217
コウノトリ 121, 123, 138, 156
コウベツブゲンゴロウ 15, 16, 17, 18, 43, 246, 264
コウホネ 128
コオイムシ 86, 87, 93, 156, 157
コオイムシ属 94
コカゲロウ科 80
コガタアカイエカ 93, 96, 97
コガタガムシ 152, 153
コガタノゲンゴロウ Ⅰ, Ⅲ, Ⅳ, Ⅴ, 43, 49, 60, 61, 62, 63, 77, 78, 79, 80, 81, 82, 86, 87, 88, 89, 115, 127, 128, 148, 152, 153, 194, 195, 196, 197, 198, 199, 200, 201, 202, 203, 204, 207, 208, 209, 210, 211, 212, 213, 214, 217, 218, 219, 220, 221, 222, 223, 224, 229, 246, 254, 255, 291, 302
コクロマメゲンゴロウ 48, 305
コケシゲンゴロウ 246
コシマゲンゴロウ Ⅰ, Ⅳ, 28, 30, 35, 36, 38, 39, 40, 41, 42, 43, 55, 56, 77, 79, 93, 94, 95, 96, 96, 97, 100, 101, 102, 102, 103, 156, 194, 246, 259, 260, 291, 292, 293,

311

索 引

297, 298, 302
コシマチビゲンゴロウ　48
コセスジゲンゴロウ　28, 45,
　110, 246, 252, 253, 301
コツブゲンゴロウ　43, 96,
　295, 297
コツブゲンゴロウ科　43,
　10, 12, 13, 24, 25, 34
コナギ　Ⅱ, 240, 297
ゴマダラチビゲンゴロウ　46,
　47, 48, 250, 263, 302
ゴマダラチビゲンゴロウ属
　262
コマルケシゲンゴロウ　18,
　43, 246
コミズムシ属　80, 83, 85,
　80, 89, 101, 104

サ

サイトムカシゲンゴロウ
　12, 24, 25
サザナミツブゲンゴロウ
　Ⅱ, 239, 246
サメハダマルケシゲンゴロウ
　18, 19, 20, 21
サワダマメゲンゴロウ　11,
　48, 245, 246, 302

シ

シオカラトンボ属　94
シマケシゲンゴロウ　301
シマゲンゴロウ　Ⅰ, Ⅳ,
　28, 30, 31, 35, 36, 38,
　39, 40, 41, 42, 43, 55,
　56, 77, 78, 79, 81, 82,
　83, 84, 85, 86, 89, 90,
　91, 92, 93, 95, 96, 100,
　101, 102, 103, 104, 123,
　157, 232, 246, 250, 259,
　260, 275, 292, 295, 297
シマゲンゴロウ属　235, 238,
　239, 243, 254, 259, 283
シマチビゲンゴロウ　46, 48

シマチビゲンゴロウ属　47,
　262, 302
シャープゲンゴロウモドキ
　Ⅰ, Ⅶ, 28, 29, 42, 43,
　49, 77, 110, 111, 113,
　130, 131, 148, 161, 166,
　168, 172, 176, 178, 180,
　232, 233, 237, 240, 246,
　257, 258, 272
シャープツブゲンゴロウ
　148, 246
シュレーゲルアオガエル　273

ス

スゲ属　172, 173
スジゲンゴロウ　Ⅰ, Ⅱ, 110,
　121, 122, 123, 148, 185,
　246, 248, 259, 260, 291

セ

セスジガムシ　287
セスジゲンゴロウ亜科　24,
　76, 236, 239, 243, 246,
　252, 278
セスジゲンゴロウ属　44,
　233, 252, 278
セリ　131, 132, 157, 173,
　240, 256, 257,

ソ

ソードテール　150

タ

タイコウチ　194
タイワンケシゲンゴロウ
　Ⅱ, 238, 246, 248, 249
タイワンセスジゲンゴロウ　304
タイワンタイコウチ　178
タガイ　92
タカネマメゲンゴロウ　15
タガメ　100, 121, 128, 140,
　141, 143, 144, 147, 169,
　236

ダルマガエル　223

チ

チビゲンゴロウ　43, 96,
　265, 291, 295
チビコツブゲンゴロウ属　299
チビセスジゲンゴロウ　305
チビマルケシゲンゴロウ　43
チャイロシマチビゲンゴロ
　ウ　48, 246, 249, 262,
　263, 301
チャイロチビゲンゴロウ
　265, 291
チャイロマメゲンゴロウ
　11, 301
チュウガタマルケシゲンゴ
　ロウ　Ⅰ, 14, 18, 21
チョウカイクロマメゲンゴ
　ロウ　48
チンメルマンセスジゲンゴロ
　ウ　246, 253

ツ

ツブゲンゴロウ　10, 15,
　96, 246, 264, 295
ツブゲンゴロウ亜科　236,
　238, 239, 246, 263
ツブゲンゴロウ属　15, 16,
　45, 148, 234, 235, 243,
　261, 263, 278
ツルヨシ　149

テ

テラニシセスジゲンゴロウ　11

ト

等脚目　77, 145, 241
トウキョウダルマガエル　82
トウホクナガケシゲンゴロウ
　11, 260, 301
トキ　130, 138
トサムカシゲンゴロウ　12, 24
トサメクラゲンゴロウ　12, 24

312

和名索引

ドジョウ Ⅲ, 80, 82, 85, 157
トダセスジゲンゴロウ 30, 44, 45, 246, 253, 291, 301
トチカガミ科 259
トノサマガエル Ⅳ, 82
トビイロゲンゴロウ 43, 77, 82, 89, 148, 152, 153, 233, 246, 254, 255, 272, 273, 275
トビケラ目 77, 78, 83, 84, 85, 104
トンボ目 77, 80, 82, 84, 85, 87, 92,, 101 103, 104
トンボ科 273

ナ

ナガケシゲンゴロウ 12, 92, 260
ナガケシゲンゴロウ属 260, 302
ナカジマツブゲンゴロウ Ⅱ, 11, 14, 16, 47, 48, 239, 246, 264
ナガマルチビゲンゴロウ 12, 299
ナチセスジゲンゴロウ 11
ナミゲンゴロウ Ⅰ, Ⅱ, Ⅲ, Ⅳ, Ⅴ, Ⅷ, 28, 29, 42, 43, 49, 55, 58, 60, 61, 62, 63, 65, 77, 78, 79, 80, 81, 82, 87, 88, 89, 93, 96, 111, 121, 125, 126, 127, 128, 140, 141, 143, 144, 145, 146, 147, 161, 162, 196, 197, 198, 199, 199, 200, 203, 204, 207, 208, 210, 211, 212, 213, 217, 218, 219, 220, 221, 222, 223, 224, 232, 239, 246, 248, 272,

291, 292
ナミゲンゴロウ亜科 236, 238, 239, 243, 246, 253

ニ

ニセコウベツゲンゴロウ Ⅰ, 14, 17, 18, 246, 264
ニセコケシゲンゴロウ 17, 110
ニセモンキマメゲンゴロウ 14, 48, 302
ニセルイスツブゲンゴロウ 246, 278

ヌ

ヌカエビ 77, 82, 92
ヌマエビ科 89, 245

ハ

ハイイロゲンゴロウ Ⅰ, Ⅳ, 32, 43, 59, 78, 93, 96, 97, 156, 238, 246, 291, 299
ハイバラムカシゲンゴロウ 14, 24, 25
ハエ目 42, 83, 85, 104
ハムシ科 67
パラグラス 149, 152, 154

ヒ

ヒガシニホンアマガエル 82, 83
ヒコサンセスジゲンゴロウ 11, 305
ヒメケシゲンゴロウ 246, 261
ヒメゲンゴロウ Ⅰ, Ⅳ, 28, 29, 35, 36, 38, 39, 40, 41, 42, 43, 55, 56, 59, 77, 79, 94, 95, 96, 97, 100, 101, 102, 103, 156, 246, 251, 291, 292, 293, 295, 297, 298
ヒメゲンゴロウ亜科 236,

238, 239, 246, 251
ヒメゲンゴロウ属 55, 78, 235, 251
ヒメコマツ 135
ヒメシマチビゲンゴロウ 11, 48, 263, 291, 302
ヒメフチトリゲンゴロウ Ⅷ, 77, 82, 89, 111, 148, 150, 152, 153, 167, 176, 178, 246, 254, 255, 299
ヒラサワツブゲンゴロウ 14, 17, 18, 246, 264
ヒラタマメゲンゴロウ属 245

フ

フタキボシケシゲンゴロウ 11, 46, 48, 302
フタバカゲロウ 83, 84, 85, 101, 103, 104
フタホシコオロギ 162, 163, 196, 245, 272, 273, 274, 275
フチトリゲンゴロウ Ⅶ, 82, 110, 111, 166, 168, 169, 170, 171, 176, 178, 179, 180, 246, 254, 272
ブルーギル 117, 147

ヘ

ヘラオモダカ 131, 239, 253, 257

ホ

ホソクロマメゲンゴロウ 30, 48, 305
ホソコツブゲンゴロウ 305
ホソセスジゲンゴロウ 43, 44, 291
ホソマルチビゲンゴロウ 12, 17, 43
ホテイアオイ Ⅱ, 114, 149, 196, 219, 240, 248, 253, 257, 259

索引

マ

マダラゲンゴロウ　110
マダラシマゲンゴロウ　Ⅰ,
　110, 111, 121, 123, 124,
　291
マツモトマメゲンゴロウ　11
マツモムシ　80, 194
マメゲンゴロウ　10, 28, 29,
　31, 43, 96, 292, 299
マメゲンゴロウ亜科　35,
　67, 236, 238, 239, 244,
　246, 282, 283, 293
マメゲンゴロウ属　31, 98
マメゾウムシ亜科　67
マルガタゲンゴロウ　Ⅱ,
　43, 59, 96, 99, 111,
　123, 156, 239, 243, 246,
　248, 254, 256, 257, 291,
　292, 295, 297, 298, 302
マルガタゲンゴロウ属　78,
　238, 239, 243, 256, 264
マルガタシマチビゲンゴロウ
　46, 47, 48
マルケシゲンゴロウ　18,
　19, 20, 21
マルケシゲンゴロウ属　14,
　18, 19, 265, 299
マルコガタノゲンゴロウ
　Ⅰ, Ⅳ, 10, 43, 77, 82,
　92, 110, 111, 117, 118,
　119, 120, 127, 128, 161,
　162, 166, 167, 168, 169,
　170, 172, 176, 178, 207,
　210, 211, 212, 213, 214,
　237, 240, 242, 246, 254,
　255, 272, 299
マルチビゲンゴロウ　43, 265
マルチビゲンゴロウ属　299

ミ

ミウラメクラゲンゴロウ
　12, 13, 24

ミズカマキリ　127, 194
ミズムシ　77, 92, 131, 136,
　145, 162, 241, 247, 249,
　251, 258, 259
ミナミツブゲンゴロウ　246
ミナミメダカ　187
ミヤコタナゴ　135
ミヤマアカネ　49

ム

ムカシゲンゴロウ　12, 24, 25
ムカシゲンゴロウ科　10, 12,
　13
ムカシゲンゴロウ亜科　24, 25
　33
ムカシゲンゴロウ属　24
ムモンチビコツブゲンゴロウ
　15, 43, 298

メ

メクラケシゲンゴロウ　12, 24
メクラケシゲンゴロウ属　33
メクラゲンゴロウ　12, 13,
　24, 25
メクラゲンゴロウ属　33, 115
メススジゲンゴロウ　12, 45,
　64, 65, 66, 67, 68, 69,
　70, 115, 188, 189, 301
メススジゲンゴロウ属　78,
　238, 240, 243, 255, 256,
　264

モ

モリアオガエル　128
モンキマメゲンゴロウ　48,
　245, 246, 302
モンキマメゲンゴロウ属
　46, 47, 244, 305

ヤ

ヤエヤマセスジゲンゴロウ
　45, 246, 252, 253, 278
ヤギマルケシゲンゴロウ
　13, 43
ヤシャゲンゴロウ　12, 45,
　77, 111, 161, 163, 185,
　187, 188, 189, 190, 233,
　246, 255
ヤナギタデ　31
ヤマアカガエル　162
ヤンバルオオイチモンジシ
　マゲンゴロウ　14, 15,
　111, 246, 250, 259, 260

ユ

ユスリカ科　42, 77, 83,
　85, 98, 102

ヨ

ヨシノボリ属　92

リ

リュウキュウオオイチモン
　ジシマゲンゴロウ　77
リュウキュウセスジゲンゴ
　ロウ　304
リュウキュウヒメミズスマ
　シ　178
リュウキンカ　173, 174

ル

ルイスツブゲンゴロウ　246,
　299

ワ

ワタラセツブゲンゴロウ　11,
　14, 16, 17, 246, 264

学名索引

本文および図表中より生物の学名を抽出し索引とした。目・科など属より上のランクを表す学名は立体で，属以下のランクを表す学名は斜体でそれぞれ示した。索引中のローマ数字は巻頭の口絵の頁数を示す。

A

Acilius 78, 255
Acilius japonicus 12, 45, 64, 65, 115, 188, 301
Acilius kishii 12, 45, 77, 111, 161, 185, 233, 246
Acilius semisulcatus 255
Agabinae 67, 244
Agabus browni 11, 301
Agabus conspicuus 28, 43, 96, 246, 299
Agabus japonicus 10, 28, 43, 96, 292
Agabus matsumotoi 11
Agabus nebulosus 98
Agabus paludosus 222
Alisma canaliculatum 253
Allodessus megacephalus 265
Allopachria bimaculata 11, 48, 302
Allopachria flavomaculata 11, 48, 94, 302
Anisops spp. 150
Appasus 94
Appasus japonicus 86, 156
Appasus major 127, 222
Asellus hilgendorfi 136, 145, 162
Austrelatus 252
Austrelatus parallelus 110, 246, 252, 301

B

Beringiana japonica 92

Bruchinae 67

C

Caltha palustris 173
Caltha palustris var. *enkoso* 173
Carex 172
Celastrina ogasawaraensis 163
Chaetodera laetescripta 178
Ciconia boyciana 121, 138
Cipangopaludina japonica 92
Cloeon dipterum 104
Coleoptera 217
Colymbetes signatus 55
Colymbetinae 251
Copelatinae 24, 252
Copelatus 252
Copelatus imasakai 45
Copelatus kammuriensis 13, 43, 45, 246, 253
Copelatus masculinus 246, 252, 278
Copelatus minutissimus 305
Copelatus nakamurai 30, 44, 246, 253, 301
Copelatus oblitus 304
Copelatus ogasawarensis 11
Copelatus parallelus 28
Copelatus takakurai 11, 305
Copelatus tenebrosus 304

Copelatus teranishii 11
Copelatus tomokunii 11
Copelatus weymarni 43, 44
Copelatus zimmermanni 246, 253
Culex tritaeniorhynchus 96
Cybister 58, 78, 140, 207, 217, 253, 272, 285
Cybister brevis 35, 43, 60, 77, 78, 96, 115, 123, 126, 140, 156, 196, 207, 217, 233, 246, 295
Cybister chinensis 28, 43, 55, 60, 65, 77, 78, 96, 121, 125, 140, 147, 161, 196, 207, 217, 232, 246, 272, 278, 292
Cybister lewisianus 10, 43, 77, 82, 110, 117, 127, 161, 166, 178, 207, 246, 254, 273, 299
Cybister limbatus 82, 110, 166, 178, 246, 254, 272
Cybister rugosus 77, 82, 148, 167, 178, 246, 254, 299
Cybister sugillatus 43, 77, 82, 148, 233, 246, 273
Cybister tripunctatus lateralis 43, 49, 60, 77, 78, 115, 127, 148, 194, 207, 217, 229, 246, 254, 302
Cybistrinae 64, 65, 253
Cynops pyrrhogaster 82, 222

索 引

Cyprinus carpio 146

D

Dimitshydrus 33
Dimitshydrus typhlops 12, 24
Dryophytes leopardus 82
Dytiscidae 24, 217, 244
Dytiscinae 64, 65, 67, 255
Dytiscus 78, 257, 285
Dytiscus dauricus 64, 65
Dytiscus latissimus 78, 167
Dytiscus marginalis czerskii 71, 115, 246, 257, 301
Dytiscus sharpi 28, 43, 77, 110, 130, 148, 161, 166, 178, 232, 246, 272
Dytiscus sinensis 93

E

Eichhornia crassipes 114, 149, 196, 219, 240
Eleocharis dulcis 149
Eretes griseus 32, 43, 59, 78, 96, 156, 238, 246, 299
Exocelina sugayai 25

G

Gambusia affinis 150
Gerridae 67
Graphoderus 78, 256
Graphoderus adamsii 43, 96, 99, 123, 156, 243, 246, 292
Graphoderus bilineatus 257
Graphoderus cinereus 257
Graphoderus occidentalis 59, 60

Gryllus bimaculatus 162, 272
Gyrinus ryukyuensis 178

H

Helophorus auriculatus 287
Heterosternuta 46
Heterosternuta phoebeae 46
Heterosternuta sulphuria 46
Hydaticus 259
Hydaticus aruspex 30, 246, 259, 301
Hydaticus bipunctatus 110, 121, 148, 185, 246, 259
Hydaticus bowringii 28, 30, 35, 43, 55, 77, 78, 96, 123, 157, 232, 246, 275, 292
Hydaticus conspersus 30, 304
Hydaticus grammicus 28, 30, 35, 43, 55, 77, 96, 156, 194, 246, 259, 292
Hydaticus pacificus conspersus 77, 246, 259, 278
Hydaticus rhantoides 43, 96, 229, 259, 295
Hydaticus thermonectoides 110, 121
Hydaticus vittatus 148, 178, 246, 259
Hydaticus yambaruensis 14, 246, 259
Hydroglyphus amamiensis 11, 304
Hydroglyphus flammulatus 43, 227, 298
Hydroglyphus japonicus 43, 96, 265, 295
Hydroglyphus kifunei 12
Hydrophilus bilineatus cashimirensis 152
Hydroporinae 24, 25, 67, 260
Hydroporus 260
Hydroporus ijimai 12
Hydroporus saghaliensis 11
Hydroporus tokui 11, 260, 301
Hydroporus uenoi 12, 92, 260
Hydrovatus 14, 299
Hydrovatus acuminatus 18, 43, 246
Hydrovatus adachii 19, 20
Hydrovatus onigiri 14, 19, 21, 43
Hydrovatus pumilus 43
Hydrovatus remotus 14, 18, 21
Hydrovatus seminarius 19
Hydrovatus stridulus 18, 21
Hydrovatus subtilis 18, 19, 20, 21
Hydrovatus yagii 13, 43
Hygrotus chinensis 301
Hygrotus impressopunctatus 301
Hyphydrus 148, 261
Hyphydrus japonicus 71, 76, 77, 96, 238, 246, 292
Hyphydrus laeviventris 246, 261
Hyphydrus laeviventris tsugaru 12, 13
Hyphydrus lyratus 238, 246

Hyphydrus orientalis 17, 110
Hyphydrus pulchellus 246

I

Ilybius anjae 30
Ilybius apicalis 28, 43, 292

J

Japanolaccophilus niponensis 11, 47, 48, 246, 302

K

Kirkaldyia deyrolli 100, 121, 128, 140, 147, 236

L

Laccophilinae 263
Laccophilus 15, 148, 263
Laccophilus chinensis 246
Laccophilus difficilis 10, 15, 96, 246, 264, 295
Laccophilus dikinohaseus 11, 14, 246, 264
Laccophilus flexuosus 246
Laccophilus hebusuensis 14, 246, 264
Laccophilus kobensis 15, 43, 246, 264
Laccophilus lewisioides 246, 278
Laccophilus lewisius 246, 299
Laccophilus nakajimai 11, 14, 47, 48, 246, 264
Laccophilus pulicarius 246
Laccophilus sharpi 148, 246
Laccophilus shinobi 14

Laccophilus vagelineatus 17, 246, 264
Laccophilus yoshitomii 14, 246, 264
Laccotrephes grossus 178
Laccotrephes japonensis 194
Leersia japonica 299
Leiodytes 299
Leiodytes frontalis 43, 265
Leiodytes kyushuensis 12, 299
Leiodytes miyamotoi 12, 17, 43
Lepomis macrochirus 117, 147
Limbodessus atypicalis 24
Limnephilus spp. 173
Lithobates catesbeianus 114, 120, 130, 301

M

Microdytes uenoi 11, 12, 48, 305
Micropterus salmoides 114, 117, 130, 147, 301
Misgurnus anguillicaudatus 80, 157
Monochoria vaginalis 157, 240, 297
Morimotoa 33
Morimotoa gigantea 12, 24
Morimotoa miurai 12, 13, 24
Morimotoa morimotoi 12, 24
Morimotoa phreatica 12, 13, 24, 25
Morimotoa uenoi 14, 24, 25
Murdannia keisak 297

N

Nebrioporus 262, 302
Nebrioporus anchoralis 48, 246, 262, 301
Nebrioporus hostilis 48
Nebrioporus nipponicus 11, 48, 263, 302
Nebrioporus simplicipes 48
Nectoporus sanmarkii 47, 48
Neohydrocoptus 299
Neohydrocoptus bivittis 17
Neohydrocoptus sp. 43, 298
Neonectes 262
Neonectes natrix 47, 48, 263, 302
Nipponia nippon 130
Nipponoluciola cruciata 187, 222
Noteridae 24
Noterus japonicus 43, 96, 295
Notomicrus tenellus 305
Notonecta triguttata 194
Nuphar japonica 128

O

Oenanthe javanica 157, 173, 240
Oreochromis spp. 150
Oreodytes alpinus 48
Oreodytes kanoi 11, 48
Orthetrum 94
Oryza sativa 31, 133, 286
Oryzias latipes 187
Oryzias sakaizumii 187

索引

P

Paratya improvisa 82
Paroster 99, 100
Pelophylax nigromaculatus 82
Pelophylax porosus 82, 223
Persicaria hydropiper 31
Phragmites japonica 149
Phreatodytes 24
Phreatodytes archaeicus 12, 24, 25
Phreatodytes elongatus 12, 24
Phreatodytes haibaraensis 14, 24, 25
Phreatodytes latiusculus 12, 24
Phreatodytes mohrii 12, 24
Phreatodytes relictus 12, 24, 25
Phreatodytes sublimbatus 12, 24
Phreatodytinae 24, 25
Pinus parviflora 135
Platambus 244
Platambus convexus 14, 48, 302
Platambus fimbriatus 47, 48, 302
Platambus ikedai 48
Platambus insolitus 48, 305
Platambus optatus 30, 48, 305
Platambus pictipennis 48, 245, 246, 302
Platambus sawadai 11, 48, 245, 246, 302
Platambus stygius 48
Platambus ussuriensis 47, 48, 245, 246, 305
Platynectes 245
Platynectes chujoi 11, 12, 47, 48, 243, 246, 305
Poecilia reticulata 150
Procambarus clarkii 114, 120, 130, 141, 147, 301
Pseudorasbora pugnax 178

R

Rana ornativentris 162
Ranatra chinensis 127, 194
Rhantaticus congestus 110
Rhantus 78, 251
Rhantus erraticus 246, 251, 298
Rhantus notaticollis 301
Rhantus sericans 59, 60
Rhantus signatus 55
Rhantus suturalis 28, 35, 43, 55, 77, 96, 156, 221, 246, 251, 292
Rhinogobius sp. 92
Ricciocarpos natans 157

S

Sagittaria trifolia 157
Schoenoplectiella triangulatus 132
Speonoterus 24
Sus scrofa 132
Sympecma paedisca 92
Sympetrum 94
Sympetrum pedemontanum 49

T

Tanakia tanago 135
Typha latifolia 157

U

Urochloa mutica 149

X

Xiphophorus hellerii 150

Z

Zhangixalus arboreus 128
Zhangixalus schlegelii 273

環境 Eco 選書 18

ゲンゴロウ類の生態学

令和 7 年 4 月 20 日　初版発行

〈図版の転載を禁ず〉

編　集　大　庭　伸　也

発行者　福　田　久　子

発行所　株式会社　北隆館

〒153-0051　東京都目黒区上目黒3-17-8
電話03(5720)1161　振替00140-3-750
http://www.hokuryukan-ns.co.jp/
e-mail: hk-ns2@hokuryukan-ns.co.jp

印刷所　富士リプロ株式会社

© 2025　HOKURYUKAN　Printed in Japan
ISBN978-4-8326-0768-2 C0345

当社は,その理由の如何に係わらず,本書掲載の記事（図版・写真等を含む）について,当社の許諾なしにコピー機による複写,他の印刷物への転載等,複写・転載に係わる一切の行為,並びに翻訳,デジタルデータ化等を行うことを禁じます。無断でこれらの行為を行いますと損害賠償の対象となります。
　また,本書のコピー,スキャン,デジタル化等の無断複製は著作権法上での例外を除き禁じられています。本書を代行業者等の第三者に依頼してスキャンやデジタル化することは,たとえ個人や家庭内での利用であっても一切認められておりません。

連絡先：㈱北隆館　著作・出版権管理室
Tel. 03(5720)1162

JCOPY〈(社)出版者著作権管理機構 委託出版物〉
本書の無断複写は著作権法上での例外を除き禁じられています。複写される場合は,そのつど事前に,(社)出版者著作権管理機構（電話：03-5244-5088,FAX:03-5244-5089,e-mail: info@jcopy.or.jp）の許諾を得てください。